長さや面積はちがいますが，拡大・縮小することにより
２つの三角形は重なります。
このように特定の操作を行い，一方の図形を動かして
他方に重ねることで，“同じ”であると判断します。

さらに，ポアンカレは，三角形も四角形も円も
平面を２つに区切る図形
という点で“同じ”と考えました。
これが『位相幾何学（いそうきかがく）』という新しい幾何学のはじまりです。
実は，ポアンカレの画力は，
「彼がかくと三角形と円が区別できない」と評されていて，
ポアンカレは，自分の難点を新しい幾何学で克服（こくふく）した
ともいわれています。

数学は厳密（げんみつ）な学問と思われがちですが，このような観点も
数学の魅力（みりょく）です。

みなさんも今日から数学者の仲間入りです。

# 1 幾何編の復習問題

**1** 次の問いに答えなさい。

(1) 半径が 5 cm，中心角が 216° の扇形の弧の長さと面積を求めなさい。

(2) 底面の半径が 4 cm，母線の長さが 12 cm である円錐の表面積を求めなさい。

(3) 右の図は，1 辺の長さが 6 cm の立方体である。この立方体の 4 点 A，B，C，F を頂点とする立体の体積を求めなさい。

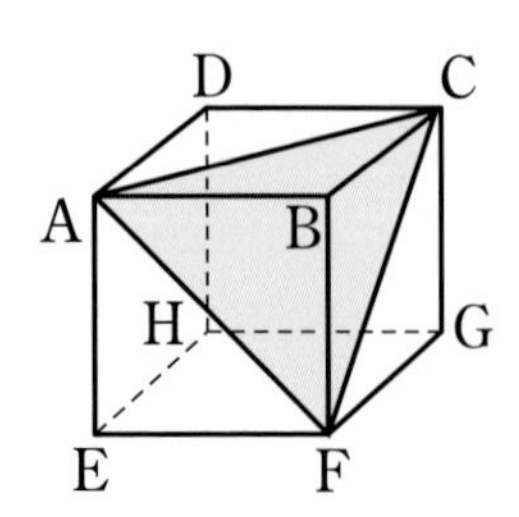


**2** 下の図において，$\angle x$ の大きさを求めなさい。

(1)

(2)

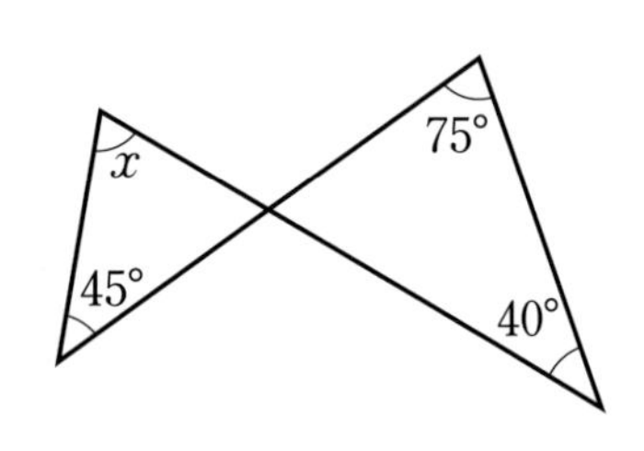


**3** 右の図のように，▱ABCD の対角線の交点 O を通る直線が，2 辺 AB，DC とそれぞれ E，F で交わっている。
このとき，△BOE ≡ △DOF であることを証明しなさい。

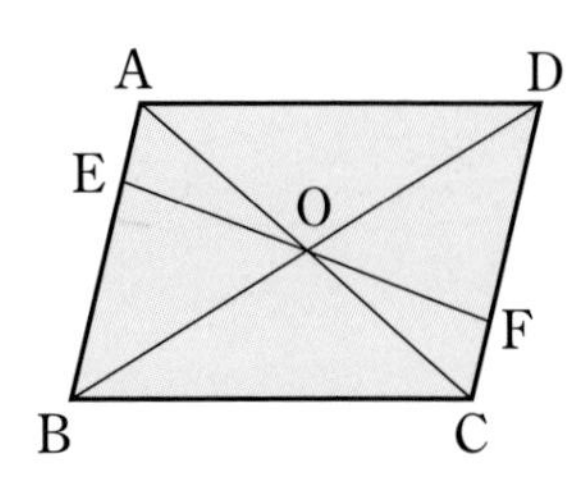

新課程　中高一貫教育をサポートする

# 体系数学２

## 幾何編 [中学２，３年生用]

図形のいろいろな性質をさぐる

数研出版

# この本の使い方

| | |
|---|---|
| 例 1 | 本文の内容を理解するための具体例です。 |
| 例題 1 | その項目の代表的な問題です。<br>解答, 証明では模範(もはん)解答の一例を示しました。 |
| 練習 1 | 例, 例題の内容を確実に身につけるための練習問題です。 |
| 確認問題 | 各章の終わりにあり, 本文の内容を確認するための問題です。 |
| 演習問題 | 各章の終わりにあり, その章の応用的な問題です。<br>AとBの2段階に分かれています。 |
| 総合問題 | 巻末にあり, 思考力・判断力・表現力の育成に役立つ問題です。 |
| コラム 探究 Q | 数学のおもしろい話題や主体的・対話的で深い学びにつながる内容を取り上げました。 |
| 発展 | やや程度の高い内容や興味深い内容を取り上げました。 |
| (QRコード) | 内容に関連するデジタルコンテンツを見ることができます。<br>以下のURLからも見ることができます。<br>https://www.chart.co.jp/dl/su/exdbv/idx.html |

# アルファベット

| 大文字 | 小文字 | 読み方 | 大文字 | 小文字 | 読み方 | 大文字 | 小文字 | 読み方 |
|---|---|---|---|---|---|---|---|---|
| A | $a$ | エイ | J | $j$ | ジェイ | S | $s$ | エス |
| B | $b$ | ビー | K | $k$ | ケイ | T | $t$ | ティー |
| C | $c$ | シー | L | $\ell$ | エル | U | $u$ | ユー |
| D | $d$ | ディー | M | $m$ | エム | V | $v$ | ヴィー |
| E | $e$ | イー | N | $n$ | エヌ | W | $w$ | ダブリュ |
| F | $f$ | エフ | O | $o$ | オー | X | $x$ | エックス |
| G | $g$ | ジー | P | $p$ | ピー | Y | $y$ | ワイ |
| H | $h$ | エイチ | Q | $q$ | キュー | Z | $z$ | ゼッド |
| I | $i$ | アイ | R | $r$ | アール | | | |

# 目次



中3 は，中学校学習指導要領に示された，その項目を学習する学年を表しています。また，数A は高等学校の数学Aの内容です。

# 第1章 図形と相似

形は同じであるが，大きさが異なるものを考えます。

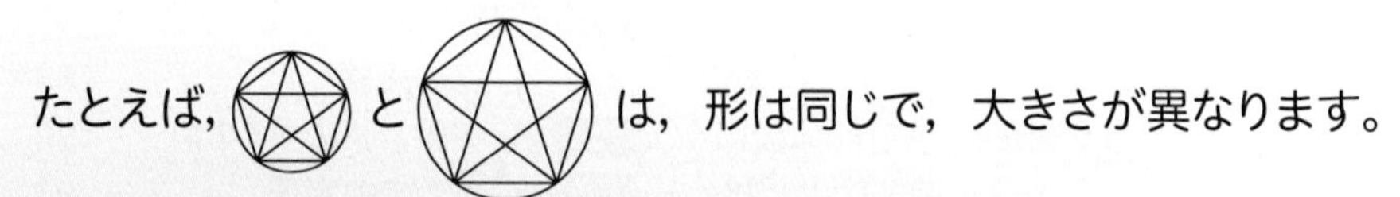

たとえば，　と　は，形は同じで，大きさが異なります。

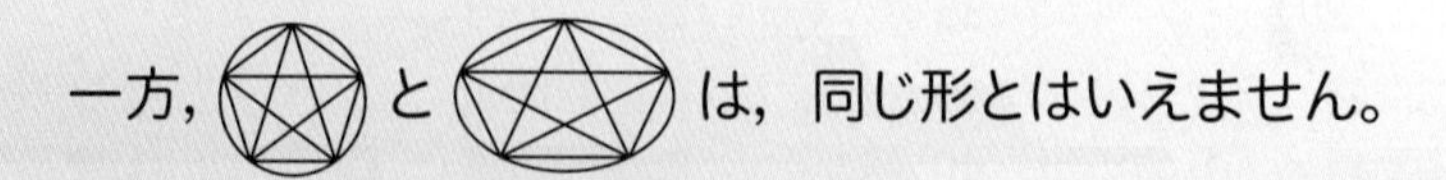

一方，　と　は，同じ形とはいえません。

下の方眼を利用して，四角形①と形は同じで，各辺の長さが①のちょうど 2 倍である四角形②をかいてみましょう。

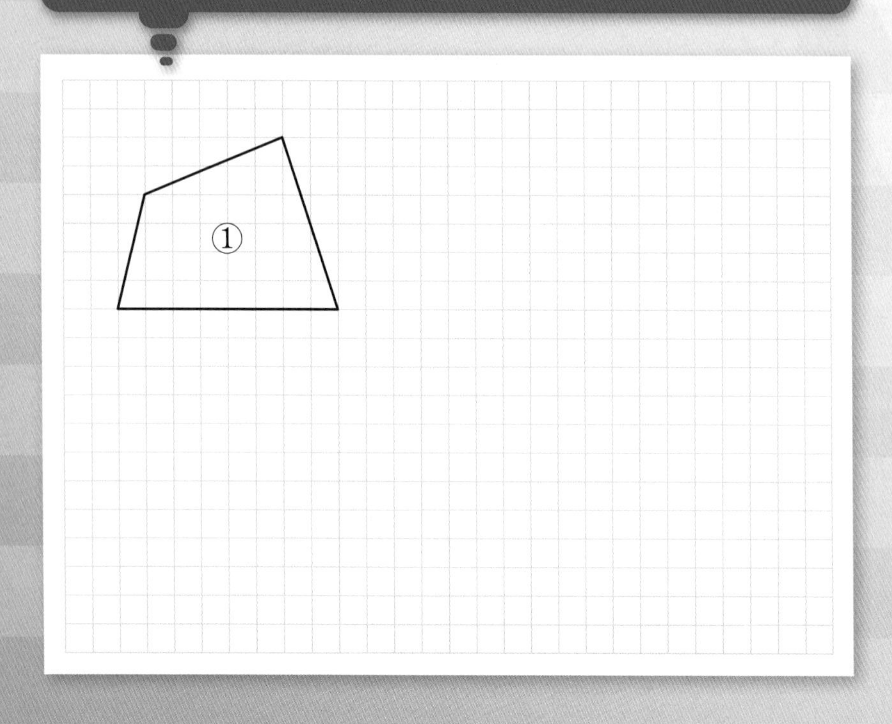

自分の中に自分と同じ形のより小さい形を含む図形を，
フラクタル図形といいます。
フラクタル図形は，自然界の中に多く見られます。

第1章

⬅ロマネスコ（アブラナ科の植物）

⬆オウムガイ

⬅雪の結晶

自然界で見られるフラクタル図形には，わたしたちの生活に役立つ特徴（とくちょう）をもつものもあり，自然界をお手本にしたものづくりが始まっています。たとえば，近年では，フラクタル図形の性質を利用した日よけが開発されています。調べてみましょう。

# 1. 相似な図形

## 相似な図形の性質

2 つの図形の一方を拡大または縮小した図形が他方と合同になるとき，この 2 つの図形は **相似**（そうじ） であるという。

5 右の図の四角形 ABCD を 2 倍に拡大した図形は四角形 EFGH と合同である。

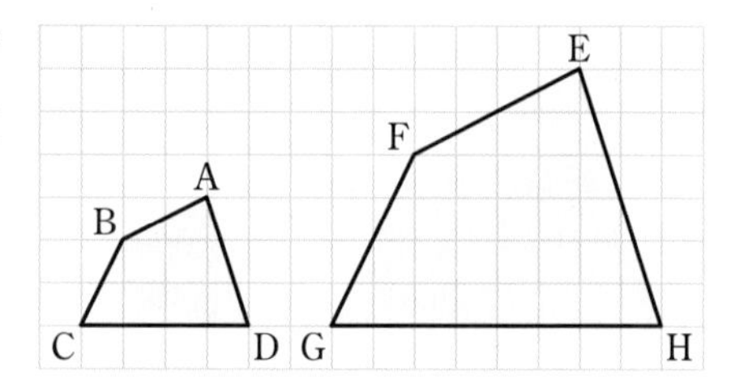


したがって，四角形 ABCD と四角形 EFGH は相似である。

10 この 2 つの四角形は，大きさは異なるが，形は同じである。

**練習 1** 次の ①～⑥ から，△ABC と相似である三角形を選びなさい。

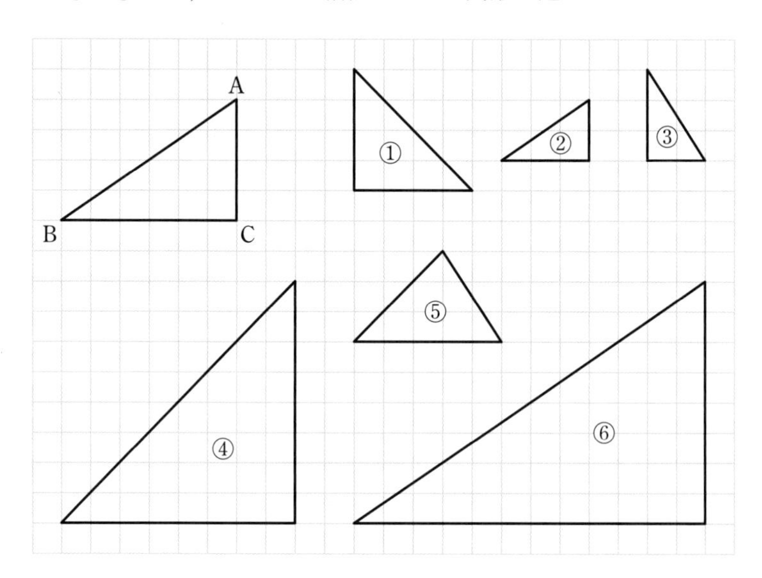

2つの相似な図形において，一方の図形を拡大または縮小して，他方にぴったりと重なる点，辺，角を，それぞれ対応する点，対応する辺，対応する角という。

相似な図形の対応する辺や対応する角の関係を考えよう。



5 右の図において，四角形ABCDと四角形EFGHは相似である。

この2つの四角形について，次のことが成り立つ。

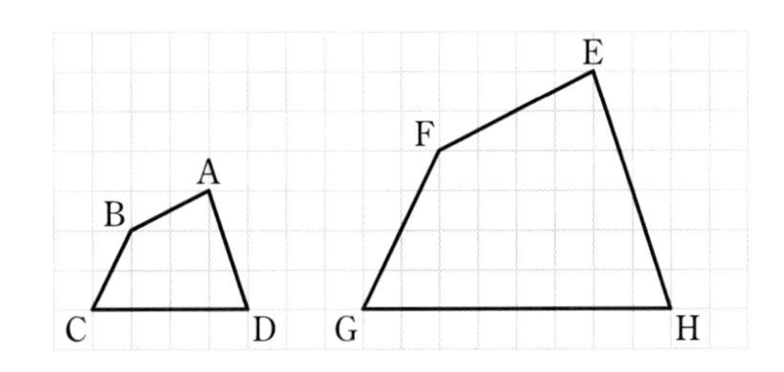


10 [1] 辺の長さについて

AB：EF＝1：2,　BC：FG＝1：2,

CD：GH＝1：2,　DA：HE＝1：2

となり，対応する辺の長さの比はすべて等しい。

[2] 角の大きさについて

15 ∠A＝∠E，∠B＝∠F，∠C＝∠G，∠D＝∠H

となり，対応する角の大きさはそれぞれ等しい。

一般に，相似な図形の対応する線分の長さの比や対応する角の大きさについて，次のことが成り立つ。

**相似な図形の性質**

20 [1] 相似な図形では，対応する線分の長さの比は，すべて等しい。

[2] 相似な図形では，対応する角の大きさは，それぞれ等しい。

2つの図形が相似であることを，記号 ∽ を使って表す。たとえば，三角形ABCと三角形DEFが相似であることは

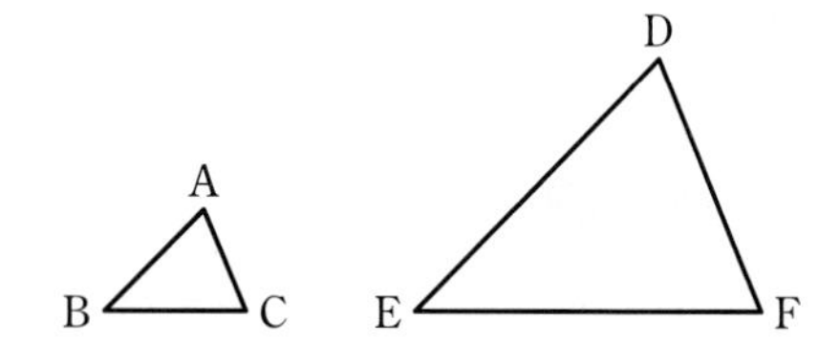


$$\triangle ABC \backsim \triangle DEF$$

と表し，「三角形ABC 相似 三角形DEF」と読む。

このように，相似な多角形について，記号 ∽ を用いるときは，対応する頂点を周にそって順に並べて書く。

**練習 2** 次の図の①と②について，下の問いに答えなさい。

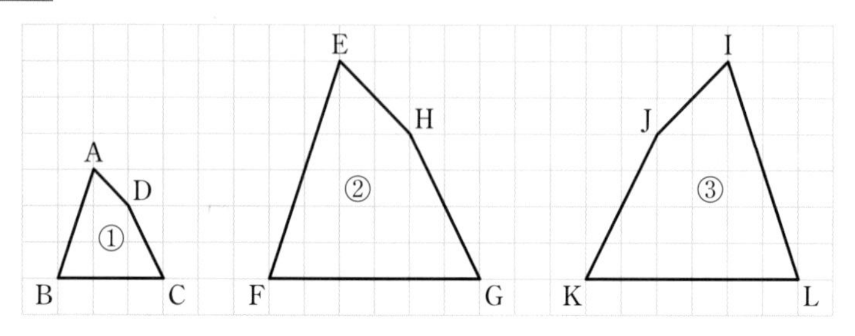


(1) 2つの図形が相似であることを，記号 ∽ を使って表しなさい。

(2) 次の辺や角に対応する辺や角を答えなさい。

(ア) 辺AB　　　(イ) ∠G

練習2の図において，③は②を裏返したものであり，2つの四角形は合同である。また，①と②は相似である。このような場合，①と③も相似であるといえる。

**練習 3** 練習2の図の①と③について，次の問いに答えなさい。

(1) 2つの図形が相似であることを，記号 ∽ を使って表しなさい。

(2) 次の辺や角に対応する辺や角を答えなさい。

(ア) 辺BC　　(イ) 辺IJ　　(ウ) ∠C　　(エ) ∠I

## 相似比

相似な図形で，対応する線分の長さの比を **相似比** という。

たとえば，前のページの練習 2 では，BC：FG＝1：2 であるから，四角形 ABCD と四角形 EFGH の相似比は 1：2 である。

合同な図形は，相似比が 1：1 の相似な図形とも考えられる。

**練習 4** 前のページの練習 2 の図において，次の相似比を求めなさい。

(1) ① と ③ の相似比　　(2) ② と ③ の相似比

**例 1** 右の図において，

$$\triangle ABC \backsim \triangle DEF$$

である。

相似な図形では，対応する線分の長さの比は等しいから

$$AB : DE = BC : EF$$

$$AB : 5 = 2 : 3$$

$$3AB = 5 \times 2$$

$$AB = \frac{10}{3} \text{ (cm)}$$

したがって，辺 AB の長さは $\frac{10}{3}$ cm である。

**練習 5** 右の図において，

四角形 ABCD ∽ 四角形 EFGH

であるとき，次のものを求めなさい。

(1) 四角形 ABCD と四角形 EFGH の相似比

(2) 辺 BC の長さ

(3) 辺 HG の長さ

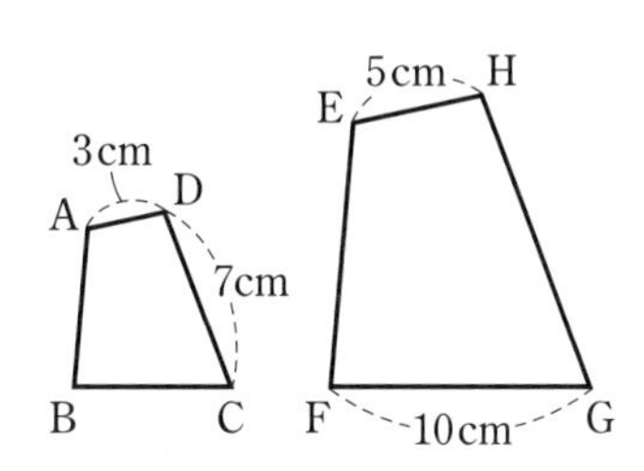

## 相似の位置

たとえば，四角形 ABCD を 2 倍に拡大した四角形 A′B′C′D′ は，適当な点Oをとり，

$$OA'=2OA,\ OB'=2OB,\ OC'=2OC,\ OD'=2OD$$

5 となるように，頂点 A′，B′，C′，D′ をとればかくことができる。

次の図は，四角形 ABCD を 2 倍に拡大した四角形 A′B′C′D′ を 2 つかいたものである。これらの四角形は，四角形 ABCD と相似である。

この方法では，拡大または縮小した図形を 2 つかくことができる。

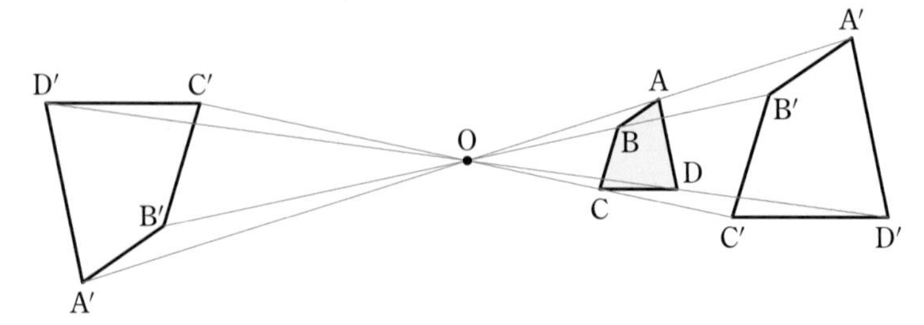


2 つの相似な図形で，対応する 2 点を通る直線がすべて 1 点Oで交わ

10 り，O から対応する点までの距離の比がすべて等しいとき，それらの図形は **相似の位置** にあるといい，点Oを **相似の中心** という。相似の位置にある 2 つの図形で，相似の中心から対応する点までの距離の比は，2 つの図形の相似比に等しい。

**練習 6** 次の図の点Oを相似の中心として，それぞれの図形を $\frac{1}{2}$ 倍に縮小し

15 た図形をかきなさい。

(1)

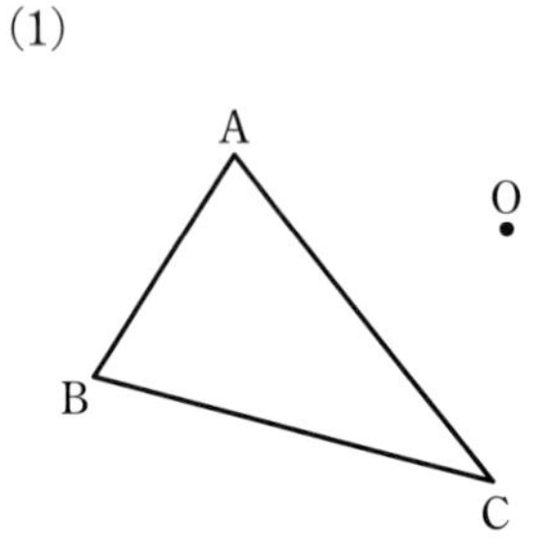


(2)

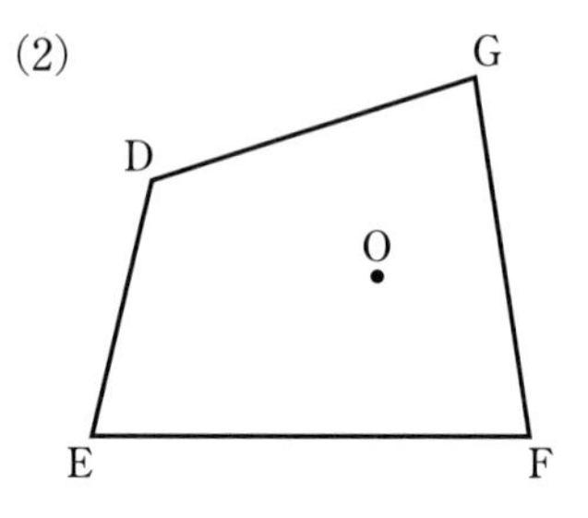

# 2. 三角形の相似条件

## 三角形の相似条件



　2つの三角形が相似になるためには，辺や角についてどのような条件が必要になるだろうか。

5　その条件を調べるために，$\triangle$ABC と相似比が 1：2 である $\triangle$DEF をかくことを考えよう。

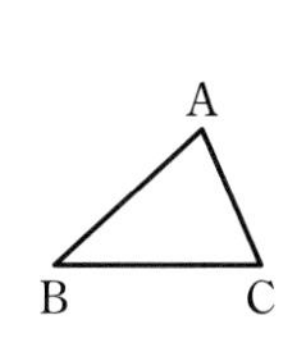


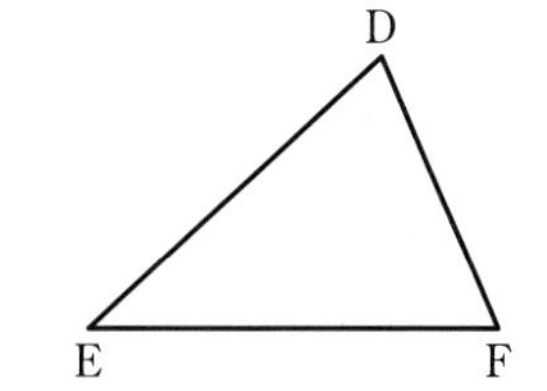


　もし，$\triangle$DEF がかけたとすると，$\triangle$ABC と $\triangle$DEF には次の

10　性質がある。

AB：DE＝1：2,　BC：EF＝1：2,　CA：FD＝1：2

$\angle$A＝$\angle$D,　$\angle$B＝$\angle$E,　$\angle$C＝$\angle$F

　したがって，このような性質をもつ $\triangle$DEF と合同な三角形をかけばよい。

15　三角形の合同条件は

① 3組の辺がそれぞれ等しい。

② 2組の辺とその間の角がそれぞれ等しい。

③ 1組の辺とその両端の角がそれぞれ等しい。

であるから，次のいずれかの条件を満たす $\triangle$DEF をかけばよいことが

20　わかる。

[1] AB：DE＝1：2，BC：EF＝1：2，CA：FD＝1：2

[2] AB：DE＝1：2，BC：EF＝1：2，$\angle$B＝$\angle$E

[3] BC：EF＝1：2，$\angle$B＝$\angle$E，$\angle$C＝$\angle$F

**練習 7** 右の図の △ABC について，△ABC と相似比が 1：2 である △DEF を，前のページの [1]，[2]，[3] それぞれの方法でかきなさい。

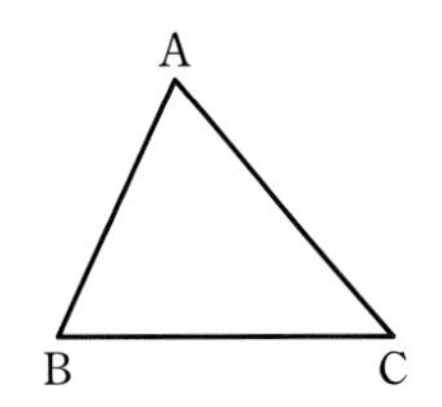


前のページの [3] の BC：EF=1：2 は，相似比を決定しているだけであり，相似であるための条件ではない。

一般に，**三角形の相似条件** は，次のようにまとめられる。

**三角形の相似条件**

2 つの三角形は，次のどれかが成り立つとき相似である。

[1] **3 組の辺の比**

がすべて等しい。

$a：a'=b：b'=c：c'$

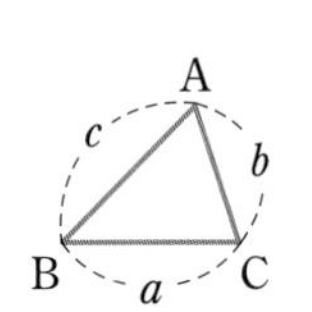


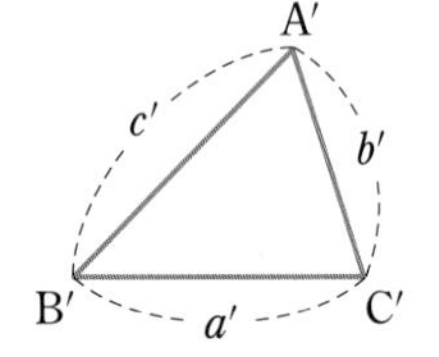


[2] **2 組の辺の比とその間の角**

がそれぞれ等しい。

$a：a'=c：c'$

$\angle B=\angle B'$

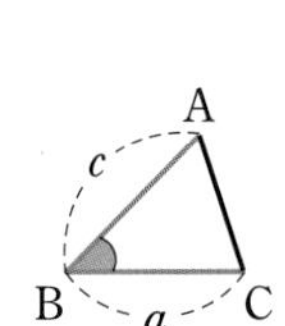


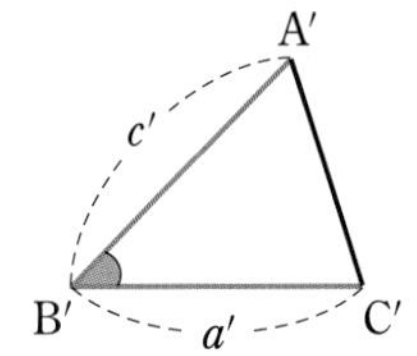


[3] **2 組の角**

がそれぞれ等しい。

$\angle B=\angle B'$

$\angle C=\angle C'$

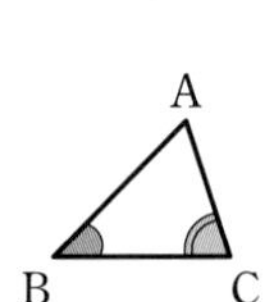


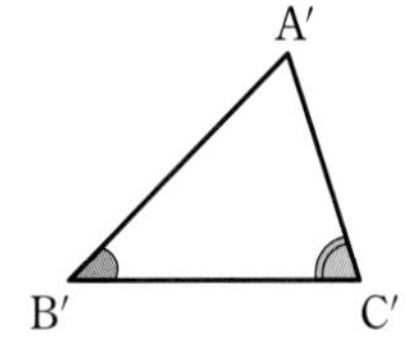


注意 $a：a'=b：b'=c：c'$ は，比 $a：a'$，$b：b'$，$c：c'$ がすべて等しいことを表している。

**練習 8** 次の図において，相似な三角形を見つけ出し，記号 ∽ を使って表しなさい。また，そのとき使った相似条件を答えなさい。

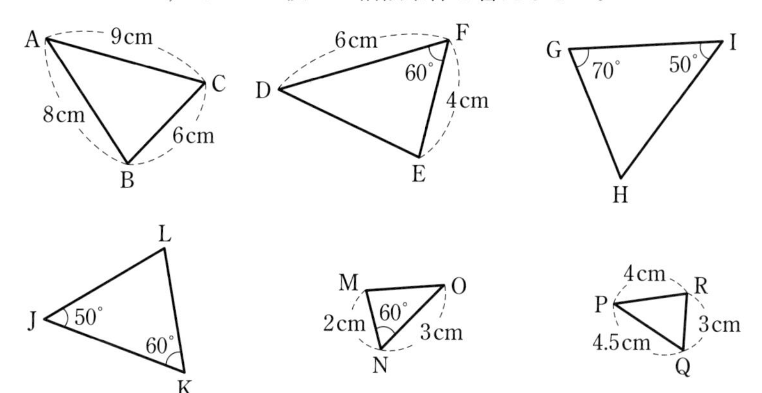




**例 2**　右の図の △ABE と △DCE において

$AE : DE = BE : CE = 2 : 3$

対頂角は等しいから

$\angle AEB = \angle DEC$

よって，2 組の辺の比とその間の角がそれぞれ等しいから

$\triangle ABE \backsim \triangle DCE$

である。

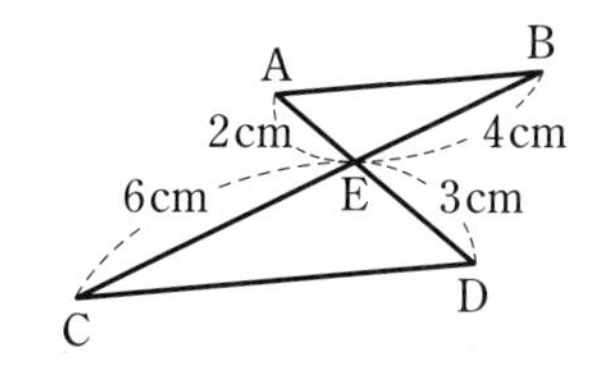


**練習 9** 次の図において，相似な三角形を見つけ出し，記号 ∽ を使って表し，相似であることを証明しなさい。

(1)　(2)　(3)

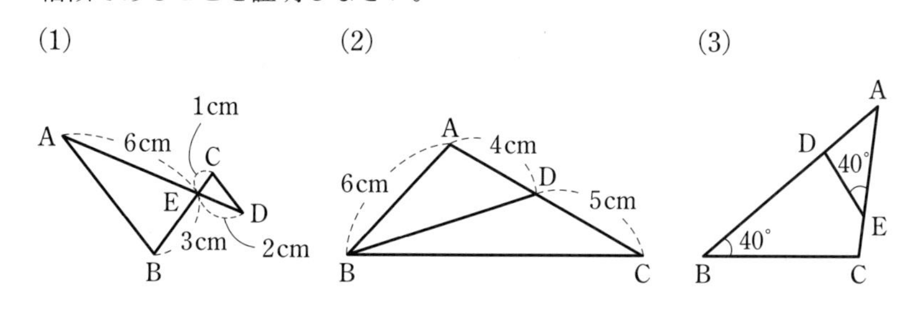

## 相似な三角形と線分の長さ

相似な三角形を利用して，その相似比から，線分の長さを求めることを考えよう。

**例題 1**　右の図において，

$\angle ACB = \angle ADE$

であるとき，線分 EC の長さを求めなさい。

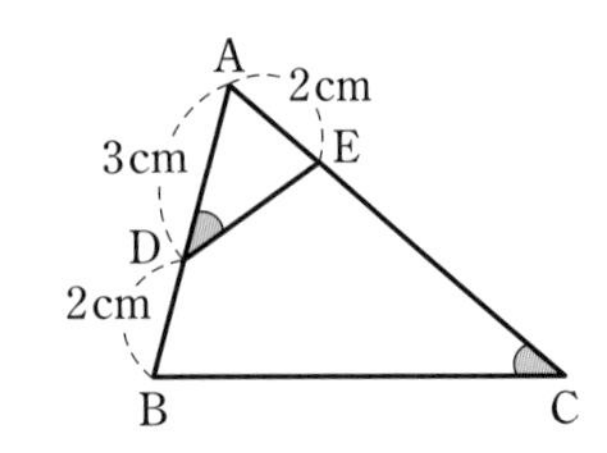


**解答**　△ABC と △AED において

仮定から　　$\angle ACB = \angle ADE$

共通な角であるから　$\angle BAC = \angle EAD$

2 組の角がそれぞれ等しいから

$\triangle ABC \backsim \triangle AED$

相似な三角形では，対応する辺の長さの比は等しいから

$AC : AD = AB : AE$

$AC : 3 = (3+2) : 2$

これを解くと　$AC = \dfrac{15}{2}$ cm

したがって　$EC = \dfrac{15}{2} - 2 = \dfrac{11}{2}$ (cm)　答

**練習 10**　右の図において，

$\angle ABC = \angle DAC$

であるとき，線分 CD の長さを求めなさい。

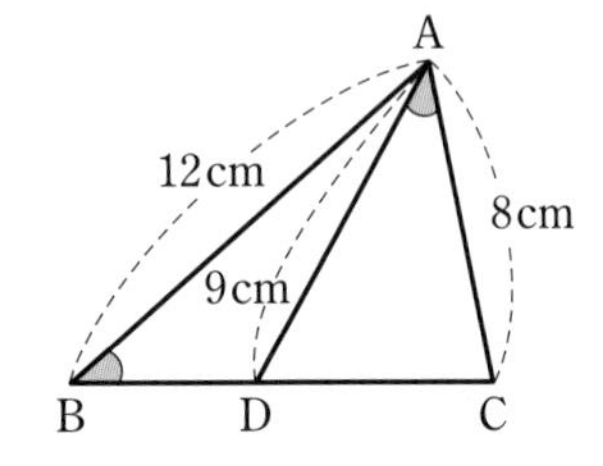

## 相似な三角形と証明問題

相似であるいろいろな三角形について，その証明問題を考えよう。

**例題 2** $\angle BAC=90^\circ$ の $\triangle ABC$ において，頂点Aから辺BCに垂線ADを引く。このとき，次のことを証明しなさい。

$$\triangle ABC \backsim \triangle DBA, \quad AB\times AB=BC\times BD$$

**証明** $\triangle ABC$ と $\triangle DBA$ において

共通な角であるから

$\angle ABC=\angle DBA$

仮定から

$\angle BAC=\angle BDA=90^\circ$

2組の角がそれぞれ等しいから　$\triangle ABC \backsim \triangle DBA$

相似な三角形では，対応する辺の長さの比は等しいから

$AB : DB=BC : BA$

よって　$AB\times AB=BC\times BD$　終

線分ABの長さの2乗を $AB^2$ と表す。この表し方を用いると，

$$AB\times AB=BC\times BD \quad は \quad AB^2=BC\times BD$$

と表される。

**練習 11** 例題2において，次のことを証明しなさい。

$\triangle ABC \backsim \triangle DAC, \quad AC^2=BC\times CD$

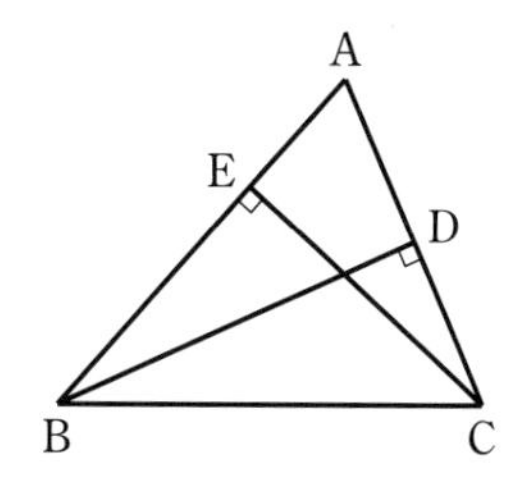


**練習 12** 右の図の $\triangle ABC$ において，頂点Bから辺CAに垂線BDを，頂点Cから辺ABに垂線CEを引く。このとき，次の問いに答えなさい。

(1) $\triangle ABD \backsim \triangle ACE$ であることを証明しなさい。

(2) $AE=5$ cm，$AD=DC=6$ cm のとき，線分EBの長さを求めなさい。

**例題 3** 右の図の四角形 ABCD において，対角線 AC，BD の交点を E とする。

$\angle ABE = \angle EBC$，$CD = CE$

が成り立っているとき，

$\triangle ABE \backsim \triangle CBD$

であることを証明しなさい。

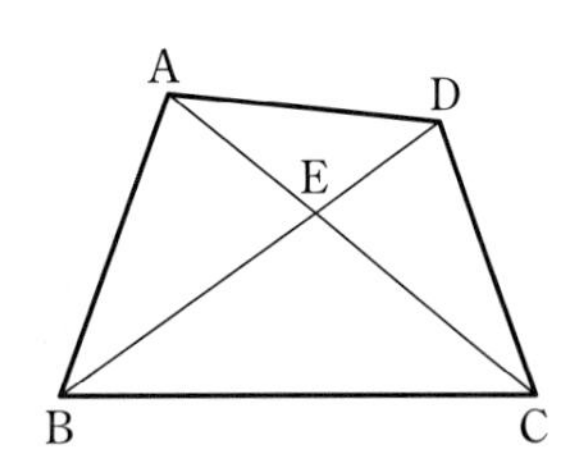


**証明** $\triangle ABE$ と $\triangle CBD$ において

仮定から

$\angle ABE = \angle CBD$ …… ①

また，$CD = CE$ であるから，二等辺三角形 CDE の底角について

$\angle CED = \angle CDB$ …… ②

対頂角は等しいから

$\angle AEB = \angle CED$ …… ③

②，③ より　$\angle AEB = \angle CDB$ …… ④

①，④ より，2 組の角がそれぞれ等しいから

$\triangle ABE \backsim \triangle CBD$　終

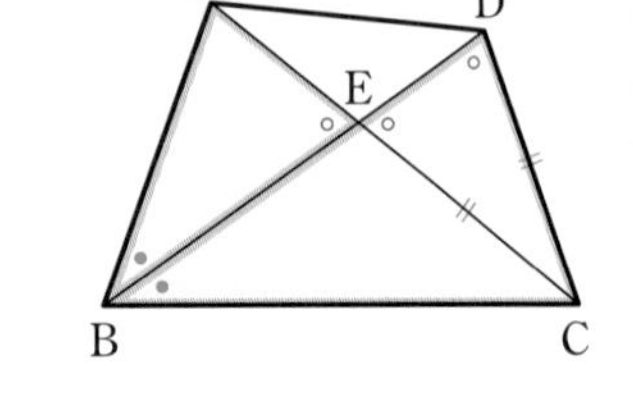


**練習 13** 右の図のように，正三角形 ABC の辺 BC 上に点 D をとり，AD を 1 辺とする正三角形 ADE をつくる。

辺 AC と DE の交点を F とするとき，次の問いに答えなさい。

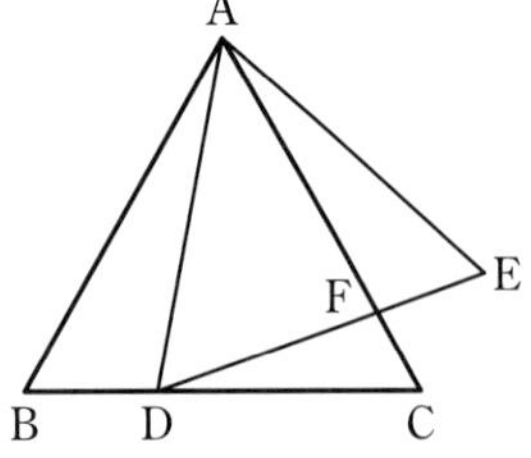


(1) $\triangle ABD \backsim \triangle AEF$ であることを証明しなさい。

(2) $\triangle ABD \backsim \triangle DCF$ であることを証明しなさい。

(3) $AB = 9$ cm，$BD = 3$ cm であるとき，線分 AF の長さを求めなさい。

# 3. 平行線と線分の比

## 三角形と平行線

三角形の 1 辺に平行な直線が他の 2 辺と交わるとき，平行な直線は三角形の辺をどのような比に分けるだろうか。

一般に，次のことが成り立つ。

**三角形と線分の比 (1)**

**定理**　△ABC の辺 AB，AC 上に，それぞれ点 D，E をとるとき，次のことが成り立つ。

[1]　DE∥BC ならば
AD：AB＝AE：AC＝DE：BC

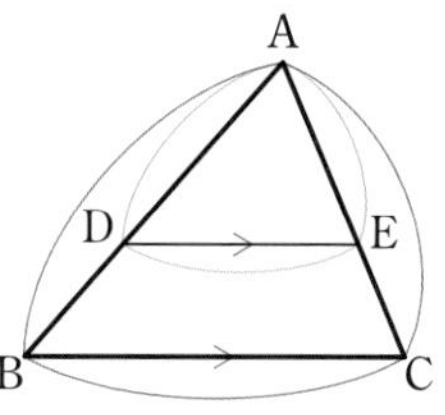


[2]　DE∥BC ならば
AD：DB＝AE：EC

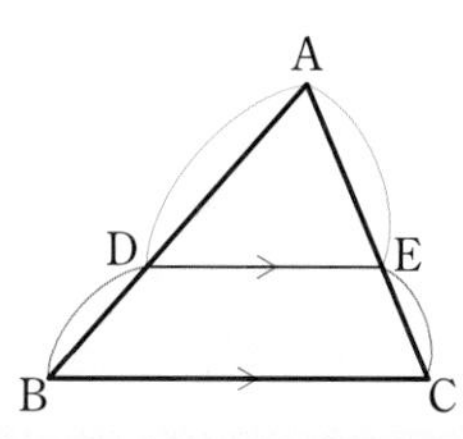


[1] の **証明**　△ADE と △ABC において

共通な角であるから　　∠DAE＝∠BAC

DE∥BC であり，同位角は等しいから

∠ADE＝∠ABC

2 組の角がそれぞれ等しいから　　△ADE∽△ABC

相似な三角形では，対応する辺の長さの比は等しいから

AD：AB＝AE：AC＝DE：BC　終

**練習 14** 右の図において，DE∥BC，DF∥AC であるとき，次のことを証明しなさい。

(1) △ADE∽△DBF

(2) AD：DB＝AE：EC

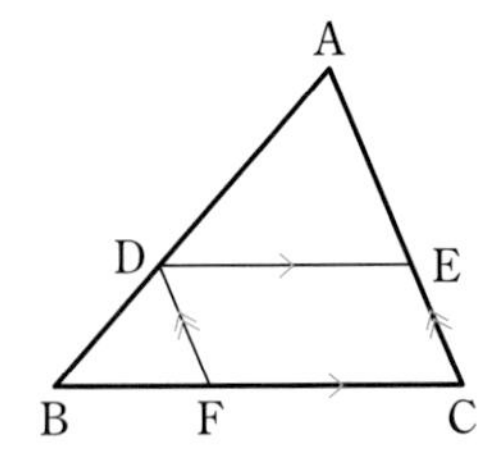


5 上の練習 14 から，前のページの定理の [2] が成り立つことがわかる。

前のページの三角形と線分の比の定理は，辺 BC に平行な直線が 2 辺 AB，AC の延長と交わるときも同様に成り立つ。

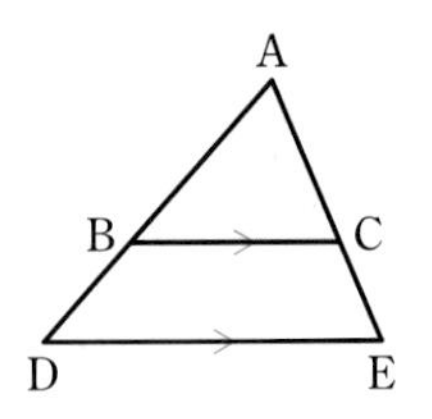


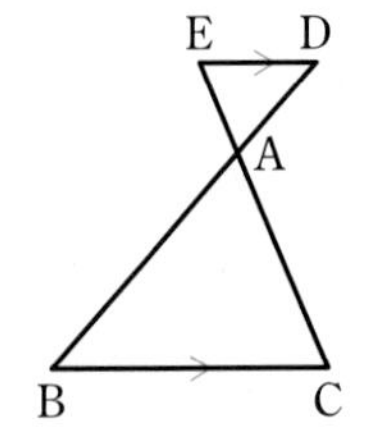


10 **例 3** 右の図において，DE∥BC のとき，$x$，$y$ の値を求める。

DE∥BC より　AD：AB＝DE：BC

$4:(4+8)=x:10$

よって　$x=\frac{10}{3}$

また　AD：DB＝AE：EC

15 $4:8=3:y$

よって　$y=6$

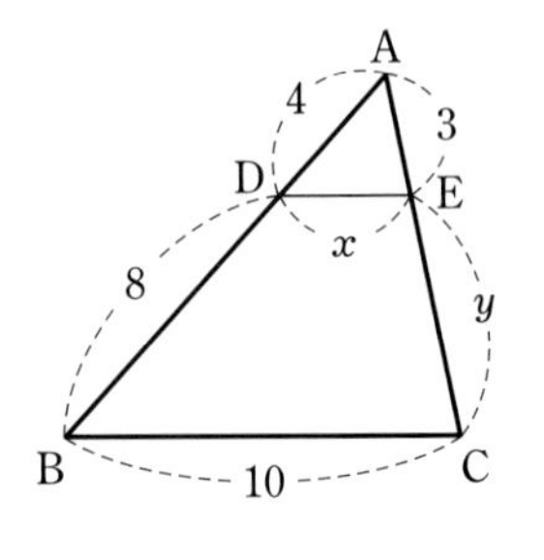


**練習 15** 次の図において，DE∥BC のとき，$x$，$y$ の値を求めなさい。

(1)

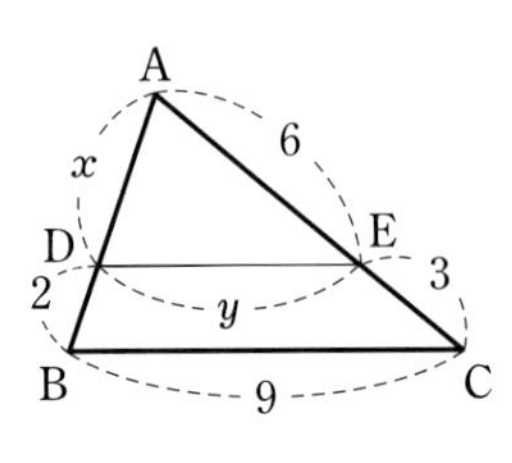


(2)

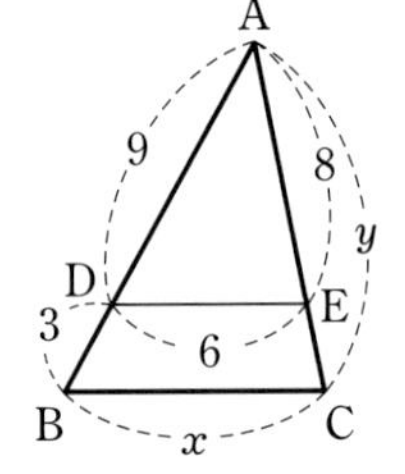


(3)

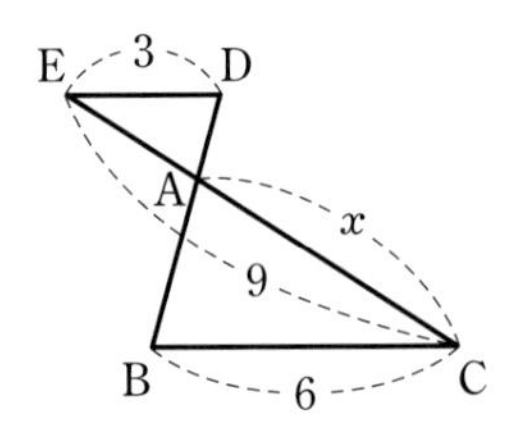

次のページでは，三角形と線分の比 (1) の逆について考えよう。

### 三角形と線分の比(2)

**定理**　△ABC の辺 AB，AC 上に，それぞれ点 D，E をとるとき，次のことが成り立つ。

[1]　AD：AB＝AE：AC ならば DE∥BC

[2]　AD：DB＝AE：EC ならば DE∥BC

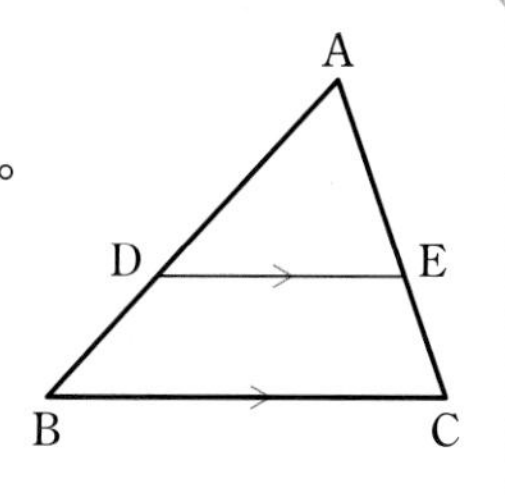


注 意　AD：AB＝DE：BC の場合，DE∥BC とは限らない。

[1] の **証明**　△ADE と △ABC において

仮定から　AD：AB＝AE：AC

共通な角であるから　∠DAE＝∠BAC

2 組の辺の比とその間の角がそれぞれ等しいから

△ADE∽△ABC

よって　∠ADE＝∠ABC

同位角が等しいから　DE∥BC　終

**練習 16**　上の図において，DB＝AB－AD，EC＝AC－AE である。このことを利用して，次のことを証明しなさい。

AD：DB＝AE：EC　ならば　AD：AB＝AE：AC

上の定理の [1] と練習 16 から，定理の [2] が成り立つことがわかる。

上の定理は，点Dが辺 AB の延長上，点Eが辺 AC の延長上にある場合にも成り立つ。

**練習 17**　右の図の線分 DE，EF，FD の中から，△ABC の辺に平行な線分を選びなさい。

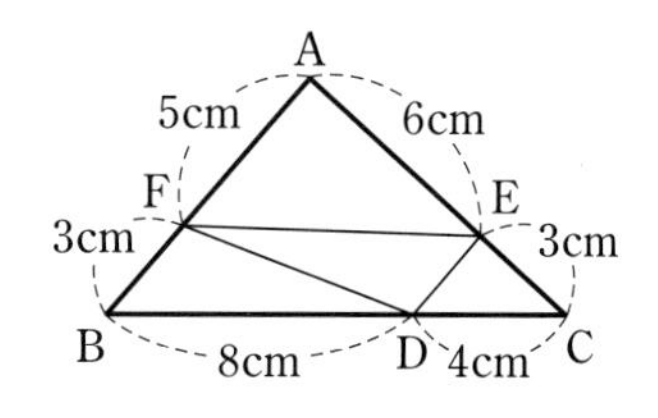

## 平行線と線分の比

平行線と線分の比について，次の定理が成り立つ。

**平行線と線分の比**

**定理**　平行な 3 直線 $\ell$，$m$，$n$ に直線 $p$ がそれぞれ点 A，B，C で交わり，直線 $q$ がそれぞれ点 D，E，F で交わるとき，次のことが成り立つ。

AB：BC＝DE：EF

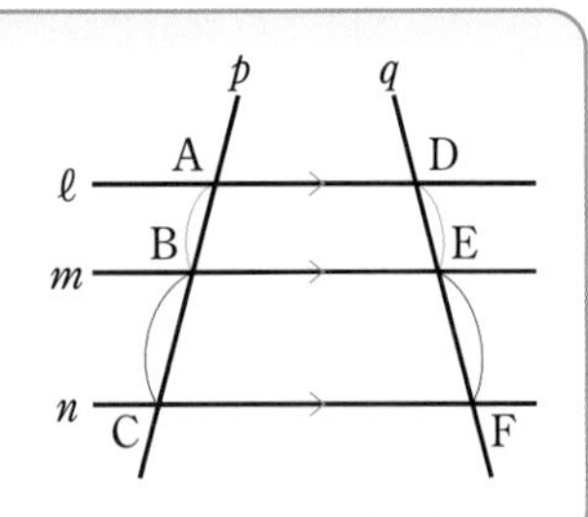


**証明**　点Aを通り直線 $q$ に平行な直線を引き，2 直線 $m$，$n$ との交点をそれぞれ G，H とする。

△ACH において，BG∥CH より

AB：BC＝AG：GH

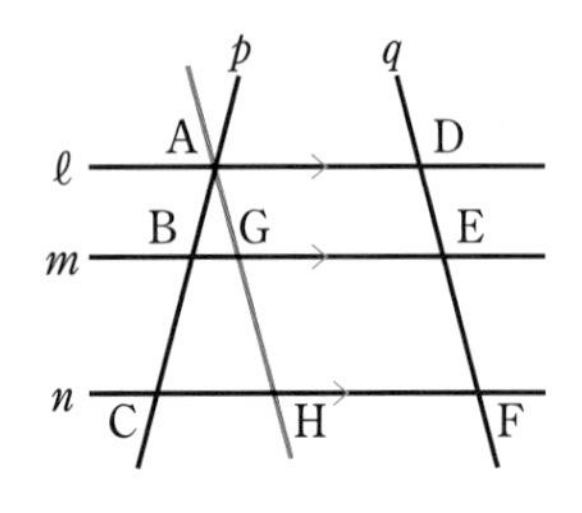


四角形 AGED と四角形 GHFE は平行四辺形であるから

AG＝DE，　GH＝EF

よって　AB：BC＝DE：EF　終

3 直線 $\ell$，$m$，$n$ が平行であることを，$\ell /\!/ m /\!/ n$ と表す。

**練習 18**　次の図において，$\ell /\!/ m /\!/ n$ のとき，$x$ の値を求めなさい。

(1)

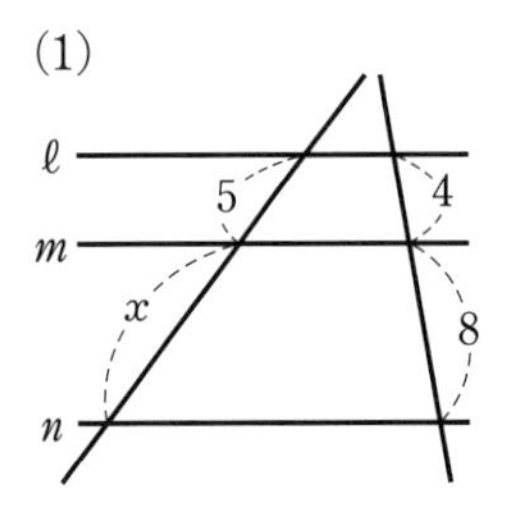


(2)

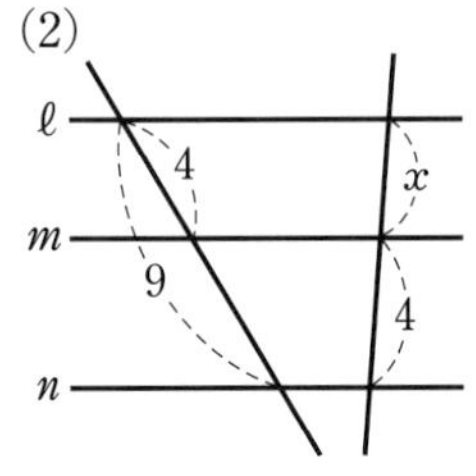


(3)

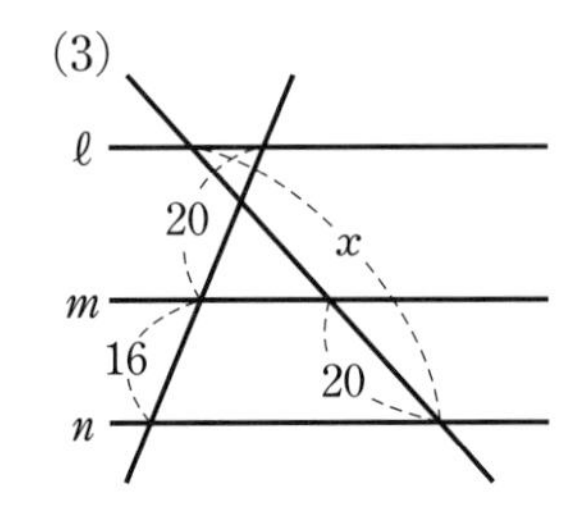

## 平行四辺形と相似

平行四辺形の性質を用いて，線分の長さを求めよう。

右の図の ▱ABCD において，

BD＝10 cm,

CE：ED＝1：2

のとき，線分 DF の長さを求めなさい。

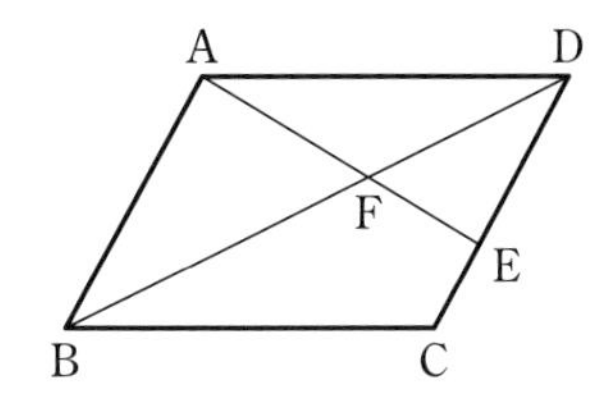


考え方　平行四辺形の対辺は平行であることに着目して，平行線と線分の比の性質を用いる。

**解答**　AB∥DE であるから

DF：BF＝DE：BA

AB＝DC であるから

DF：BF＝DE：DC

DF＝$x$ cm とおくと

$x：(10-x)=2：(2+1)$

$3x=2(10-x)$

よって　$x=4$

答　4 cm

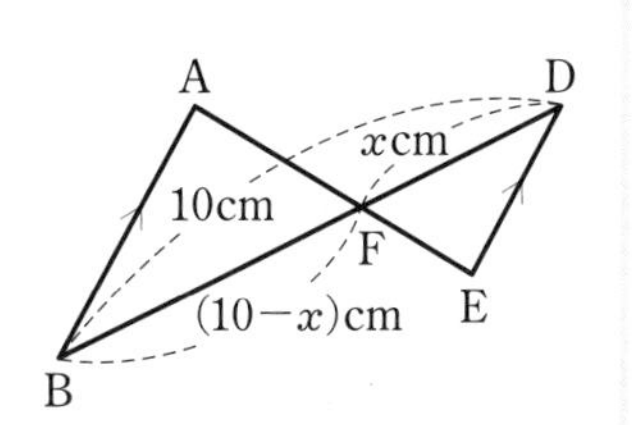


**練習 19**　右の図の ▱ABCD において，

AB∥EF

のとき，次の線分の長さを求めなさい。

(1)　線分 ED　　(2)　線分 EG

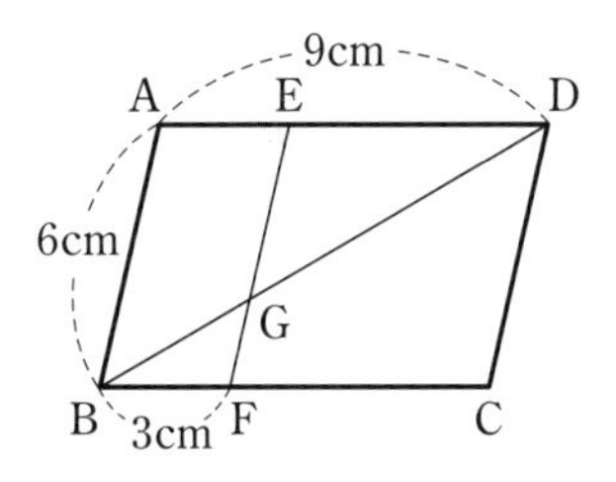

## 平行線の利用

補助線を引いて，線分の比を求めてみよう。

**例題 5** 右の図の ▱ABCD において，
AE：EB＝1：2，AF：FD＝3：1 で，
線分 EC と BF の交点をGとするとき，
FG：GB を求めなさい。

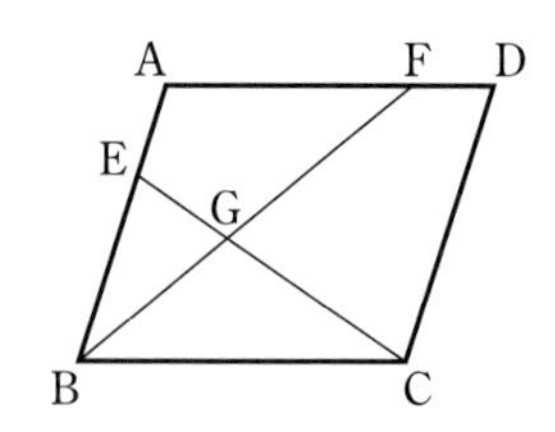


**解答** 辺 DA の延長と線分 CE の延長の交点をHとする。

HF∥BC であるから

$$\mathrm{FG}:\mathrm{GB}=\mathrm{HF}:\mathrm{BC}$$

HA∥BC であるから

$$\mathrm{HA}:\mathrm{BC}=\mathrm{AE}:\mathrm{EB}=1:2$$

ここで，辺 BC の長さを $a$ とすると　$\mathrm{HA}=\dfrac{1}{2}a$

また，AD＝BC であるから　$\mathrm{AF}=\dfrac{3}{4}a$

よって　$\mathrm{HF}=\mathrm{HA}+\mathrm{AF}=\dfrac{1}{2}a+\dfrac{3}{4}a=\dfrac{5}{4}a$

したがって　$\mathrm{FG}:\mathrm{GB}=\mathrm{HF}:\mathrm{BC}=\dfrac{5}{4}a:a=5:4$ 

**注意** 本書では上の図のように，数値に ○，□ などの記号をつけて，線分の比を表すことがある。

**練習 20** 右の図の ▱ABCD において，
AE：ED＝3：5，DF：FC＝1：2 であり，点G は辺 BC の中点である。線分 EC と GF の交点をHとするとき，EH：HC を求めなさい。

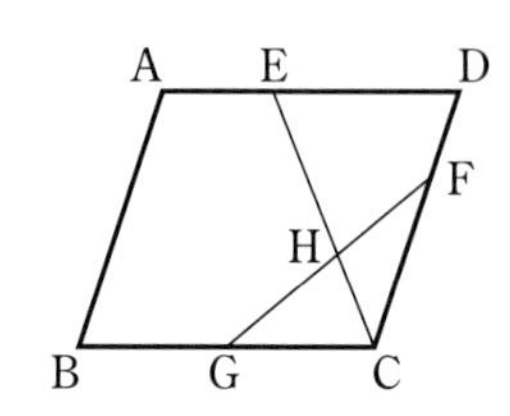

## 角の二等分線と線分の比

三角形の頂角の二等分線は，底辺を 2 つの線分に分ける。

一般に，次のことが成り立つ。

**角の二等分線と線分の比**

**定理**　△ABC において，∠A の二等分線と辺 BC の交点を D とすると，次のことが成り立つ。

AB：AC＝BD：DC

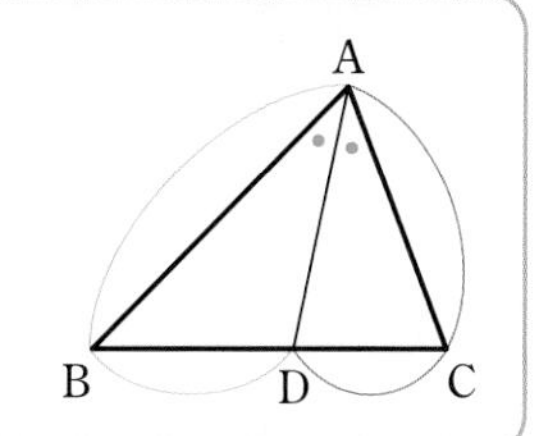


**証明**　点 C を通り直線 AD に平行な直線と，辺 BA の延長との交点を E とする。

AD∥EC であり，同位角，錯角は等しいから

∠BAD＝∠AEC

∠DAC＝∠ACE

仮定から，∠BAD＝∠DAC であるから

∠AEC＝∠ACE

よって，△ACE は，2 つの角が等しいから二等辺三角形であり

AE＝AC　　……①

△BCE において，AD∥EC であるから

BD：DC＝BA：AE　　……②

①，② より　BD：DC＝AB：AC

すなわち　AB：AC＝BD：DC　終

**練習 21** 次の図において，∠BAD＝∠DAC のとき，$x$ の値を求めなさい。

(1)

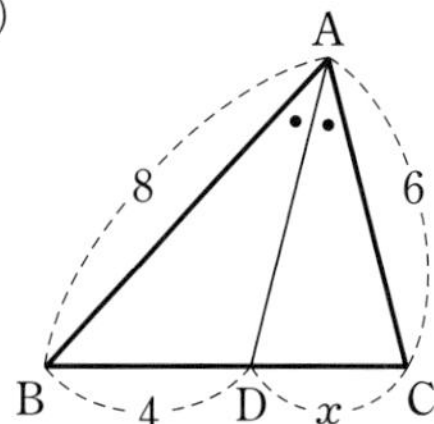


(2)

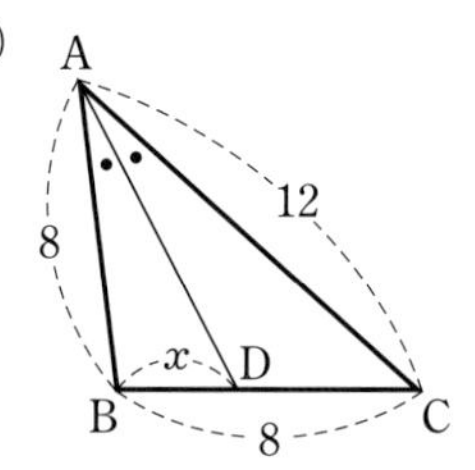


三角形の外角の二等分線について考えてみよう。

**練習 22** 右の図において，点Dは直線 BC 上にあり，

∠FAD＝∠DAC，EC∥AD

のとき，次の問いに答えなさい。

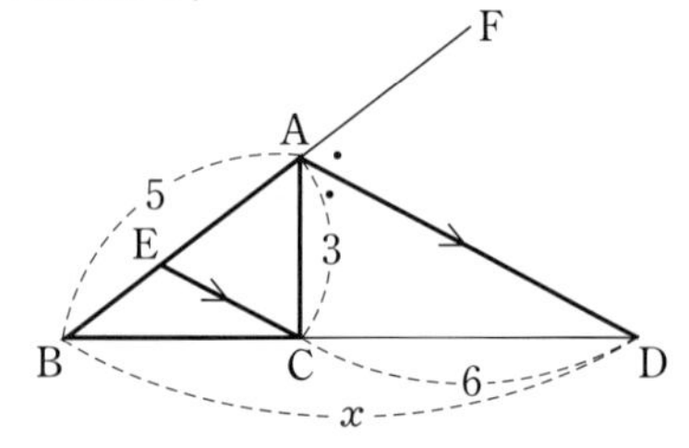


(1) △AEC はどのような形の三角形か答えなさい。

(2) $x$ の値を求めなさい。

一般に，次のことが成り立つ。

**三角形の外角の二等分線と線分の比**

**定理** AB≠AC である △ABC において，∠A の外角の二等分線と辺 BC の延長との交点をDとすると，次のことが成り立つ。

AB：AC＝BD：DC

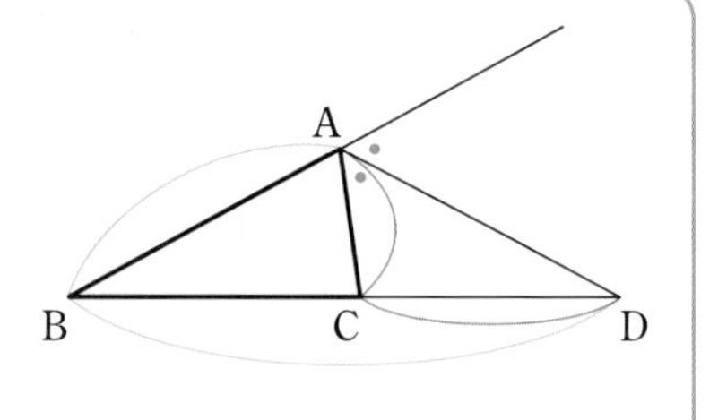


**練習 23** 右の図の △ABC において，∠A の外角の二等分線と辺 BC の延長との交点をDとする。$x$ の値を求めなさい。

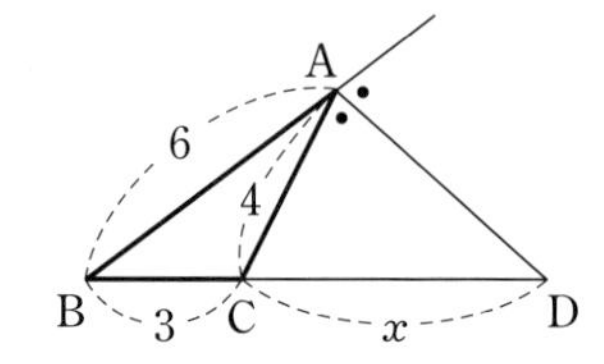

# 4. 中点連結定理

## 中点連結定理

よく用いられる三角形の2辺の中点を結んだ線分の性質について，ここでまとめておこう。

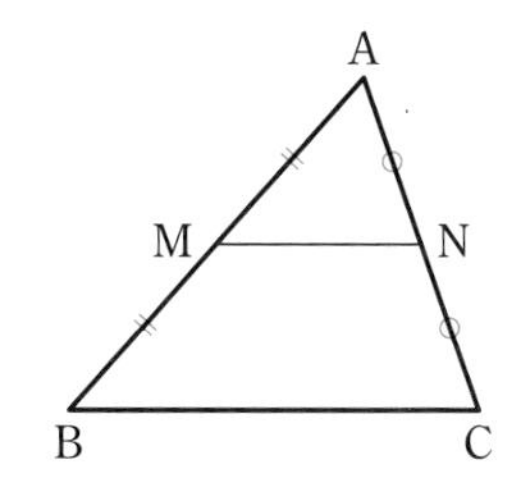


5　△ABCの辺AB，ACの中点をそれぞれM，Nとすると，

$$AM : MB = AN : NC = 1 : 1$$

であるから，19ページの三角形と線分の比(2)により　　MN∥BC

10　また，このとき，17ページの三角形と線分の比(1)により

$$MN : BC = AM : AB = 1 : (1+1)$$
$$= 1 : 2$$

以上から，次の **中点連結定理**（ちゅうてんれんけつ） が成り立つ。

**中点連結定理**

15　**定理**　△ABCの辺AB，ACの中点をそれぞれM，Nとすると，次のことが成り立つ。

$$MN \parallel BC, \quad MN = \frac{1}{2}BC$$

**練習 24**　右の図の△ABCにおいて，点D，Eは辺ACを3等分する点，点Fは辺BCの中点であり，

20　点GはAFとBDの交点である。EF=8 cm であるとき，次の線分の長さを求めなさい。

(1)　線分BD　　　　(2)　線分GD

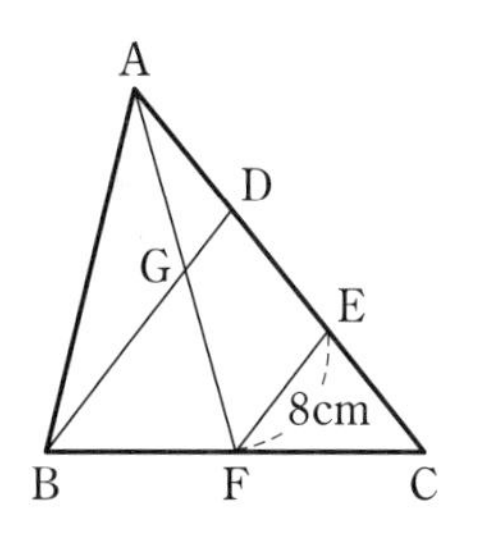

**練習 25** △ABCの辺BC，CA，ABの中点を，それぞれD，E，Fとする。
このとき，$\triangle ABC \backsim \triangle DEF$ であることを証明しなさい。

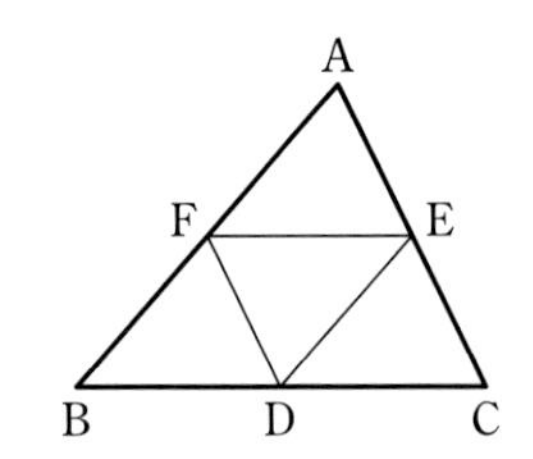


**例題 6** 四角形ABCDの辺AB，BC，CD，DAの中点をそれぞれE，F，G，Hとするとき，四角形EFGHは平行四辺形であることを証明しなさい。

**証明** BとDを結ぶ。
△ABDにおいて，中点連結定理により

$$EH /\!/ BD,\ EH=\frac{1}{2}BD$$

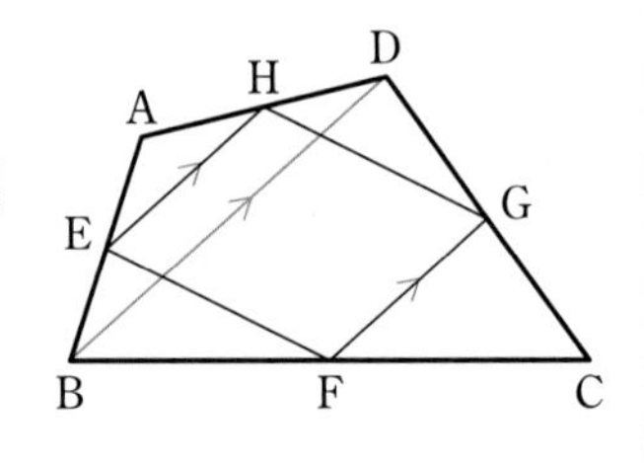


△CDBにおいて，中点連結定理により

$$FG /\!/ BD,\ FG=\frac{1}{2}BD$$

したがって　　$EH /\!/ FG$,　$EH=FG$
よって，1組の対辺が平行でその長さが等しいから，四角形EFGHは平行四辺形である。 終

**練習 26** 辺ADとBCが平行でない四角形ABCDの辺AB，CDの中点をそれぞれM，Nとし，対角線AC，BDの中点をそれぞれP，Qとするとき，四角形MPNQは平行四辺形であることを証明しなさい。

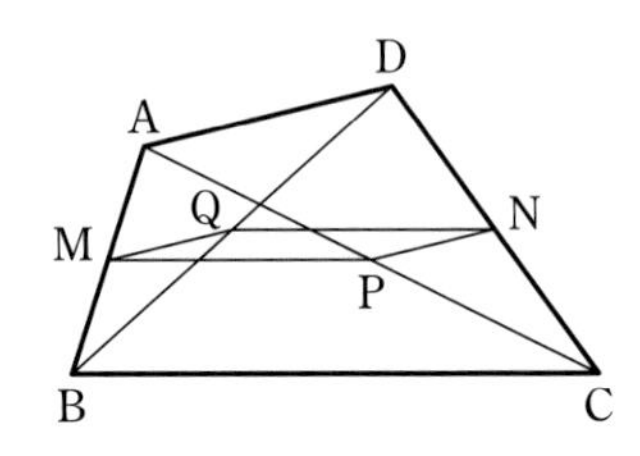

例題 7 AD∥BC の台形 ABCD において，辺 AB，CD の中点をそれぞれ M，N とするとき，次のことを証明しなさい。

$$MN \parallel BC, \quad MN=\frac{1}{2}(AD+BC)$$

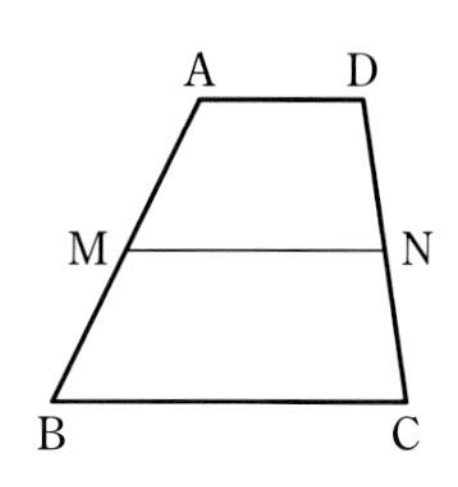


**証明** A と N を結び，その延長と辺 BC の延長との交点を E とする。

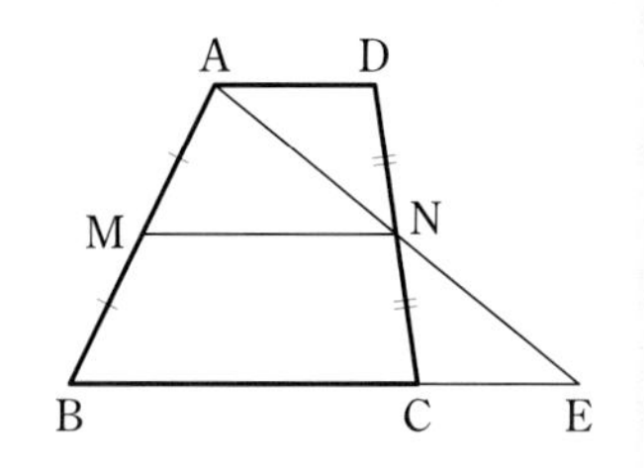


△ADN と △ECN において

仮定から　　DN＝CN

対頂角は等しいから

$$\angle AND=\angle ENC$$

AD∥BE であり，錯角は等しいから

$$\angle ADN=\angle ECN$$

1 組の辺とその両端の角がそれぞれ等しいから

$$\triangle ADN \equiv \triangle ECN$$

よって　　AN＝EN　…… ①，　AD＝EC　…… ②

△ABE において，① と AM＝BM から，中点連結定理により　　MN∥BC

また，$MN=\frac{1}{2}BE$ で，② より BE＝AD＋BC であるから

$$MN=\frac{1}{2}(AD+BC)$$ 終

**練習 27** AD∥BC，AD＜BC の台形 ABCD において，対角線 DB，AC の中点をそれぞれ M，N とするとき，次のことを証明しなさい。

$$MN \parallel BC, \quad MN=\frac{1}{2}(BC-AD)$$

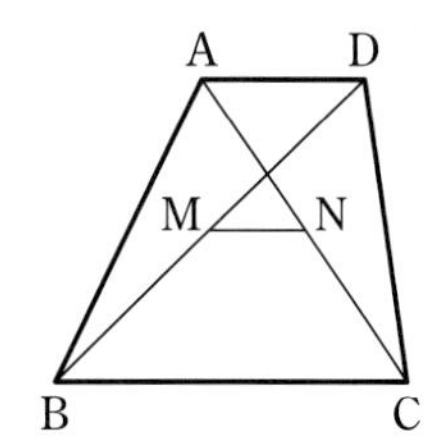

# 5. 相似な図形の面積比，体積比

## 相似な図形の面積比

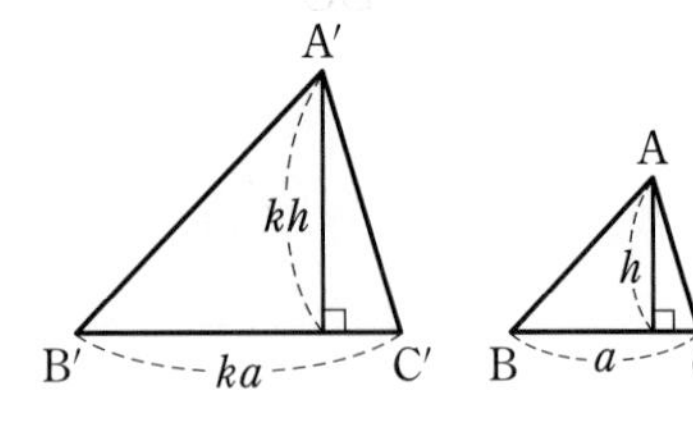


△A′B′C′ と △ABC は相似で，その相似比は $k:1$ であるとする。このとき，△A′B′C′ の面積 $S'$ と，△ABC の面積 $S$ について考えてみよう。

△ABC の底辺が $a$，高さが $h$ であるとき，△A′B′C′ の底辺は $ka$，高さは $kh$ となる。

よって　$S'=\frac{1}{2}\times ka\times kh=\frac{1}{2}k^2ah$,　$S=\frac{1}{2}ah$

したがって　$S':S=\frac{1}{2}k^2ah:\frac{1}{2}ah=k^2:1$

相似比が $k:1$ である2つの三角形の面積の比は $k^2:1$ となっていることがわかる。今後，面積の比のことを単に **面積比** という。

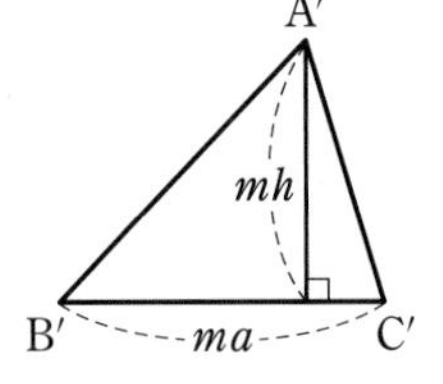


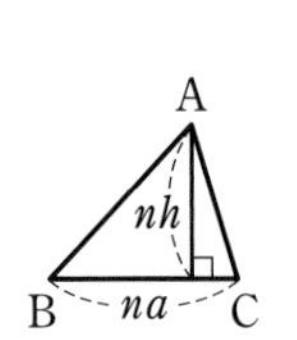


次に，相似比が $m:n$ である △A′B′C′ と △ABC について，考えてみよう。

△ABC の底辺を $na$，高さを $nh$ とすると，△A′B′C′ の底辺は $ma$，高さは $mh$ となる。

△A′B′C′ の面積を $S'$，△ABC の面積を $S$ とすると

$$S'=\frac{1}{2}\times ma\times mh=\frac{1}{2}m^2ah,\qquad S=\frac{1}{2}\times na\times nh=\frac{1}{2}n^2ah$$

したがって　$S':S=\frac{1}{2}m^2ah:\frac{1}{2}n^2ah=m^2:n^2$

相似比が $m:n$ である2つの三角形の面積比は $m^2:n^2$ となっていることがわかる。

右の図において，BC∥DE とすると，

△ABC∽△ADE である。

このとき，相似比は，

$$BC : DE = 6 : 4 = 3 : 2$$

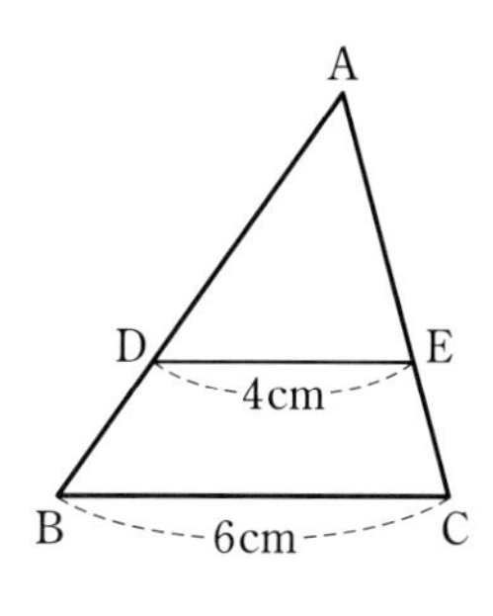


5 であるから，△ABC と △ADE の面積

比は　$\triangle ABC : \triangle ADE = 3^2 : 2^2$

$= 9 : 4$

である。

また，$\triangle ADE = 8\ \text{cm}^2$ のとき

10 $\triangle ABC : 8 = 9 : 4$

$\triangle ABC = 18\ \text{cm}^2$

よって，△ABC の面積は $18\ \text{cm}^2$ である。

**練習 28** ▶ 次の図において，BC∥DE であるとき，△ABC と △ADE の面積比を求めなさい。

15 (1)

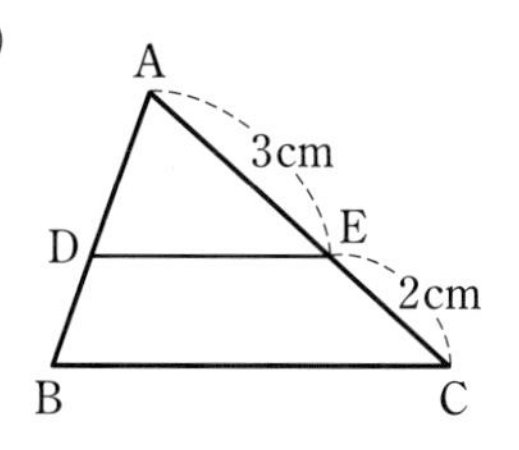


(2)

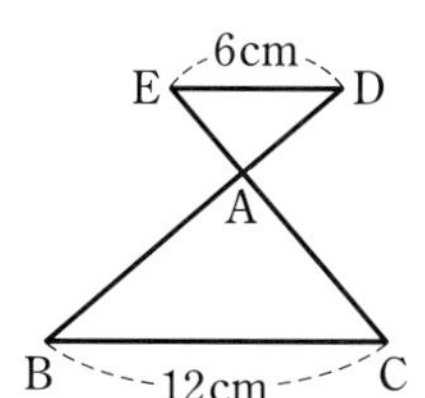


**練習 29** ▶ 右の図において，BC∥DE，

AD : DB = 3 : 1，△ABC の面積は $80\ \text{cm}^2$ である。

このとき，四角形 DBCE の面積を求めなさい。

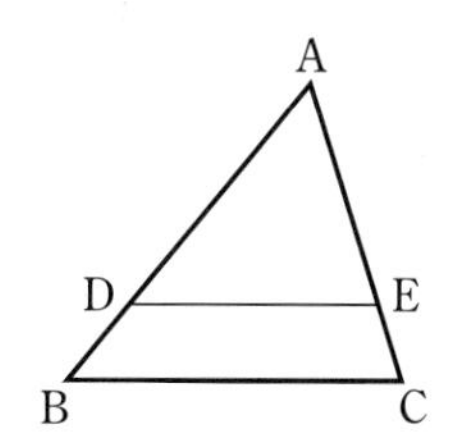


第1章

三角形以外の多角形についても，相似比と面積比の関係を調べてみよう。

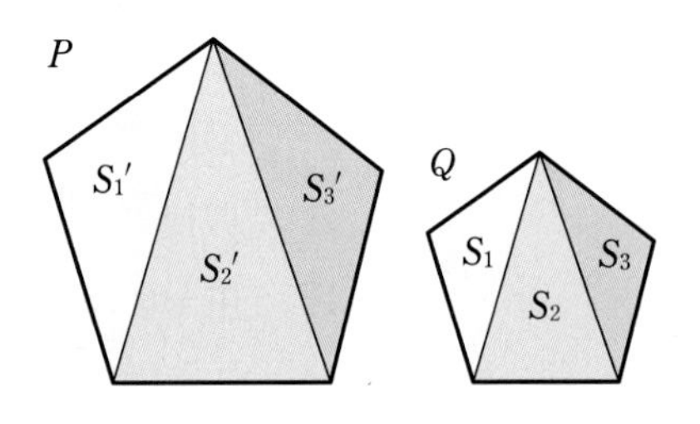


右の図の 2 つの五角形 $P$，$Q$ は相似で，相似比は $m:n$ であるとする。

$P$，$Q$ を上の図のように三角形に分割すると

$$S_1':S_1=m^2:n^2 \quad \text{より} \quad n^2S_1'=m^2S_1$$

よって　$S_1'=\dfrac{m^2}{n^2}S_1$　同様に　$S_2'=\dfrac{m^2}{n^2}S_2$，$S_3'=\dfrac{m^2}{n^2}S_3$

$P$，$Q$ の面積を，それぞれ $S'$，$S$ とすると

$$\begin{aligned} S':S&=(S_1'+S_2'+S_3'):(S_1+S_2+S_3)\\ &=\left(\frac{m^2}{n^2}S_1+\frac{m^2}{n^2}S_2+\frac{m^2}{n^2}S_3\right):(S_1+S_2+S_3)\\ &=\frac{m^2}{n^2}(S_1+S_2+S_3):(S_1+S_2+S_3)\\ &=\frac{m^2}{n^2}:1=m^2:n^2 \end{aligned}$$

この結果は，多角形に限らず，円など一般の平面図形についても成り立つ。

以上のことをまとめると，次のようになる。

**相似な図形の面積比**

2 つの相似な図形の相似比が $m:n$ であるとき，それらの面積比は $m^2:n^2$ である。

**練習 30** 平面上の相似な 2 つの図形 $F$，$G$ の相似比が 5：2 のとき，$F$ と $G$ の面積比を求めなさい。また，$F$ の面積が 500 cm$^2$ のとき，$G$ の面積を求めなさい。

## 相似な 3 つの図形の相似比と面積比

右の図において，DE∥FG∥BC であるとき，

△ADE と △AFG と △ABC

は相似である。相似比と面積比を求めてみよう。

△ADE と △AFG について

相似比は　1：2

面積比は　$1^2：2^2=1：4$

△ADE と △ABC について

相似比は　1：3

面積比は　$1^2：3^2=1：9$

このことを，まとめて次のように表す。

3 つの三角形 △ADE，△AFG，△ABC の

相似比は　1：2：3，　面積比は　1：4：9

比 $a：b：c$ を，$a$，$b$，$c$ の **連比**(れんぴ) という。

$a：b=5：3$，$b：c=4：1$ のとき，$a：b：c$ を求める。

$a：b=\frac{5}{3}：1$，$b：c=1：\frac{1}{4}$ であるから　← $b$ を 1 にする

$$a：b：c=\frac{5}{3}：1：\frac{1}{4}=20：12：3$$

**練習 31** ▶ 次の場合について，$a：b：c$ を最も簡単な整数の比で表しなさい。

(1)　$a：b=1：2$，$b：c=4：5$　　(2)　$a：b=4：3$，$b：c=2：7$

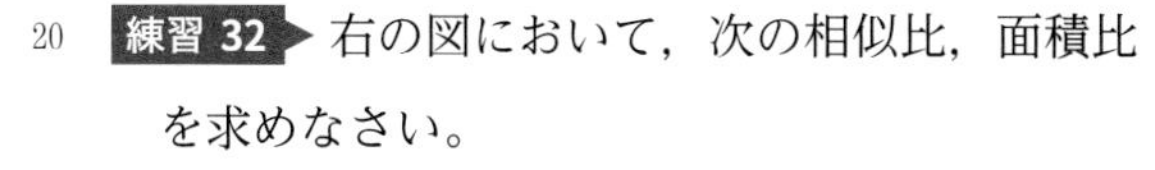

**練習 32** ▶ 右の図において，次の相似比，面積比を求めなさい。

(1)　△HBA と △HAC と △ABC の相似比

(2)　△HBA と △HAC と △ABC の面積比

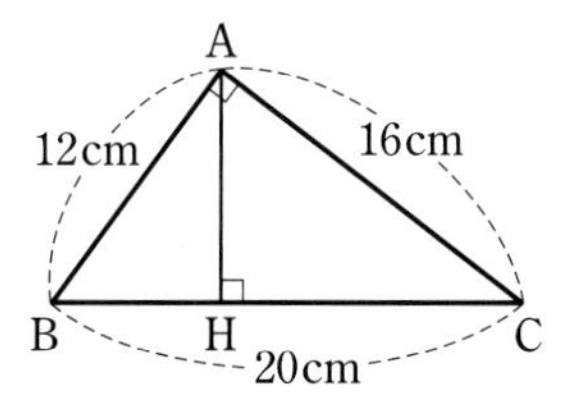

## 相似な立体

立体においても，相似な図形を考えることができる。

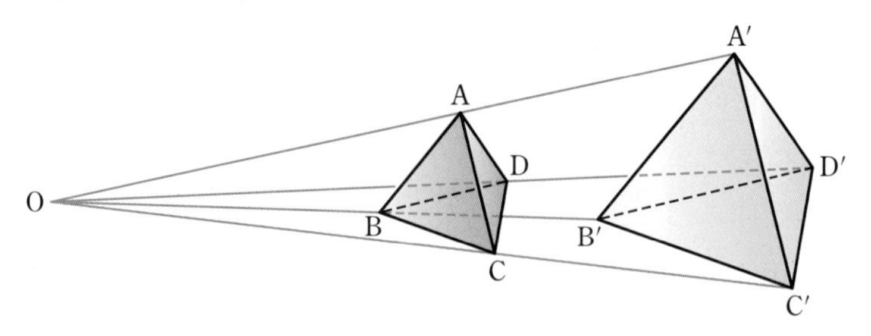


たとえば，上の図で

$$\mathrm{OA}' : \mathrm{OA} = \mathrm{OB}' : \mathrm{OB} = \mathrm{OC}' : \mathrm{OC} = \mathrm{OD}' : \mathrm{OD} = k : 1$$

5 であるとき，三角錐 A′B′C′D′ は，三角錐 ABCD を $k$ 倍に拡大したものになる。

1つの立体を一定の割合で拡大または縮小した立体は，もとの立体と **相似** であるという。

一般に，相似な立体の対応する線分の長さの比と対応する角の大きさ
10 について，次のことが成り立つ。

**相似な立体の性質**

[1]　相似な立体では，対応する線分の長さの比は，すべて等しい。
[2]　相似な立体では，対応する角の大きさは，それぞれ等しい。

相似な立体においても，対応する線分の長さの比を **相似比** という。

15 **練習 33** ▶ 次の各組の立体のうち，つねに相似であるものを選びなさい。

(1)　2つの立方体　　(2)　2つの直方体
(3)　2つの正四面体　　(4)　2つの正四角錐
(5)　2つの円柱　　(6)　2つの球

## 相似な立体の表面積比，体積比

相似な立体の表面積の比，体積の比について調べよう。

今後，表面積の比を単に **表面積比**，体積の比を単に **体積比** という。



右の図のような相似比が $m:n$ である直方体 $P$ と $Q$ について，その体積は，それぞれ次のようになる。

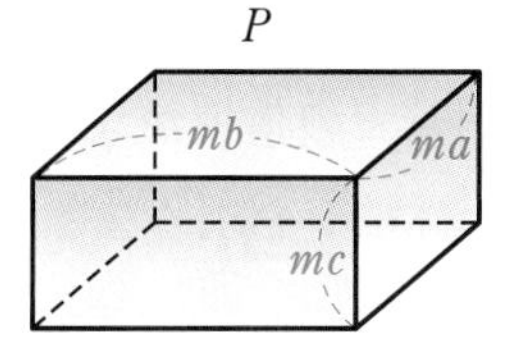


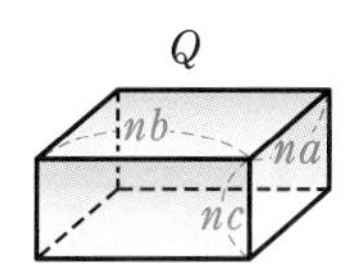


$$(P\text{の体積}) = ma \times mb \times mc = m^3abc$$

$$(Q\text{の体積}) = na \times nb \times nc = n^3abc$$

したがって

$$(P\text{の体積}) : (Q\text{の体積}) = m^3abc : n^3abc = m^3 : n^3$$

となる。

**練習 34** 上の直方体 $P$，$Q$ について，$P$ と $Q$ の表面積比を求めなさい。

一般に，相似な立体について，次のことが成り立つ。

**相似な立体の表面積比，体積比**

2 つの相似な立体の相似比が $m:n$ であるとき，それらの表面積比は $m^2:n^2$ であり，体積比は $m^3:n^3$ である。

**練習 35** 相似な 2 つの立体の相似比が 3：4 のとき，表面積比と体積比を求めなさい。

**練習 36** 相似な 2 つの立体 $P$，$Q$ がある。$P$ と $Q$ の相似比が 5：3 で，$P$ の表面積は 700 $\text{cm}^2$，体積は 1000 $\text{cm}^3$ である。$Q$ の表面積と体積を求めなさい。

**例題 9** 校舎から 18 m 離れた地点から，校舎の先端を見上げる角を測ったところ，その大きさは 41° になった。目の高さを 1.6 m とするとき，校舎の高さを，縮図をかいて求めなさい。

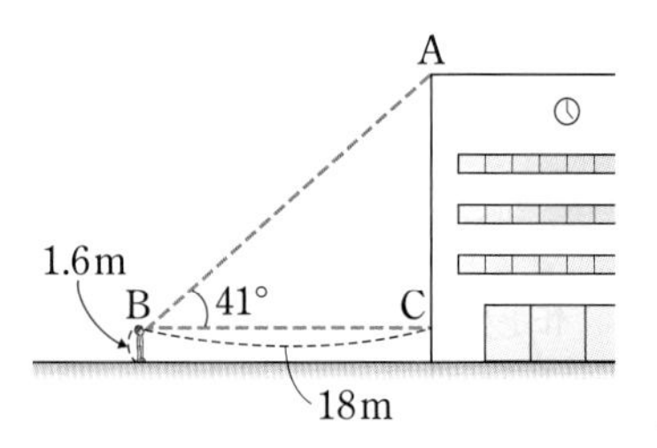


**解答** △ABC の 600 分の 1 の縮図 △A′B′C′ は，右の図のようになる。

A′C′ の長さを測ると 2.6 cm である。

よって，2.6×600＝1560 より

AC＝1560 cm

すなわち　AC＝15.6 m

したがって，15.6＋1.6＝17.2 より，校舎の高さは

17.2 m　答

**練習 40** あるビルの高さを測るために，ビルの真下から 50 m 離れた地点からビルの屋上を見上げる角を測ったところ，その大きさは 30° になった。目の高さを 1.5 m とするとき，ビルの高さを，縮図をかいて求めなさい。

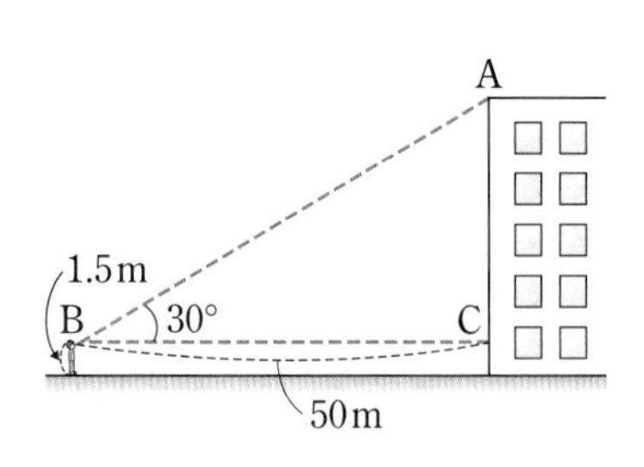

## 相似の利用

相似な図形の性質を利用して，身のまわりの問題を考えよう。



**例題 10** ある店では，直径 10 cm と直径 15 cm の 2 種類のチーズケーキを販売している。2 種類のチーズケーキは相似な円柱とみることができる。また，チーズケーキの値段は体積に比例して決められている。直径 10 cm のチーズケーキの値段が 480 円であるとき，直径 15 cm のチーズケーキの値段を求めなさい。

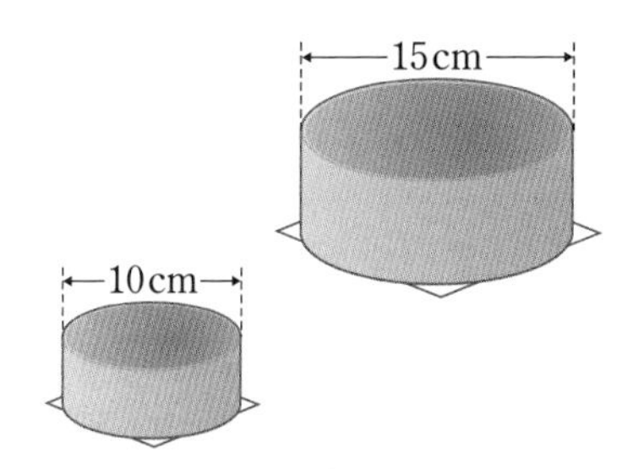


**解答** 直径 10 cm と直径 15 cm のチーズケーキは相似であり，その相似比は　$10:15=2:3$

よって，体積比は　$2^3:3^3=8:27$

直径 15 cm のチーズケーキの値段を $x$ 円とすると

$$8:27=480:x$$

これを解くと　$x=1620$

よって，直径 15 cm のチーズケーキの値段は　1620 円　答

**練習 41** ある店のメニューには，S サイズと M サイズの円形のパンケーキがあり，S サイズのパンケーキの直径は 8 cm，M サイズのパンケーキの直径は 14 cm である。また，パンケーキの値段は円の面積に比例して決められている。S サイズのパンケーキの値段が 400 円であるとき，M サイズのパンケーキの値段を求めなさい。

**練習 42** 水筒 A と B は相似であり，その相似比は 3：4 である。水筒 A の容量が 810 mL であるとき，水筒 B の容量を求めなさい。

**例題 11** 右の図のような円錐の容器に 320 $cm^3$ の水を入れたところ，水面の高さは 8 cm になった。水面をさらに 2 cm 高くするには，何 $cm^3$ の水を加えればよいか答えなさい。

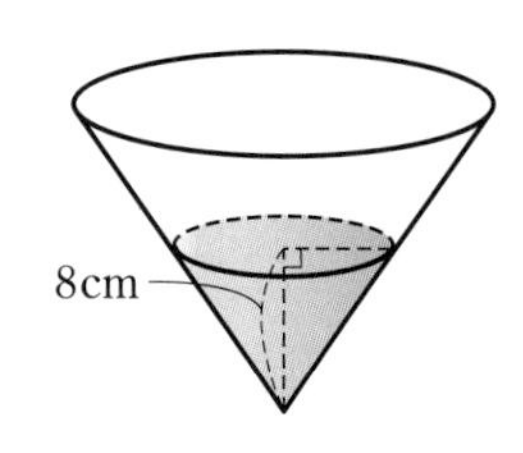


**解答** 水面の高さが 8 cm のときに水が入った部分の円錐を $A$，水面の高さが $8+2=10$ (cm) のときに水が入った部分の円錐を $B$ とする。

このとき，$A$ と $B$ は相似であり，その相似比は

$$8:10=4:5$$

よって，体積比は　$4^3:5^3=64:125$

$A$ の体積は 320 $cm^3$ であるから

$$64:125=320:(B\text{ の体積})$$

これを解くと　($B$ の体積)$=625$ $cm^3$

よって，$625-320=305$ より，加える水の量は　305 $cm^3$ 答

**練習 43** 高さが 6 cm である右の図のような円錐の容器がある。この容器の中にコップ 1 杯分の水を入れ，水面が底面と平行になるようにしたところ，水の高さは 2 cm になった。この容器を水でいっぱいにするには，あとコップ何杯分の水を入れるとよいか答えなさい。

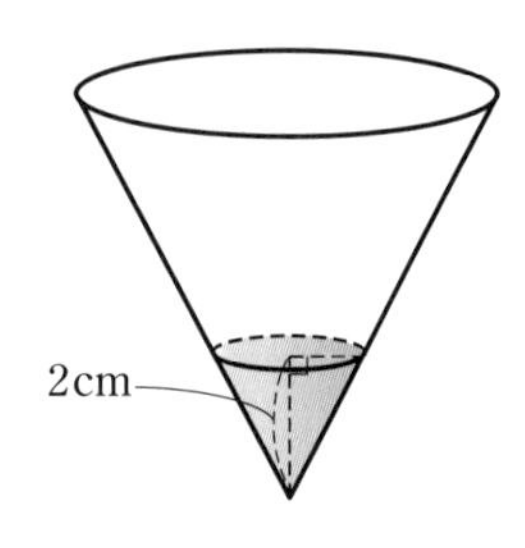

## 確認問題



**1** 右の図において，$\angle A=90°$ であり，$DE /\!/ BC$，$DF \perp BC$ である。このとき，

$$\triangle ADE \backsim \triangle FBD$$

であることを証明しなさい。

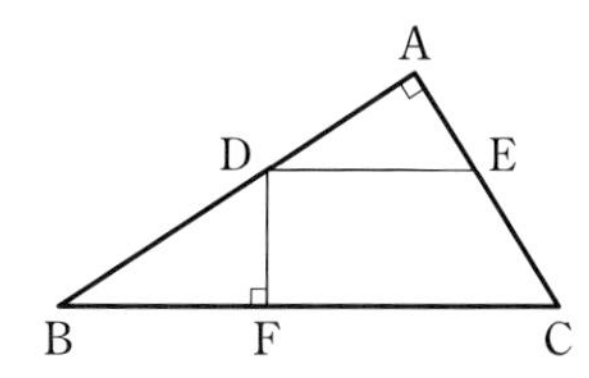


**2** 次の図において，$x$，$y$ の値を求めなさい。

(1)

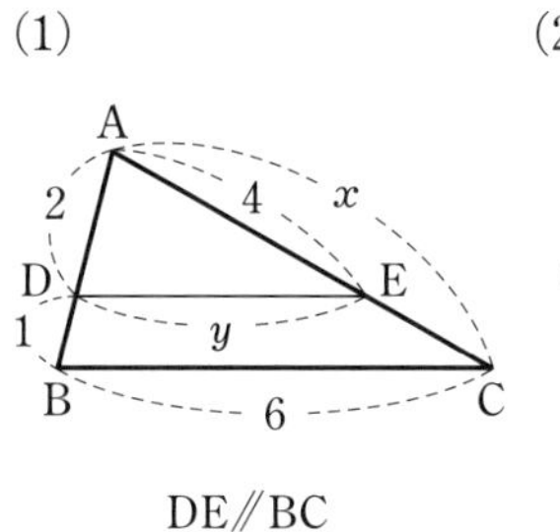


$DE /\!/ BC$

(2)

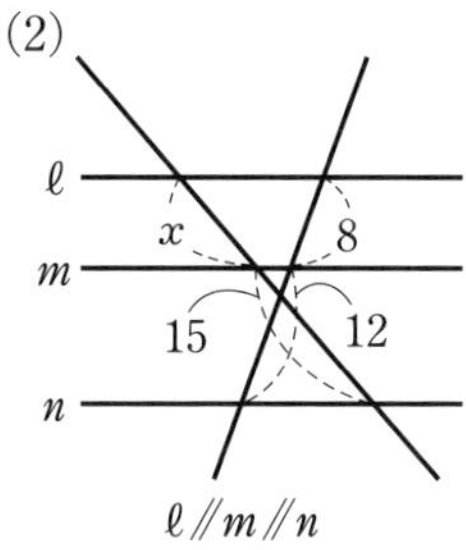


$\ell /\!/ m /\!/ n$

(3)

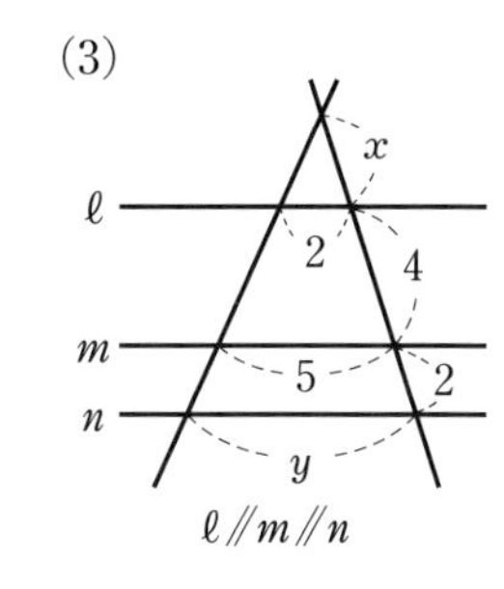


$\ell /\!/ m /\!/ n$

**3** 右の図において，

$$\angle BAD=\angle CAD,\ \angle ABE=\angle DBE$$

であるとき，次の比を求めなさい。

(1) BD：DC

(2) AE：ED

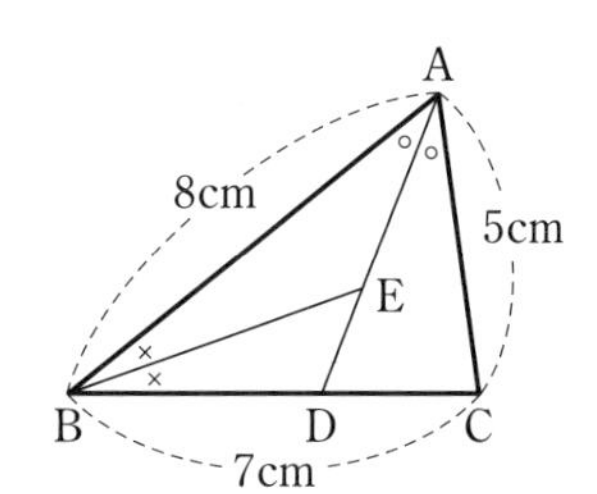


**4** 右の図において，点D，Eは線分ABを3等分する点であり，点Fは線分ACの中点である。また，点Gは，BFとCEの交点である。このとき，$x$の値を求めなさい。

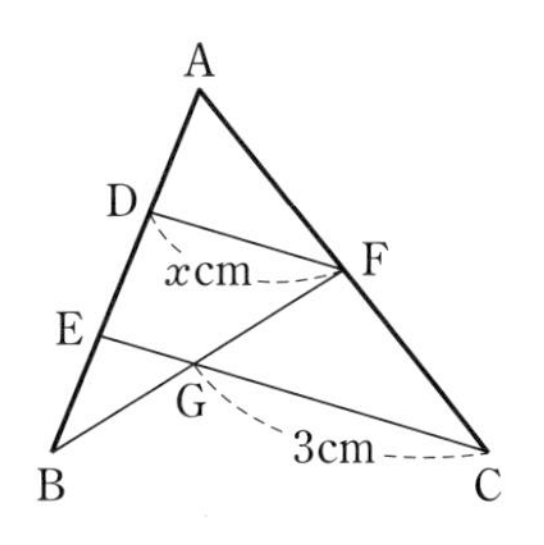

## 演習問題 A

**1** 右の図において，線分 AC の長さを求めなさい。

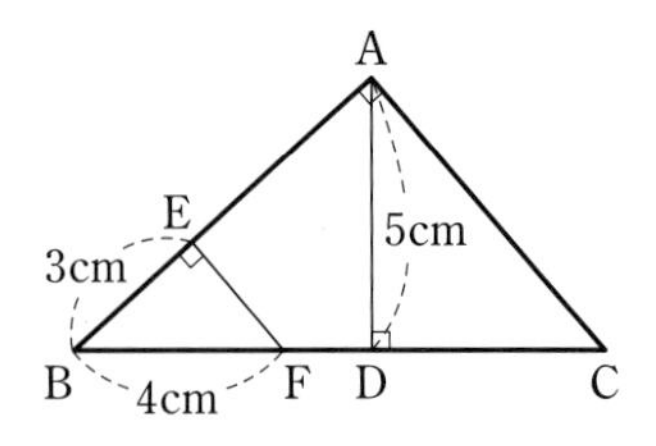


**2** 右の図において，AB∥EF∥CD である。

(1) BF：FD を求めなさい。

(2) 線分 EF の長さを求めなさい。

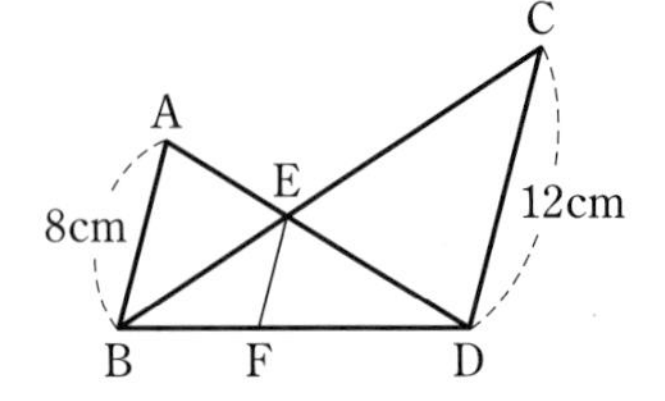


**3** 右の図において，AB＝CD であり，点 E，F，G はそれぞれ線分 AD，BC，BD の中点である。

(1) ∠EGF の大きさを求めなさい。

(2) △EFG はどんな三角形か答えなさい。

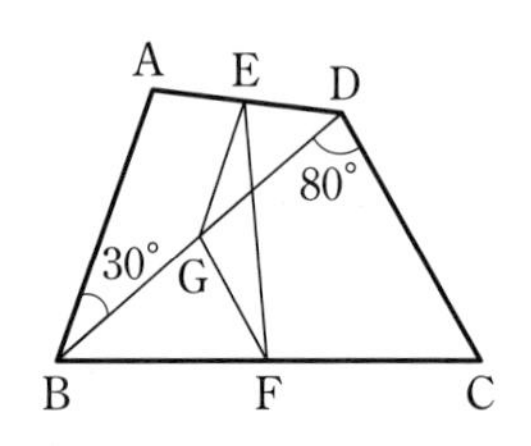


**4** 右の図において，AB∥FE，BC∥DF で，△ABC の面積は 98 cm² である。このとき，四角形 BEFD の面積を求めなさい。

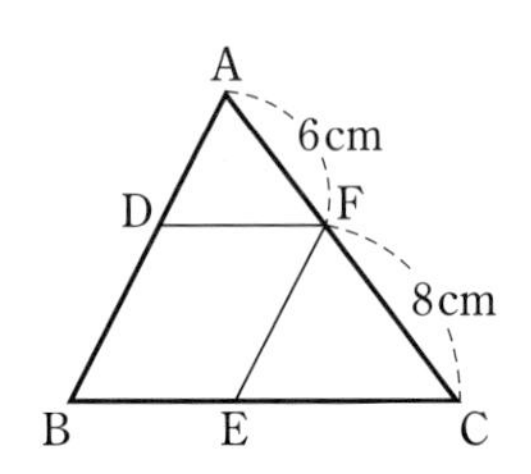

## 演習問題 B

**5** 右の図の直角三角形 ABC において，3 辺 AB，BC，CA 上にそれぞれ点 D，E，F をとり，四角形 DBEF が正方形になるようにする。
このとき，正方形 DBEF の 1 辺の長さを求めなさい。

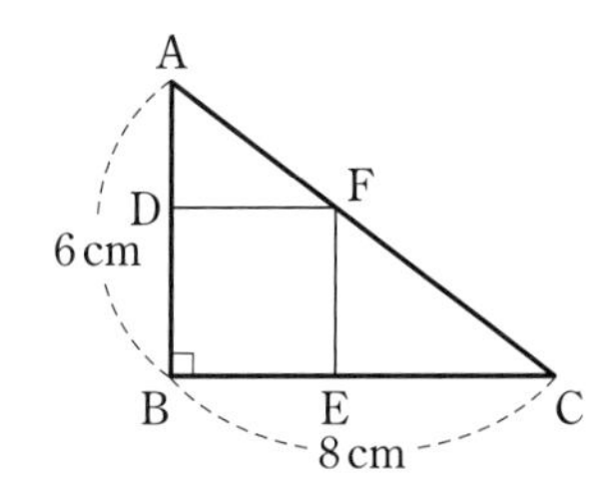


**6** ▱ABCD の頂点Aを通る直線が線分 BD，BC および辺 DC の延長と交わる点を，それぞれ P，Q，R とする。このとき，線分の比が BP：PD と等しい線分の組を見つけることで

$$AP^2 = PQ \times PR$$

が成り立つことを証明しなさい。

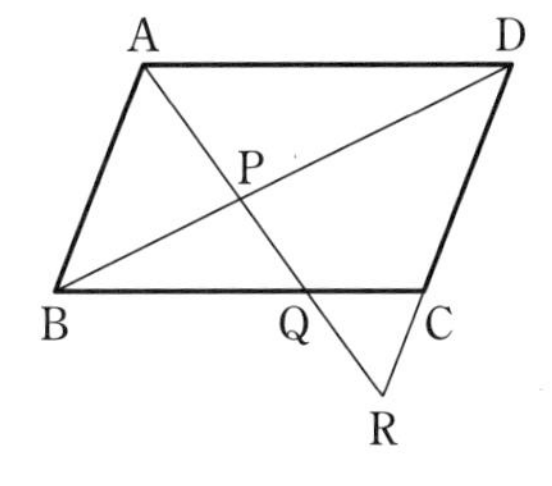


**7** 右の図の立体 ABCD-EFGH は，1 辺の長さが 6 cm の立方体であり，点 P，Q はそれぞれ辺 AD，CD の中点である。この立方体を 4 点 P，Q，G，E を通る平面で切るとき，立方体 ABCD-EFGH と立体 PQD-EGH の体積比を求めなさい。

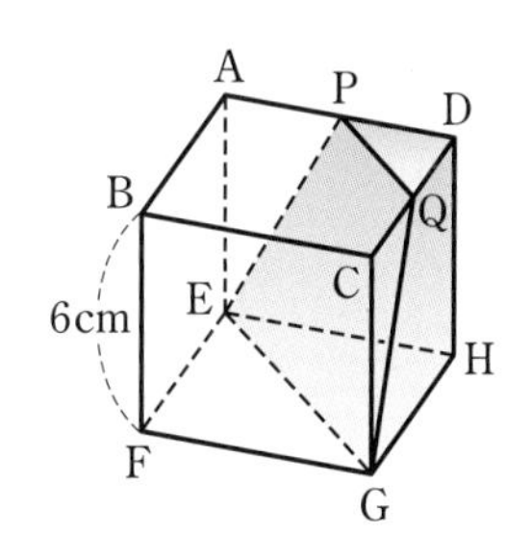

探究

# 紙の大きさのヒミツ

紙の大きさについて考えてみましょう。
紙の大きさには規格があり，この本
「体系数学 2 幾何編」と同じ大きさの紙を
A5 判，本を開いたときと同じ大きさの紙を
A4 判といいます。

わたしのノートには B5 判と書いてあります。

B5 判も紙の大きさを表しています。
A5，A4，B5，……と紙には色々な大きさがありますが，これらには共通点があります。
A4 判と B5 判の大きさを調べ，それぞれ短い方の辺と長い方の辺の比を求めましょう。

A4 判…短い辺 210 mm，長い辺 297 mm
B5 判…短い辺 182 mm，長い辺 257 mm
でした。
それぞれ短い辺と長い辺の長さの比は，
およそ 1：1.41 になっています。

そうですね。A4 判も B5 判も 2 辺の長さの比が $1:\sqrt{2}$ (*) になるように作られています。
ここで，A4 判の紙から A5 判の紙を作るには，どのようにすればよいか考えてみましょう。

長い方の辺の長さが半分になるように折ると作ることができます。

そうですね。そこからA5判の紙の2辺の長さの比を求めてみましょう。

A4判の紙を図のように四角形ABCDとすると，四角形ABFEはA5判になります。

AB：AD=1：$\sqrt{2}$

であり，点Eは辺ADの中点であるから

$$AE:AB=\frac{\sqrt{2}}{2}:1=1:\sqrt{2}$$

よって，A5判の紙も2辺の長さの比は1：$\sqrt{2}$ となります。

つまり，A5判の紙とA4判の紙は相似で，その相似比は1：$\sqrt{2}$ なのですね。

次に，面積比を考えてみましょう。

$1^2:(\sqrt{2})^2$ すなわち1：2です。
なるほど！「半分に折る」とは面積を半分にすることでもあるのですね。

---

(＊) 平方根を学習した後に読むことを想定しています。

# 第2章　線分の比と計量

下の図の線分の長さを $1$ とします。

このとき，長さが $\frac{1}{2}$ の線分を作図できるでしょうか。

長さが $\frac{1}{2}$ の線分は，垂直二等分線を利用して作図することができます。実際に作図してみましょう。

長さが $\frac{1}{4}$ や $\frac{1}{8}$ の線分も作図してみましょう。

次の実験をしてみましょう。

① 厚紙で適当な大きさの三角形を作り，図のように小さな穴を 2 か所開けます。
② 1 か所の穴に糸を通してぶら下げ，糸の延長線を三角形にかき込みます。
③ もう 1 か所の穴に糸を通してぶら下げ，糸の延長線を三角形にかき込みます。
④ ②と③でかいた 2 直線の交点に糸をつけてぶら下げてみましょう。

三角形は，どのようになるでしょうか。

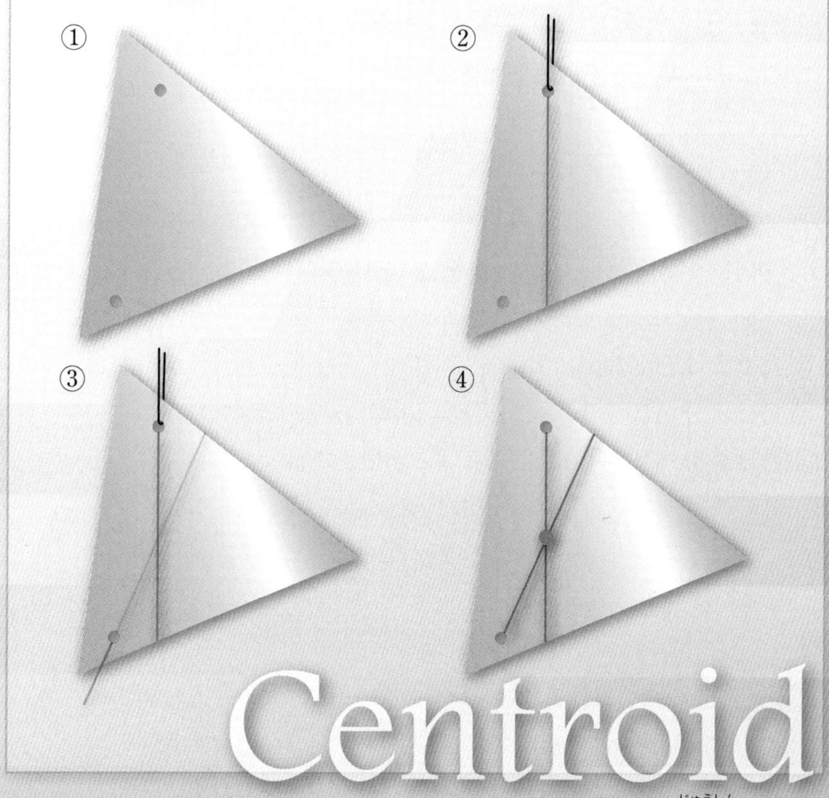


④で求めた 2 直線の交点は，この章で学ぶ三角形の重心（じゅうしん）に関係しています。

第2章

# 1. 三角形の重心

## 線分の内分点，外分点

$m$，$n$ を正の数とする。

点Pが線分 AB 上にあって

5　　$AP:PB=m:n$

が成り立つとき，P は線分 AB を $m:n$ に内分(ないぶん)するといい，P を**内分点**という。

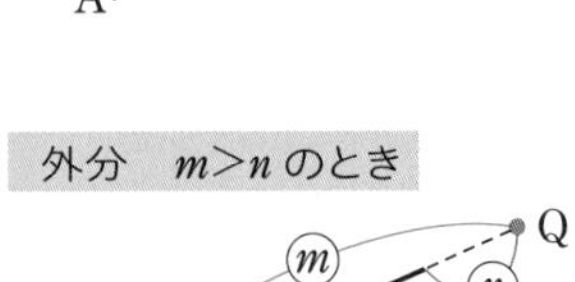


$m$，$n$ を異なる正の数とする。

点Qが線分 AB の延長上にあって

10　　$AQ:QB=m:n$

が成り立つとき，Q は線分 AB を $m:n$ に外分(がいぶん)するといい，Q を**外分点**という。

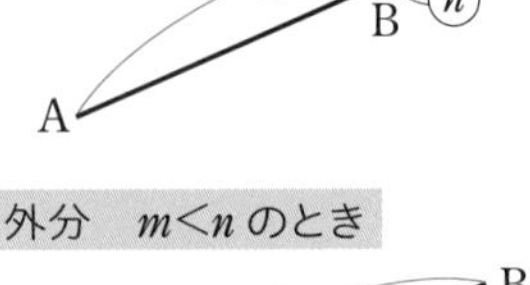


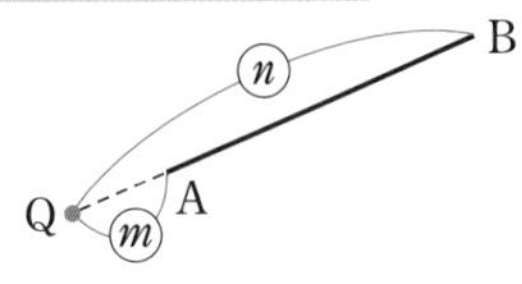


たとえば，下の図において，

点Cは線分 AB を 3：2 に外分する点であり，

15　点Dは線分 AB を 2：3 に外分する点である。

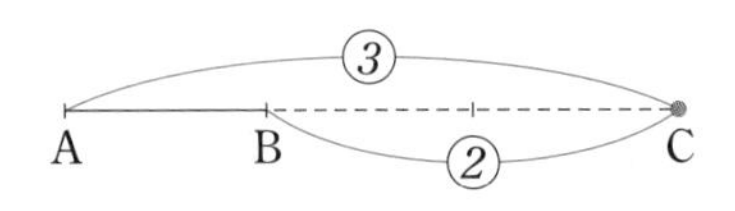


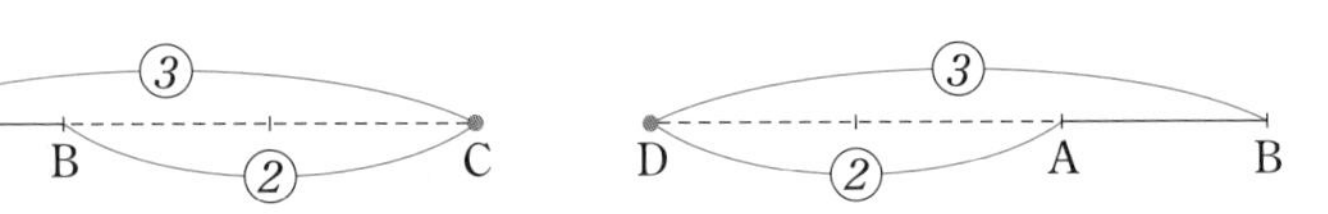


**練習 1** 下の図の線分 AB について，次の点を図にかき入れなさい。

(1)　3：1 に内分する点C　　(2)　1：3 に内分する点D

(3)　3：1 に外分する点E　　(4)　1：3 に外分する点F

## 重心

前の章で学んだ中点連結定理を用いると，三角形の中線について，次の定理が証明できる。

**三角形の中線**

**定理**　三角形の3つの中線は1点で交わり，その点は各中線を $2:1$ に内分する。

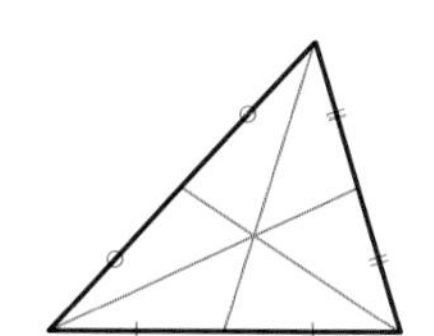

**証明**　△ABC において，図[1]のように，中線 AL と BM の交点をGとし，図[2]のように，中線 AL と CN の交点を G′ とする。2点 G，G′ が一致すれば，3つの中線が1点で交わることがわかる。

図[1]で，L，M はそれぞれ辺 CB，CA の中点であるから，中点連結定理により

$$ML /\!/ AB,\ ML=\frac{1}{2}AB$$

よって　　$AG:GL=AB:ML=2:1$

図[2]で，同様に，交点 G′ について

$$AG':G'L=AC:NL=2:1$$

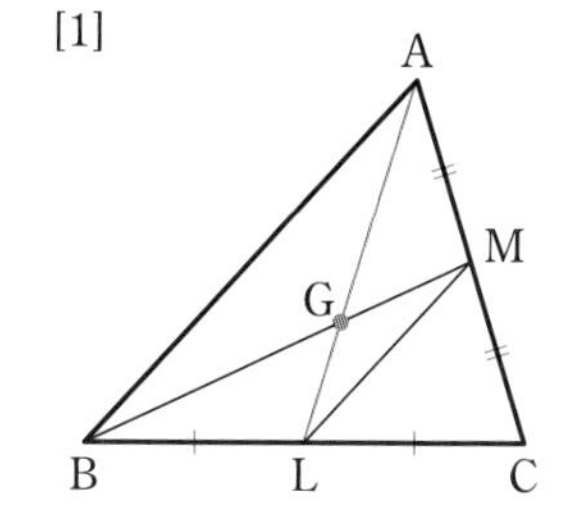


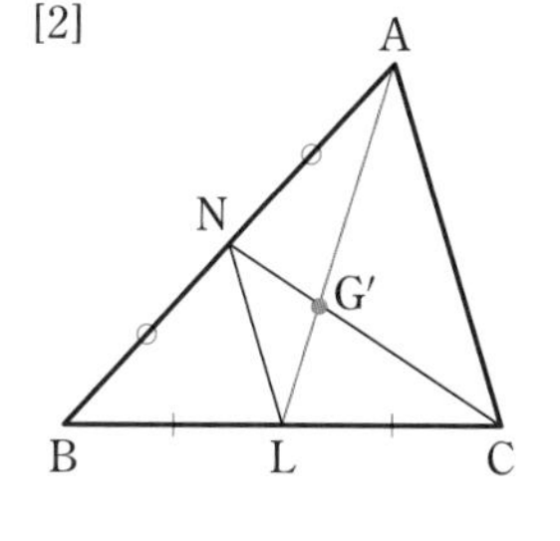


G と G′ はともに線分 AL 上にあり，どちらも線分 AL を $2:1$ に内分する点であるから，この2点は一致する。

よって，△ABC の3つの中線は1点Gで交わり，$AG:GL=2:1$ である。

また，$BG:GM=2:1$，$CG:GN=2:1$ も同様に成り立つから，Gは各中線を $2:1$ に内分する。　終

三角形の3つの中線が交わる点を，三角形の **重心**（じゅうしん） という。

三角形の重心の性質を用いて，線分の長さを求めよう。

**例題 1** 右の図において，点 G は △ABC の重心であり，G を通る直線 EF は辺 BC に平行である。このとき，次の線分の長さを求めなさい。

(1) 線分 GD

(2) 線分 GF

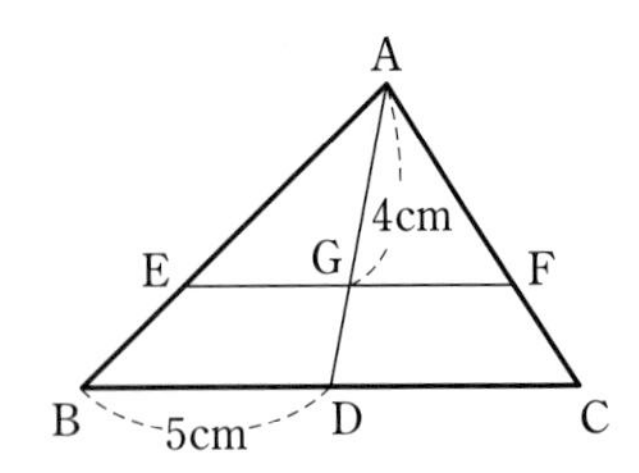


**解答** (1) 三角形の重心は，各中線を 2：1 に内分するから

$$AG : GD = 2 : 1$$

よって　$4 : GD = 2 : 1$

したがって　$GD = 2\ \text{cm}$ 答

(2) 線分 AD は △ABC の中線であるから

$$DC = BD = 5\ \text{cm}$$

$GF \parallel DC$ であるから

$$AG : AD = GF : DC$$

よって　$4 : (4+2) = GF : 5$

したがって　$GF = \dfrac{10}{3}\ \text{cm}$ 答

**練習 2** 右の図において，点 G は △ABC の重心であり，G を通る直線 EF は辺 BC に平行である。このとき，次の線分の長さを求めなさい。

(1) 線分 AG

(2) 線分 EF

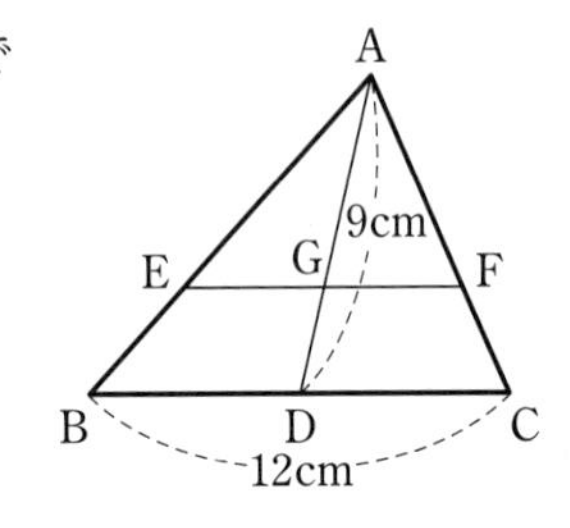

# 2. 線分の比と面積比

底辺が $a$，高さが $h$ の △ABC と底辺が $b$，高さが $h$ の △DEF の面積比は，次のようになる。

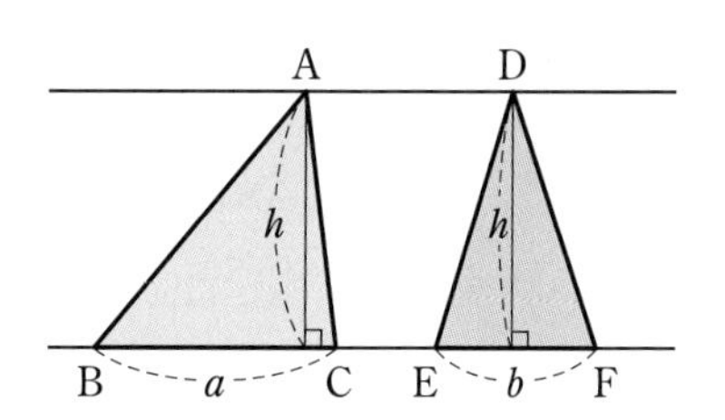


$$\triangle \mathrm{ABC} : \triangle \mathrm{DEF} = \frac{1}{2}ah : \frac{1}{2}bh$$
$$= a : b$$

このことから，次のことがわかる。

高さが等しい三角形の面積比は，その底辺の長さの比に等しい。

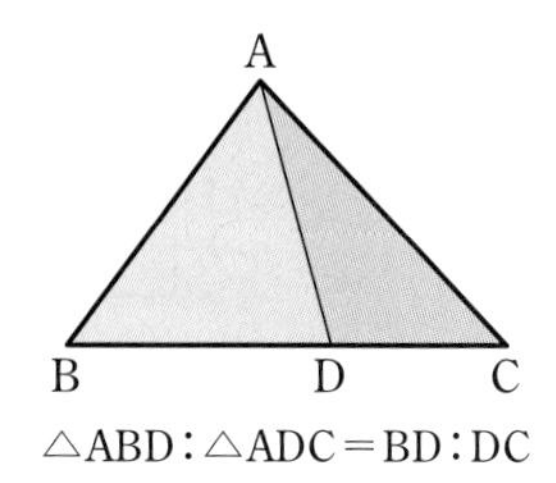


△ABD：△ADC＝BD：DC

右の図において

$$\triangle \mathrm{ABD} : \triangle \mathrm{ADC} = \mathrm{BD} : \mathrm{DC}$$
$$= 3 : 2$$
$$\triangle \mathrm{ABD} : \triangle \mathrm{ABC} = \mathrm{BD} : \mathrm{BC}$$
$$= 3 : (3+2)$$
$$= 3 : 5$$

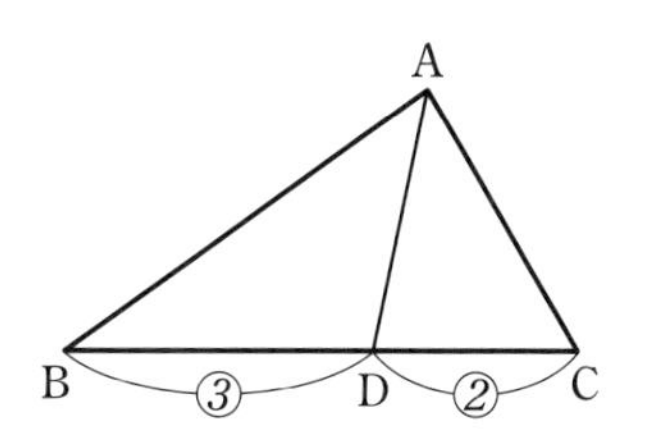


**練習 3** 右の図において，AD：DB＝2：1，BE＝CE である。
このとき，次の面積比を求めなさい。

(1) △DBE：△DEC
(2) △DBE：△DBC
(3) △DBC：△ADC
(4) △DBE：△ABC

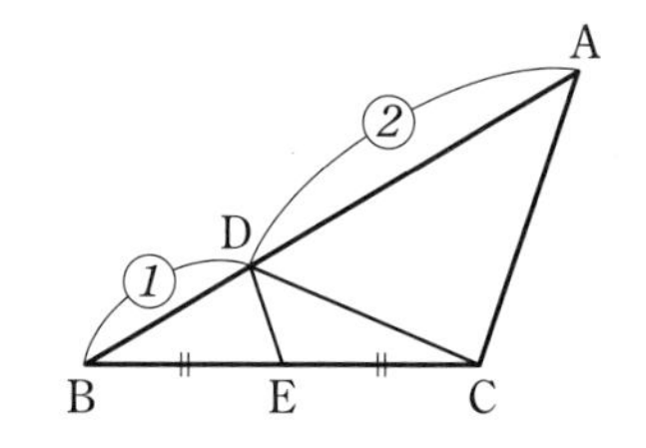

三角形の重心や平行線の性質を用いて，図形の面積や面積比を求めることを考えよう。

**例題 2** 面積が 12 $\text{cm}^2$ の △ABC がある。辺 BC，CA の中点をそれぞれ L，M とし，AL と BM の交点を G とするとき，四角形 CMGL の面積 $S$ を求めなさい。

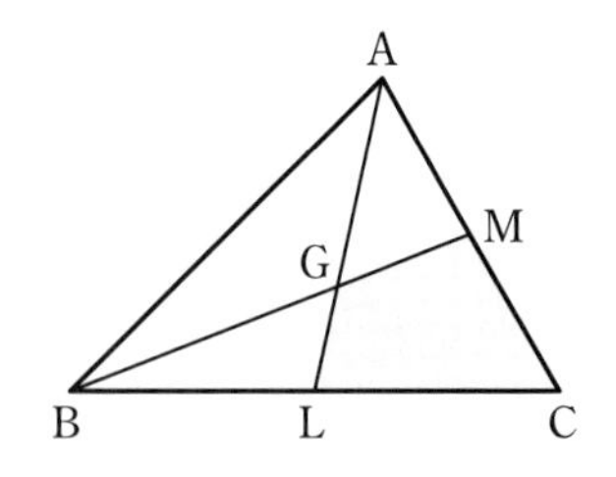


考え方　点 G は △ABC の重心であるから，各中線を 2：1 に内分する。

**解答**　AM：MC＝1：1 であるから

$$\triangle BCM=\frac{1}{2}\triangle ABC=\frac{1}{2}\times 12=6\ (\text{cm}^2)$$

点 G は △ABC の重心であるから

$$AG:GL=2:1$$

よって

$$\triangle BLG=\frac{1}{3}\triangle ABL$$

$$=\frac{1}{3}\times\frac{1}{2}\triangle ABC=\frac{1}{6}\times 12=2\ (\text{cm}^2)$$

したがって，四角形 CMGL の面積 $S$ は

$$S=\triangle BCM-\triangle BLG=6-2=4\ (\text{cm}^2)$$ 答

**練習 4** △ABC の重心を G とする。このとき，△ABC と △GBC の面積比を求めなさい。

---

例題 2 の △BLG の面積の求め方と同様に考えると，△ABC の 3 つの中線によって分けられる 6 つの三角形の面積は，すべて等しくなることがわかる。

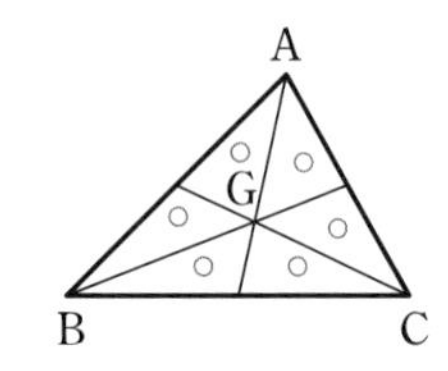

▱ABCD において，辺 AB の中点を E，辺 CD を 2：1 に内分する点を F とする。CE と BF の交点を G とするとき，△GBC の面積は ▱ABCD の面積の何倍となるか求めなさい。

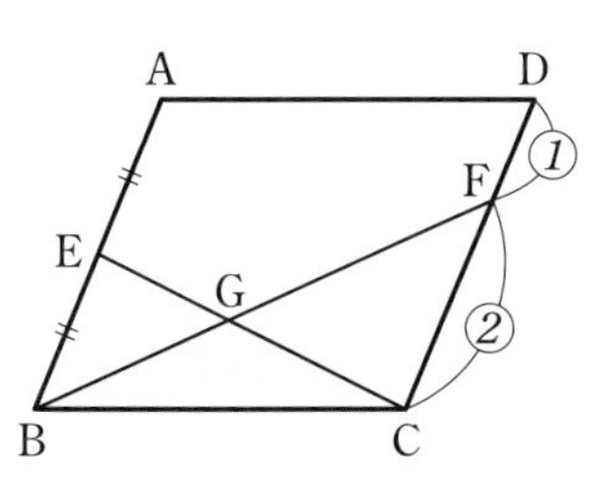


**解答** ▱ABCD の面積を $S$ とすると　$\triangle ABC=\frac{1}{2}S$

AE：EB=1：1 であるから

$$\triangle EBC=\frac{1}{2}\triangle ABC=\frac{1}{2}\times\frac{1}{2}S=\frac{1}{4}S$$

また，EB∥FC，AB=CD であるから

$$GE:GC=BE:FC=\frac{1}{2}AB:\frac{2}{3}CD$$

$$=3:4$$

したがって

$$\triangle GBC=\frac{4}{7}\triangle EBC=\frac{4}{7}\times\frac{1}{4}S=\frac{1}{7}S$$

よって，△GBC の面積は ▱ABCD の面積の $\frac{1}{7}$ 倍

答 $\frac{1}{7}$ 倍

**練習 5** 右の図のような ▱ABCD において，BE=EF=FC であるとき，次の比を求めなさい。

(1) EG：ED　　(2) EH：ED

(3) EG：EH　　(4) EG：GH

(5) (△AGH の面積)：(▱ABCD の面積)

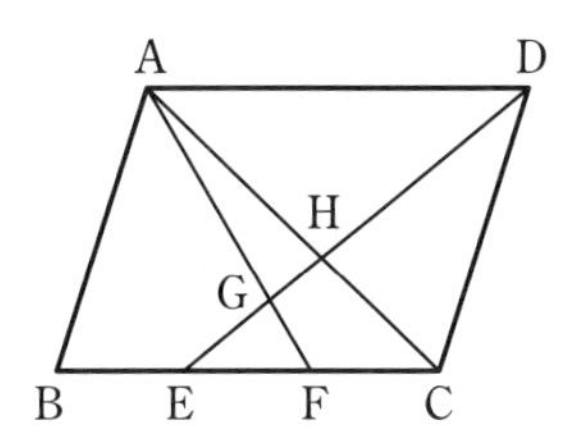

49 ページと同様に考えると，次のことがいえる。

底辺の長さが等しい三角形の面積比は，その高さの比に等しい。

さらに，このことから，次の定理も成り立つ。

**三角形の面積と線分の比**

**定理**　底辺 OA を共有する △OAB，△OAC において，2 直線 OA，BC が点 P で交わるとすると

△OAB：△OAC＝PB：PC

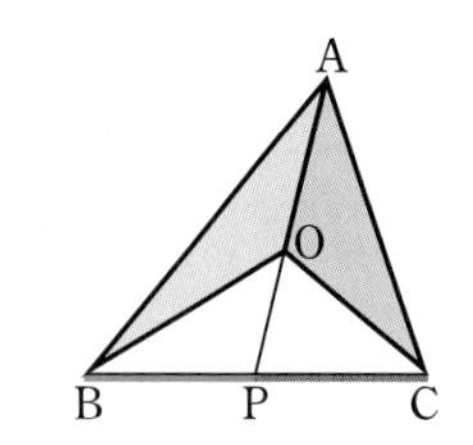


**証明**　2 点 B，C から直線 OA に，それぞれ垂線 BH，CK を引くと　△BPH∽△CPK

よって　　BH：CK＝PB：PC　……①

△OAB と △OAC は底辺を共有するから，その面積比は

△OAB：△OAC＝BH：CK　……②

したがって，①，② により　　△OAB：△OAC＝PB：PC　終

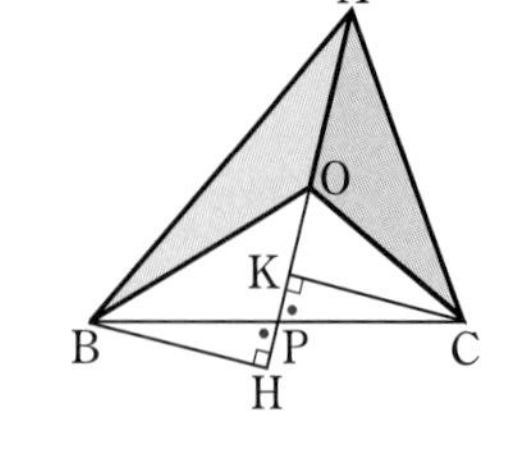


上の定理は，右の図のように，点 P が線分 OA 上にあるときや，2 点 B，C が直線 OA について同じ側にあるときも成り立つ。

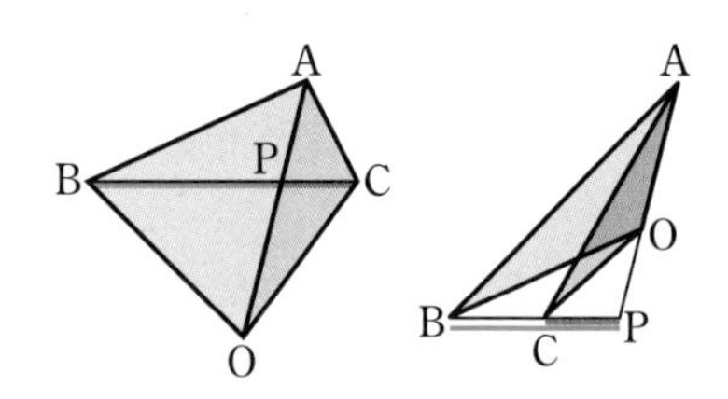


**練習 6**　右の図において，

AD：DB＝BE：EC＝2：3

のとき，次の面積比を求めなさい。

(1)　△OAB：△OAC　　(2)　△OBC：△OAC

(3)　△ABC：△OAC

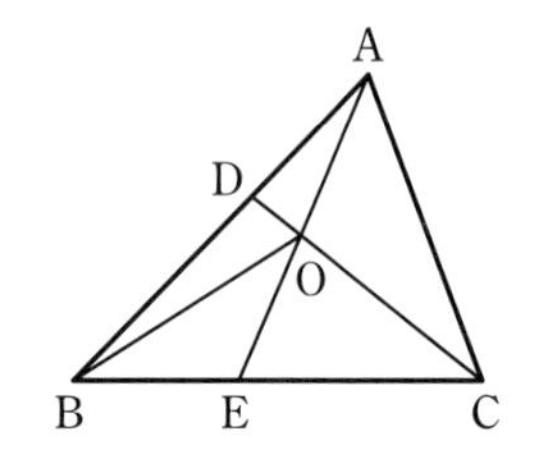

第1章で学んだ相似な図形の面積比や，この章で学んだ線分の比と面積比の関係を用いて，いろいろな図形の面積を求めよう。

**例題 4** 右の図において，

$DE /\!/ BC$，$AE : EC = 2 : 3$

で，$\triangle ABC$ の面積が $75\ cm^2$ のとき，次の三角形の面積を求めなさい。

(1) $\triangle ADE$　　(2) $\triangle EFC$

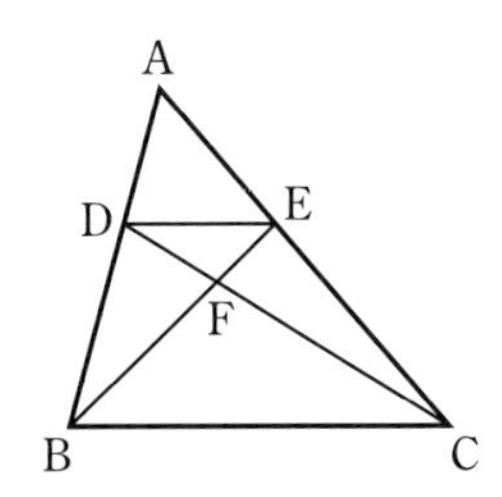


**解答** (1) $\triangle ADE \backsim \triangle ABC$ で，相似比は $2 : 5$ であるから

$$\triangle ADE : \triangle ABC = 2^2 : 5^2 = 4 : 25$$

よって　$\triangle ADE = \dfrac{4}{25}\triangle ABC = \dfrac{4}{25} \times 75 = 12\ (cm^2)$　答

(2) $AE : EC = 2 : 3$ であるから

$$\triangle DCE = \frac{3}{2}\triangle ADE = \frac{3}{2} \times 12 = 18\ (cm^2)$$

また，$DE /\!/ BC$ であるから

$$DF : CF = DE : CB = 2 : 5$$

よって　$\triangle EFC = \dfrac{5}{7}\triangle DCE = \dfrac{5}{7} \times 18 = \dfrac{90}{7}\ (cm^2)$　答

**練習 7** 右の図において，

$BD : DC = AE : EC = BF : FA = 1 : 2$

で，$\triangle ABC$ の面積が $54\ cm^2$ のとき，次のものを求めなさい。

(1) $\triangle FBC$ の面積

(2) $\triangle EDC$ の面積

(3) 四角形 FBDG と $\triangle EGC$ の面積比

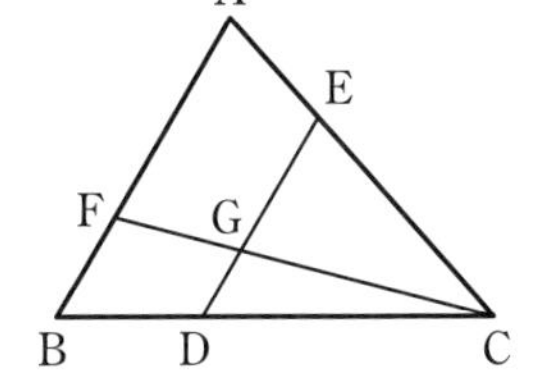




第2章

# 3. チェバの定理

## チェバの定理

三角形の頂点を通る 3 直線が 1 点で交わるとき，次の **チェバの定理** が成り立つ。

5

**チェバの定理**

**定理**　△ABC の辺上にもその延長上にもない点Oがある。頂点 A，B，C とOを結ぶ直線 AO，BO，CO が，向かい合う辺 BC，CA，AB またはその延長と，それぞれ P，Q，R で交わるとき，次の等式が成り立つ。

10

$$\frac{BP}{PC}\times\frac{CQ}{QA}\times\frac{AR}{RB}=1$$

**証明**　点Oが △ABC の内部にあるとき，

三角形の面積と線分の比の定理により

$$BP:PC=\triangle OAB:\triangle OCA$$

すなわち　$\dfrac{BP}{PC}=\dfrac{\triangle OAB}{\triangle OCA}$　…… ①

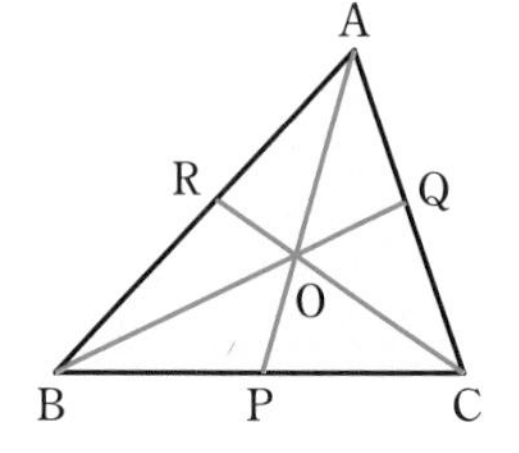


15

同様にして

$$\frac{CQ}{QA}=\frac{\triangle OBC}{\triangle OAB}\quad\cdots\cdots ②$$

$$\frac{AR}{RB}=\frac{\triangle OCA}{\triangle OBC}\quad\cdots\cdots ③$$

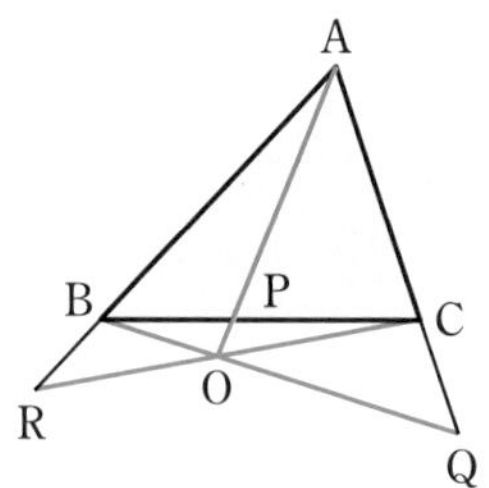


①，②，③ から

$$\frac{BP}{PC}\times\frac{CQ}{QA}\times\frac{AR}{RB}=\frac{\triangle OAB}{\triangle OCA}\times\frac{\triangle OBC}{\triangle OAB}\times\frac{\triangle OCA}{\triangle OBC}=1$$

20

点Oが △ABC の外部にあるときも，同様にして証明される。

終

右の図において，BP：PC を求める。

CQ：QA=2：5，AR：RB=3：4

であるから

$$\frac{CQ}{QA}=\frac{2}{5},\quad \frac{AR}{RB}=\frac{3}{4}$$

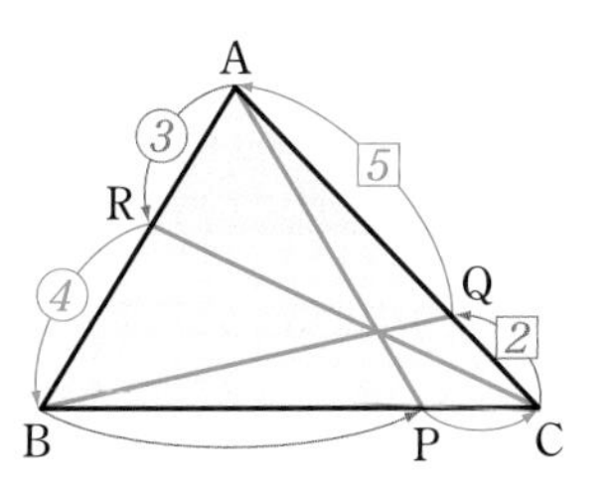


5 △ABC にチェバの定理を用いると

$$\frac{BP}{PC}\times\frac{2}{5}\times\frac{3}{4}=1$$

$$\frac{BP}{PC}=\frac{10}{3}$$

よって　　BP：PC=10：3

**練習 8** 次の図において，AR：RB を求めなさい。

10 (1)

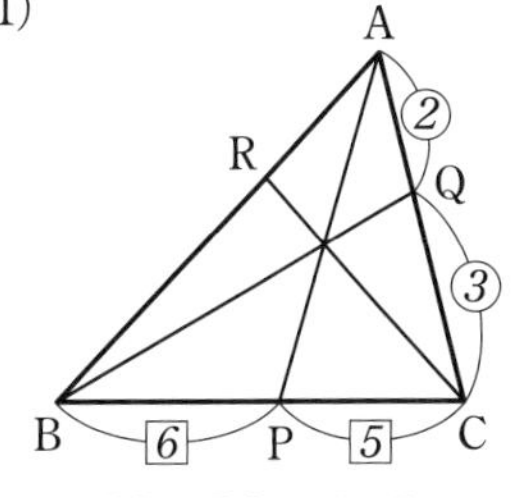


BP：PC = 6：5
AQ：QC = 2：3

(2)

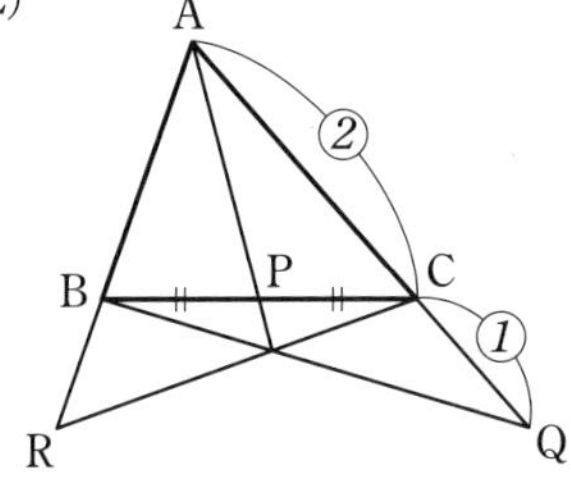


BP：PC = 1：1
AC：CQ = 2：1

**練習 9** △ABC の辺 AB を 3：2 に内分する点を R，辺 AC を 2：1 に内分する点を Q とする。BQ と CR の交点を O とし，AO と BC の交点を P とするとき，BP：PC を求めなさい。

前のページのチェバの定理における 3 点 P，Q，R のうち，三角形の

15 辺上にある交点は，1 個または 3 個である。

# 4. メネラウスの定理

## メネラウスの定理

1つの直線が三角形の各辺またはその延長と交わるとき，次の**メネラウスの定理**が成り立つ。

**メネラウスの定理**

**定理**　△ABC の辺 BC，CA，AB またはその延長が，三角形の頂点を通らない直線 $\ell$ とそれぞれ点 P，Q，R で交わるとき，次の等式が成り立つ。

$$\frac{BP}{PC}\times\frac{CQ}{QA}\times\frac{AR}{RB}=1$$

**証明**　△ABC の頂点Cを通り，直線 $\ell$ に平行な直線を引き，直線 AB との交点をDとする。

三角形と線分の比の定理により

$$BP:PC=BR:RD$$

すなわち　$\dfrac{BP}{PC}=\dfrac{BR}{RD}$　……①

同様に，AQ：QC＝AR：RD から

$$\frac{CQ}{QA}=\frac{DR}{RA}\quad\cdots\cdots②$$

①，② より

$$\frac{BP}{PC}\times\frac{CQ}{QA}\times\frac{AR}{RB}$$

$$=\frac{BR}{RD}\times\frac{DR}{RA}\times\frac{AR}{RB}=1$$ 終

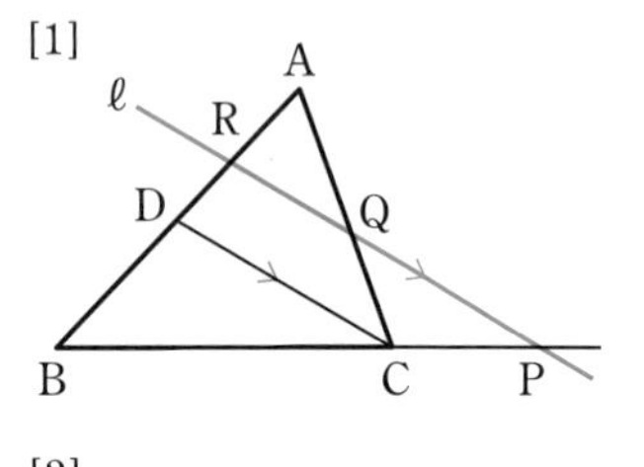


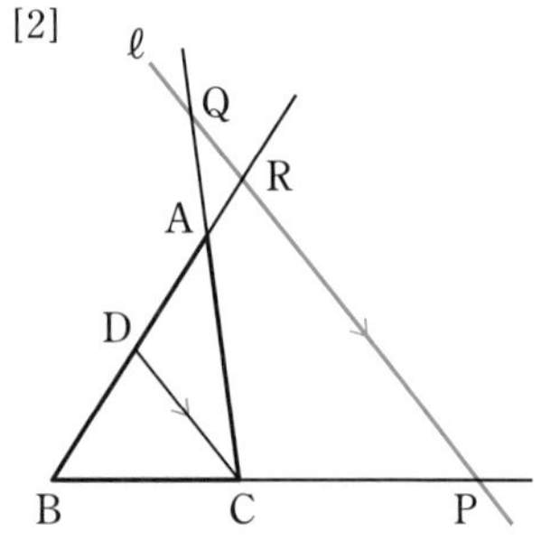


メネラウスの定理は，上の図の [1]，[2] いずれの場合にも成り立つ。

右の図において，BP：PC を求める。

CQ：QA＝1：2，AR：RB＝3：1

であるから

$$\frac{CQ}{QA}=\frac{1}{2},\ \frac{AR}{RB}=\frac{3}{1}$$

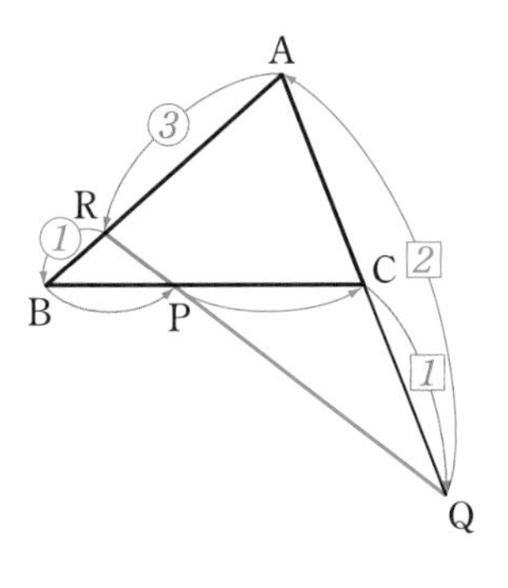


5 △ABC と直線 QR にメネラウスの定理を用いると

$$\frac{BP}{PC}\times\frac{1}{2}\times\frac{3}{1}=1$$

$$\frac{BP}{PC}=\frac{2}{3}$$

よって　　BP：PC＝2：3

10 **練習 10** 次の図において，CQ：QA を求めなさい。

(1)

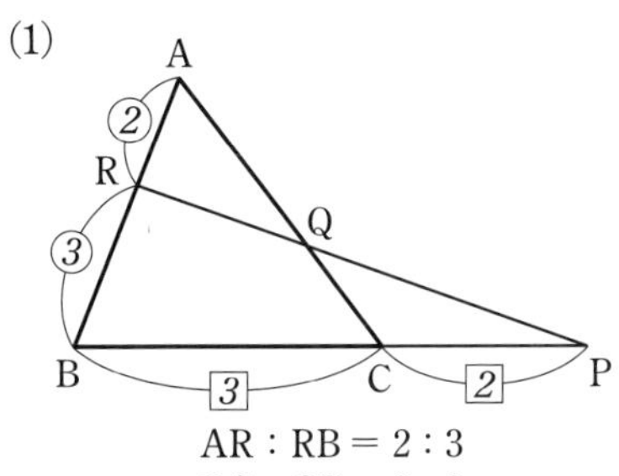


(2)

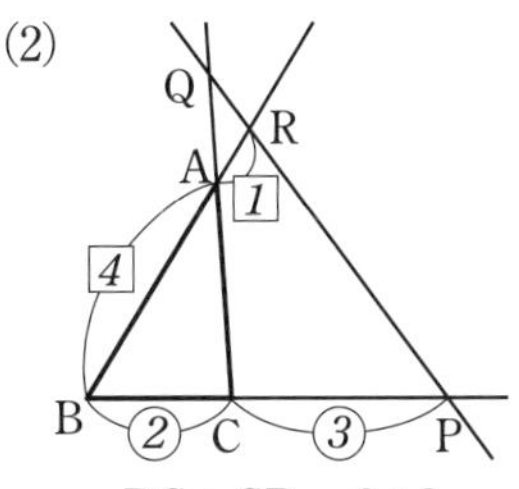


**練習 11** △ABC の 1 つの中線 AL を 2：1 に内分する点を G とするとき，直線 BG は辺 AC の中点を通ることを証明しなさい。

注意　練習 11 の点 G は，△ABC の重心である。

15 前のページのメネラウスの定理における 3 点 P，Q，R のうち，三角形の辺の延長上にある交点は，1 個または 3 個である。

発展

# チェバの定理の逆，メネラウスの定理の逆

54 ページで学んだチェバの定理は，その逆も成り立つ。

## チェバの定理の逆

**定理**　$\triangle$ABC の辺 BC，CA，AB またはその延長上に，それぞれ点 P，Q，R があり，この 3 点のうち，1 個または 3 個が辺上にあるとする。
このとき，BQ と CR が交わり，かつ

$$\frac{BP}{PC}\times\frac{CQ}{QA}\times\frac{AR}{RB}=1$$

が成り立てば，3 直線 AP，BQ，CR は 1 点で交わる。

**証明**　点 Q，R はともに辺上にあるか，ともに辺上にないとすると，点 P は辺 BC 上の点である。
ここで，2 直線 BQ，CR の交点を O とする。
このとき，直線 AO は辺 BC と交わる。
その交点を P′ とし，$\triangle$ABC にチェバの定理を用いると

$$\frac{BP'}{P'C}\times\frac{CQ}{QA}\times\frac{AR}{RB}=1$$

仮定から　$\dfrac{BP}{PC}\times\dfrac{CQ}{QA}\times\dfrac{AR}{RB}=1$

よって　$\dfrac{BP'}{P'C}=\dfrac{BP}{PC}$

P，P′ はともに辺 BC 上にあるから，
P′ は P に一致する。
したがって，3 直線 AP，BQ，CR は 1 点で交わる。　終

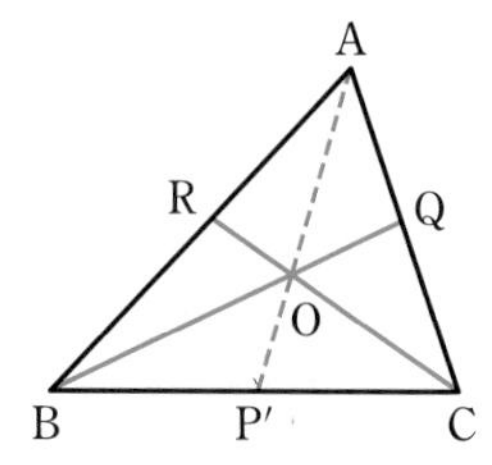


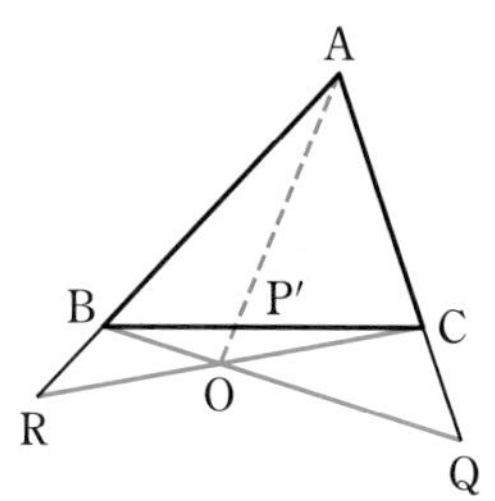

56 ページで学んだメネラウスの定理についても，その逆が成り立つ。

### メネラウスの定理の逆

**定理**　△ABC の辺 BC，CA，AB またはその延長上に，それぞれ点 P，Q，R があり，この 3 点のうち，1 個または 3 個が辺の延長上にあるとする。
このとき，

$$\frac{BP}{PC}\times\frac{CQ}{QA}\times\frac{AR}{RB}=1$$

が成り立てば，3 点 P，Q，R は一直線上にある。



**証明**　図 [1] のように，2 点 Q，R は，それぞれ辺 CA，AB 上にあるとする。

直線 QR と辺 BC の延長との交点を P′ とし，△ABC と直線 P′R にメネラウスの定理を用いると

$$\frac{BP'}{P'C}\times\frac{CQ}{QA}\times\frac{AR}{RB}=1$$

仮定から　$\frac{BP}{PC}\times\frac{CQ}{QA}\times\frac{AR}{RB}=1$

よって　$\frac{BP'}{P'C}=\frac{BP}{PC}$

P，P′ はともに辺 BC の延長上にあるから，P′ は P に一致する。
したがって，3 点 P，Q，R は一直線上にある。
図 [2] のように，2 点 Q，R がそれぞれ辺 CA，BA の延長上にあるときも，同様にして証明される。 終

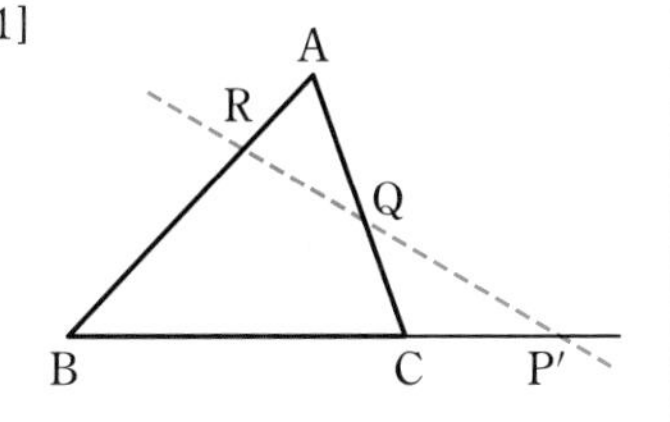


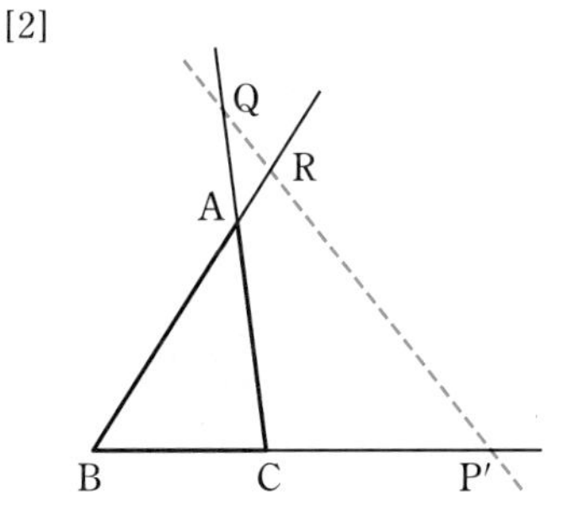


チェバの定理の逆，メネラウスの定理の逆の証明に，チェバの定理，メネラウスの定理を使っているが，元の定理とその逆は互いに独立して成り立つため問題ない。

## チェバの定理，メネラウスの定理の覚え方

チェバの定理の結論の式とメネラウスの定理の結論の式は同じ形をしており，複雑で覚えにくい。

ここでは，この式の覚え方について考える。

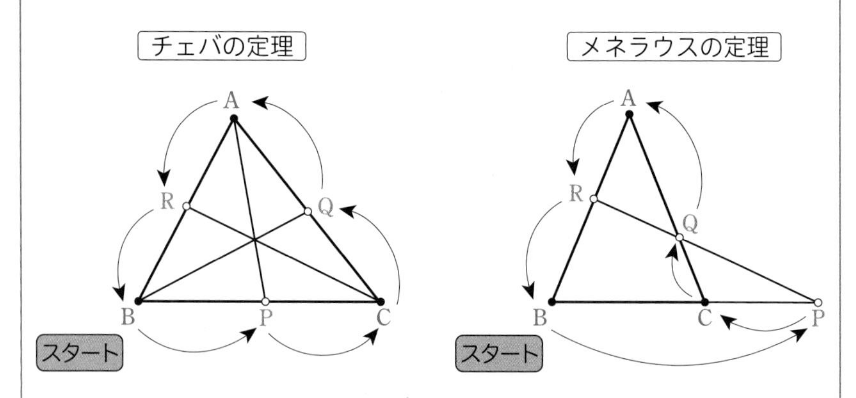


それぞれ上の図のように，頂点Bをスタートして，

頂点→分点→頂点→……→頂点

と，三角形を 1 周する。

$$\frac{\mathrm{BP}}{\mathrm{PC}} \times \frac{\mathrm{CQ}}{\mathrm{QA}} \times \frac{\mathrm{AR}}{\mathrm{RB}} = 1$$

どちらも頂点と分点を交互にたどり，三角形を 1 周すると考えると覚えやすい。

---

チェバの定理のチェバ，メネラウスの定理のメネラウスはともに人名である。

チェバ (1647 年～1734 年)：イタリアの数学者
メネラウス (紀元 100 年頃)：ギリシャの数学者

# 確認問題

**1** 右の図の △ABC において，点 D，E はそれぞれ辺 BC，AC の中点で，BE∥DF である。線分 AD と BE の交点を G とするとき，次の線分の比を求めなさい。

(1) AG：GD　　(2) GE：DF

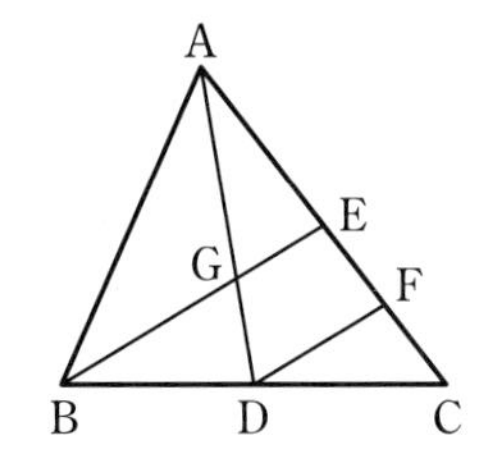


**2** 右の図において，

AP：PD＝2：3，BD：DC＝3：4

である。次の面積比を求めなさい。

(1) △ABD：△ABC

(2) △ABP：△ABC

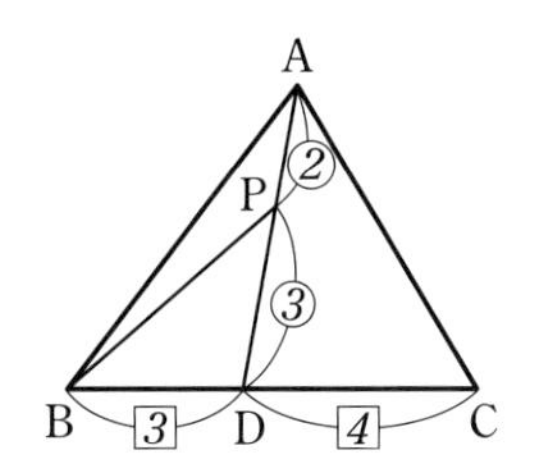


**3** 次の図において，BP：PC を求めなさい。

(1)

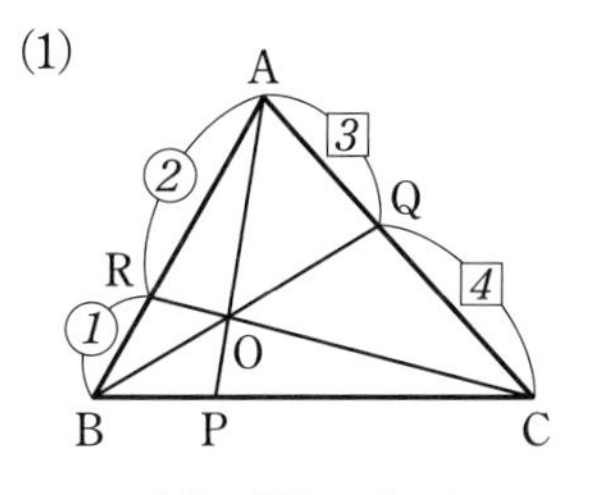


AR：RB＝2：1
AQ：QC＝3：4

(2)

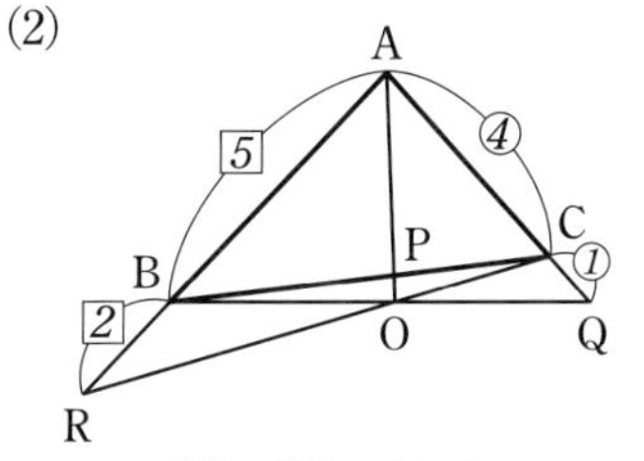


AB：BR＝5：2
AC：CQ＝4：1

**4** 右の図において，

AD：DB＝2：1，AE：EC＝4：1

である。次の線分の比を求めなさい。

(1) BF：FC　　(2) DF：FE

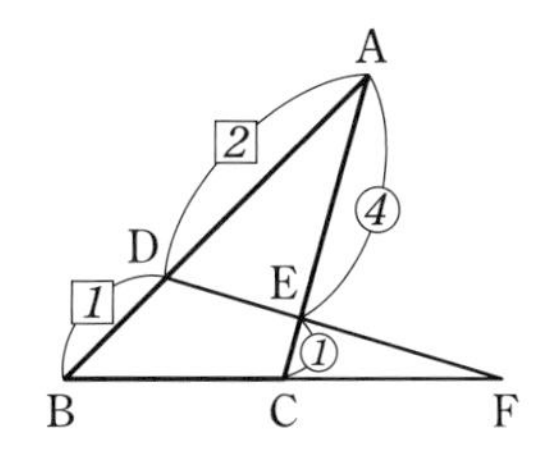

## 演習問題A

**1** △ABCの辺AB, BCの中点をそれぞれD, Eとし，線分AEとCDの交点をFとする。点Dから，辺BCに平行な直線を引き，線分AEとの交点をGとするとき，AG：GFを求めなさい。

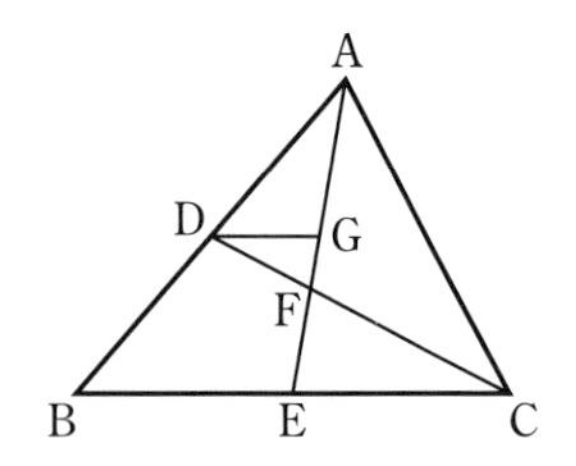


**2** ▱ABCDにおいて，辺ADを1：2に内分する点をEとし，ACとBEの交点をFとする。このとき，▱ABCDの面積は，△AEFの面積の何倍となるか求めなさい。

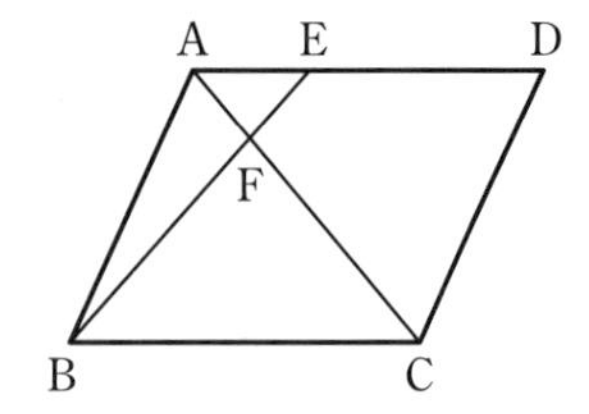


**3** 右の図のように，△ABCの内部の点Oと頂点を結ぶ直線が，辺BC, CA, ABと交わる点をそれぞれD, E, Fとし，直線FEが直線BCと交わる点をPとする。
このとき，

BD：DC＝BP：PC

であることを証明しなさい。

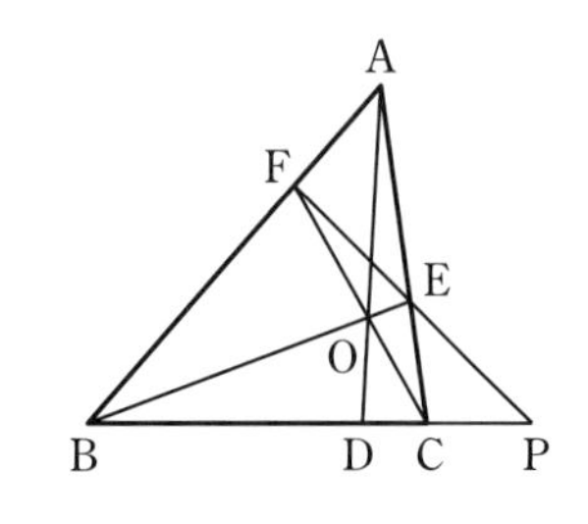


**4** △ABCの辺ABを5：3に内分する点をR, ACを2：3に内分する点をQとする。線分BQとCRの交点をOとし，直線AOと辺BCの交点をPとするとき，次の比を求めなさい。

(1) BP：PC　　(2) △ABC：△OBC

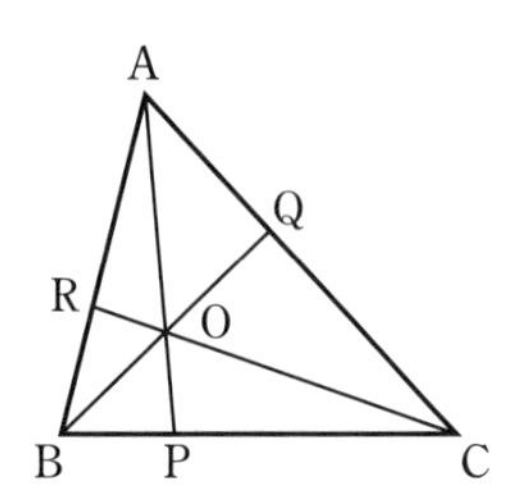

## 演習問題 B

**5** △ABC において，辺 AB，BC，CA の中点をそれぞれ D，E，F とし，中線 AE と線分 DF の交点を P とする。

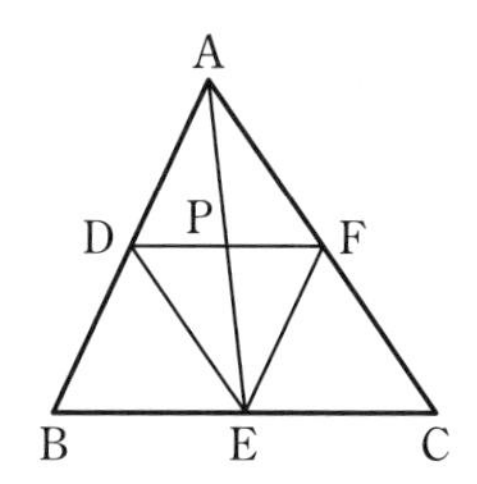


5 このとき，次のことを証明しなさい。

(1) DP＝PF

(2) △ABC の重心と △DEF の重心は一致する。



**6** 右の図で，△ABC の面積は，線分 PQ，QR，RS，SC によって 5 等分されている。

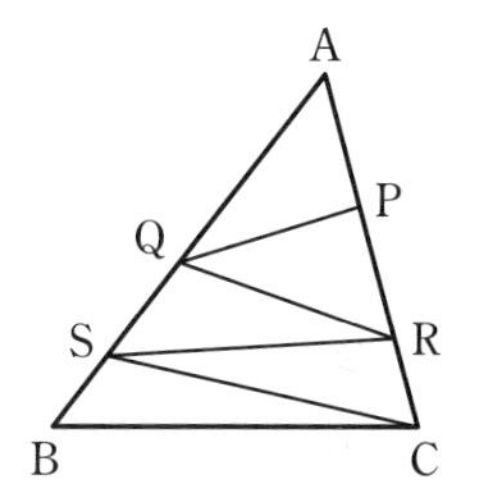


10 このとき，次のものを求めなさい。

(1) AQ：QS

(2) AB＝15 cm のとき，線分 AQ の長さ

**7** 右の図の △ABC において，点 D，E はそれぞれ辺 AB，AC 上にあり，DE∥BC で

15 ある。また，線分 BE と CD の交点を O とする。直線 AO と辺 BC の交点を F とするとき，F は辺 BC の中点であることを証明しなさい。

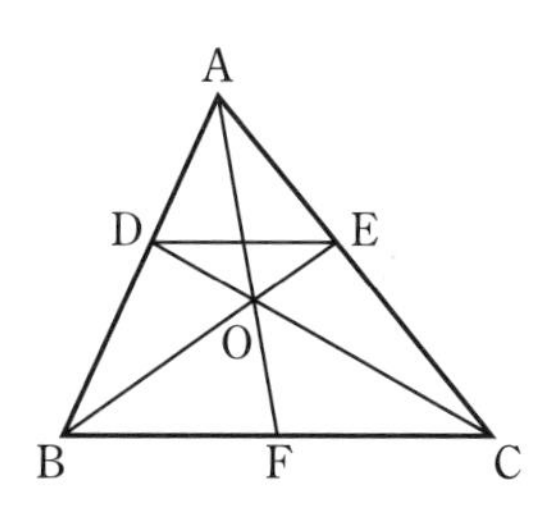

# 第3章 円

円をかくときにはコンパスを使いますが，コンパスを使わないと円はかけないのでしょうか。

下の図の線分 AB を直径とする円をかきたいのですが，コンパスは使わないものとします。

定規や本など，直角を含む道具を利用して，下の図の P，Q のような点をたくさんとってみましょう。

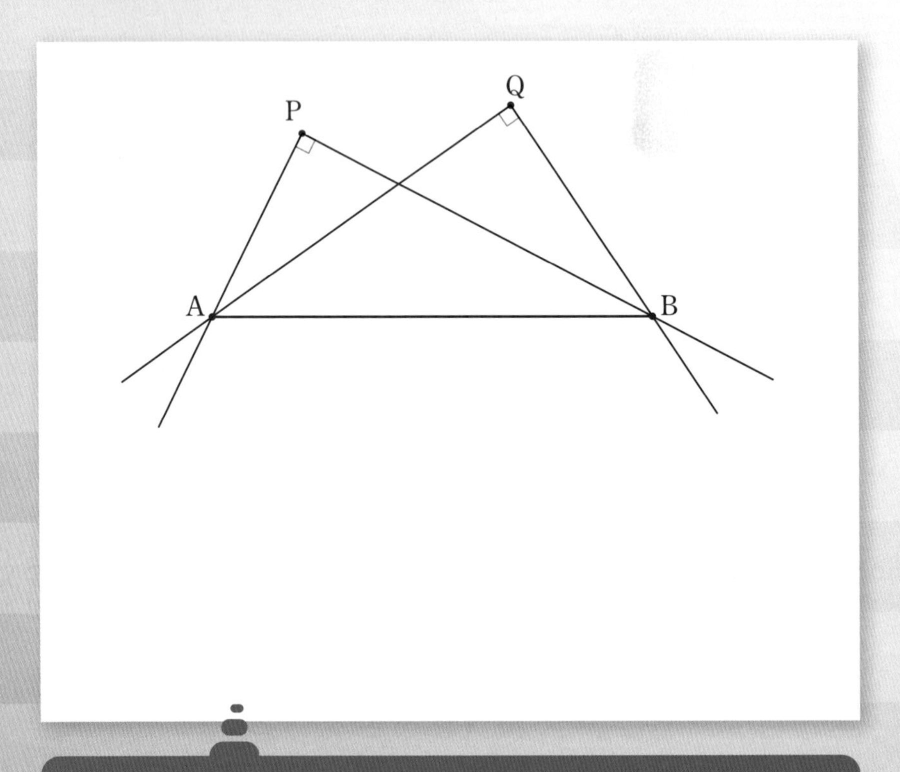


このような点の集まりは，どのような図形になるでしょうか。

⬅ターレス（585B.C. 頃）
古代ギリシャの哲学者



ターレスは，古代ギリシャの哲学者で数学の定理を証明した人物として知られています。
ターレスは「証明をする」という考えがなかった時代に幾何学の 5 つの定理を証明しました。その証明した定理の 1 つをこの章で学びます。
ターレスが主張した，数学の定理は証明しなければならないという考えは，現在の数学の基本の考えとなっています。

# 1. 外心と垂心

## 円と弦

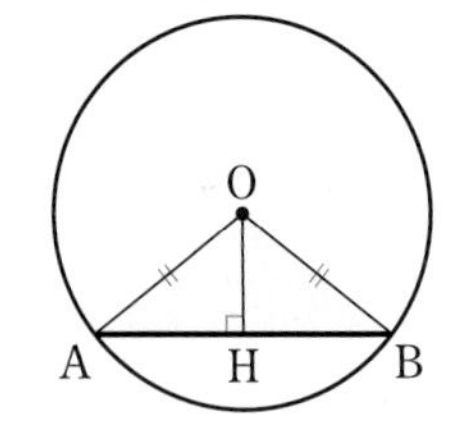


右の図のように，円Oとその弦 AB に対して，中心Oから AB に引いた垂線の足をHとする。

このとき，$\triangle$OAH と $\triangle$OBH は，直角三角形の斜辺と他の1辺がそれぞれ等しいから

$$\triangle \mathrm{OAH} \equiv \triangle \mathrm{OBH}$$

よって　　　$\mathrm{AH}=\mathrm{BH}$

したがって，円とその弦について，次のことがいえる。

**円と弦**

**定理**　[1]　円の中心から弦に引いた垂線は，その弦を2等分する。
　　　　[2]　円の中心は，弦の垂直二等分線上にある。

## 三角形と円

三角形の辺の垂直二等分線については，次の定理が成り立つ。

**三角形の辺の垂直二等分線**

**定理**　三角形の3辺の垂直二等分線は1点で交わる。

**証明**　$\triangle$ABC の辺 AB，AC の垂直二等分線の交点をOとすると

$$\mathrm{OA}=\mathrm{OB},\ \mathrm{OA}=\mathrm{OC}$$

よって，OB＝OC となるから，点Oは辺 BC の垂直二等分線上にもある。

したがって，三角形の3辺の垂直二等分線は1点で交わる。終

前のページの証明から，点 O を中心とし，線分 OA を半径とする円は，三角形の 3 つの頂点を通ることがわかる。

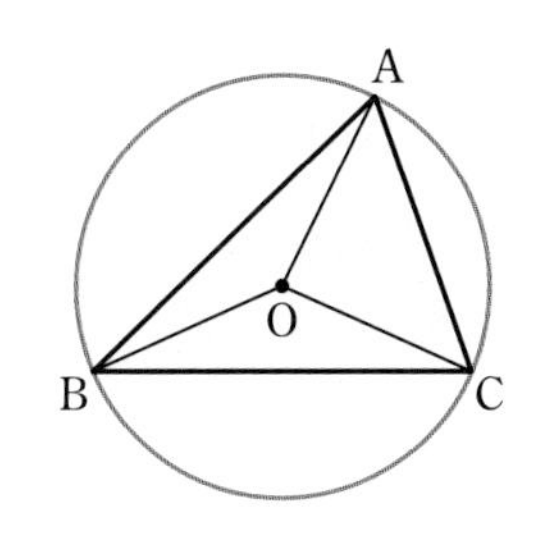


この円を三角形の **外接円**（がいせつえん） といい，外接円の中心 O を三角形の **外心**（がいしん） という。また，三角形は円に **内接する**（ないせつ） という。三角形には必ず外接円がただ 1 つ存在する。

鋭角三角形, 直角三角形, 鈍角三角形の外心 O の位置

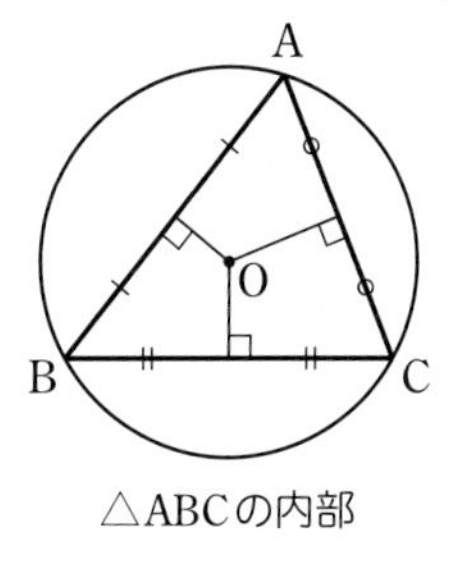

△ABC の内部

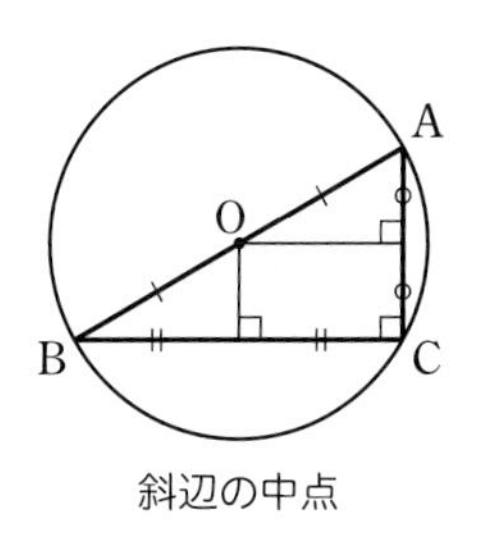

斜辺の中点

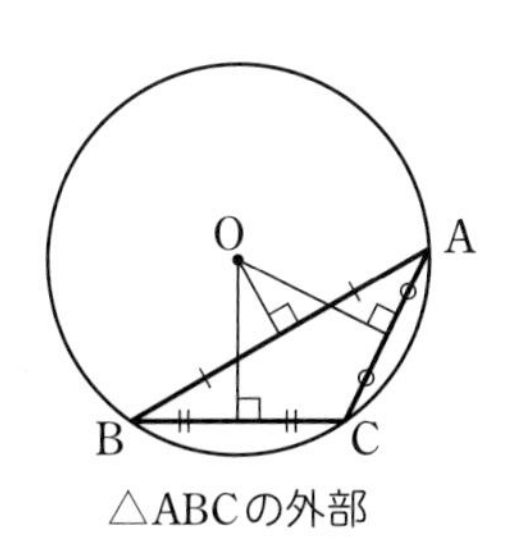

△ABC の外部

右の図で，点 O が △ABC の外心であるとき，∠ABC の大きさを求める。

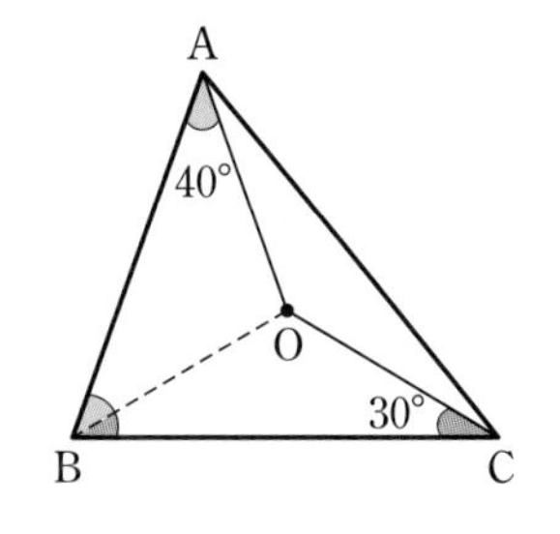


△OAB において，OA＝OB より

$\angle OBA = \angle OAB = 40^\circ$

△OBC において，OB＝OC より

$\angle OBC = \angle OCB = 30^\circ$

よって　$\angle ABC = \angle OBA + \angle OBC = 40^\circ + 30^\circ = 70^\circ$

**練習 1** 点 O は △ABC の外心である。$\angle x$，$\angle y$ の大きさを求めなさい。

(1)

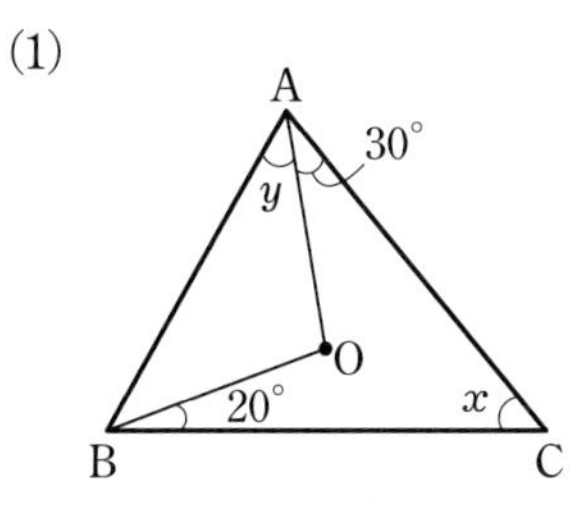


(2)

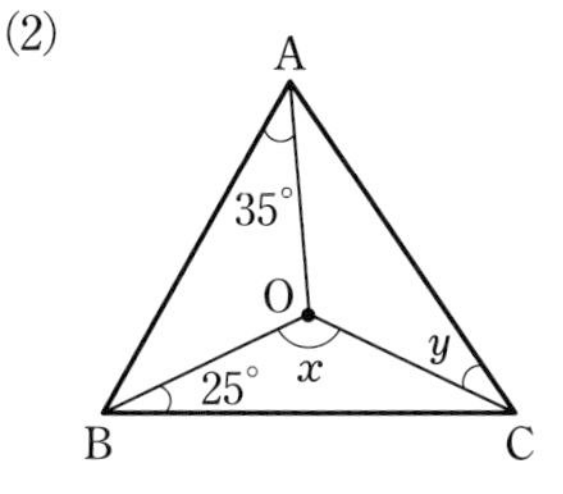

## 垂心

三角形の頂点から対辺に引いた垂線について，次の定理が成り立つ。

**三角形の頂点から対辺に引いた垂線**

**定理**　三角形の 3 つの頂点から，対辺またはその延長に引いた垂線は 1 点で交わる。

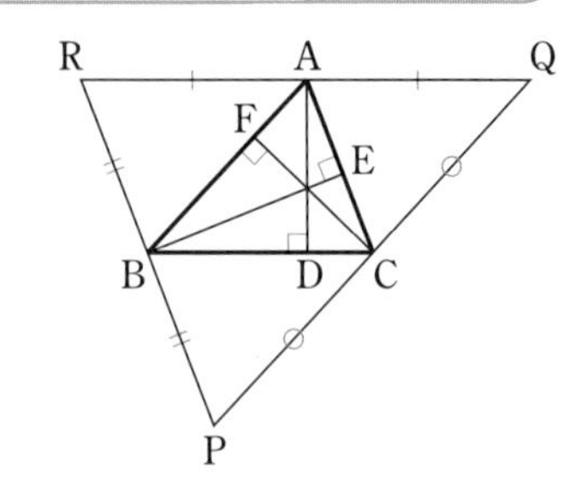


**証明**　鋭角三角形の場合について示す。

△ABC の各頂点から，対辺に引いた垂線を AD，BE，CF とする。

また，A，B，C を通り，対辺に平行な直線を引き，右の図のような△PQR をつくる。

四角形 ABCQ，ACBR は，ともに平行四辺形であるから

AQ＝BC，RA＝BC

よって　AQ＝RA

また，AD⊥BC，RQ∥BC であるから

AD⊥RQ

したがって，AD は辺 RQ の垂直二等分線である。

同様に，BE，CF は，それぞれ辺 RP，PQ の垂直二等分線であるから，AD，BE，CF は△PQR の外心において，1 点で交わる。

終

鈍角三角形，直角三角形についても，上の定理は成り立つ。

三角形の 3 つの頂点から，対辺またはその延長に引いた垂線の交点を，三角形の **垂心**（すいしん） という。

**練習 2**　∠C＝90° の直角三角形 ABC の垂心の位置を求めなさい。

# 2. 円周角

## 中心角と弧

円の中心角と弧の長さについて考えよう。

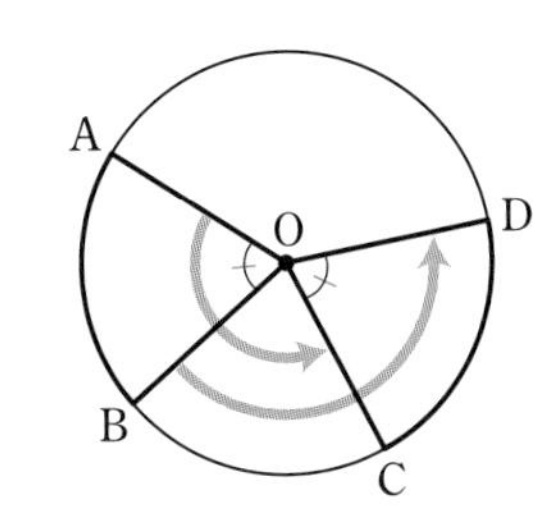


右の図において

5 $\angle AOB = \angle COD$

とする。このとき，扇形 OAB を図のように中心Oの周りに回転させると，扇形 OCD にぴったりと重なるから，2 つの扇形は合同である。

よって，弧の長さについて，次のことがいえる。

10 $\overset{\frown}{AB} = \overset{\frown}{CD}$

同様に考えると，$\overset{\frown}{AB} = \overset{\frown}{CD}$ のとき，$\angle AOB = \angle COD$ となるから，中心角と弧について，次のことが成り立つ。

第3章

**中心角と弧**

**定理**　1 つの円で，等しい中心角に対する弧の長さは等しい。

15 逆に，長さの等しい弧に対する中心角は等しい。

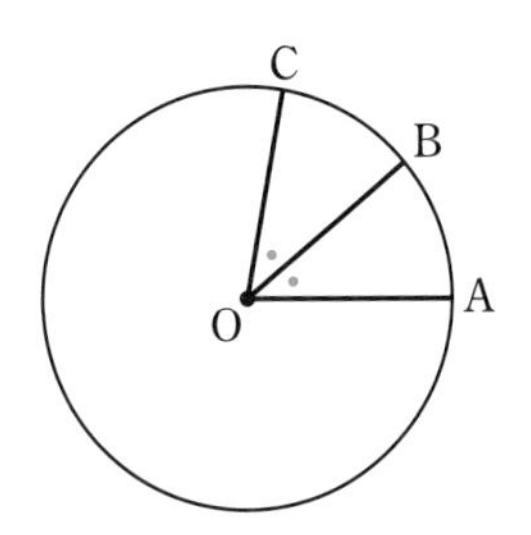


右の図において

$\angle AOB = \angle BOC$　ならば　$\overset{\frown}{AC} = 2\overset{\frown}{AB}$

である。

一般に，1 つの円で中心角を $n$ 倍にすると

20 弧の長さも $n$ 倍になる。

すなわち，次のことがいえる。

1 つの円の弧の長さは，中心角の大きさに比例する。

注 意　$\overset{\frown}{AC}$ を，A と C の間の弧上の点を明記して，$\overset{\frown}{ABC}$ と表すこともある。

**練習 3** 右の図において，

$\overset{\frown}{AB}=\overset{\frown}{CD}$

のとき，AB=CD であることを証明しなさい。

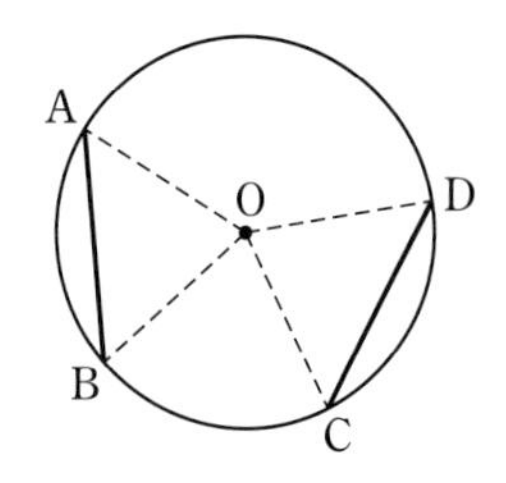


練習 3 の結果から，1 つの円において，次のことがわかる。

5　　長さの等しい弧に対する弦の長さは等しい。

## 円周角の定理

右の図のように，円Oの周上に，3 点 A，B，P をとる。このとき，∠APB を，$\overset{\frown}{AB}$ に対する **円周角** という。

10　また，$\overset{\frown}{AB}$ を円周角 ∠APB に対する弧という。

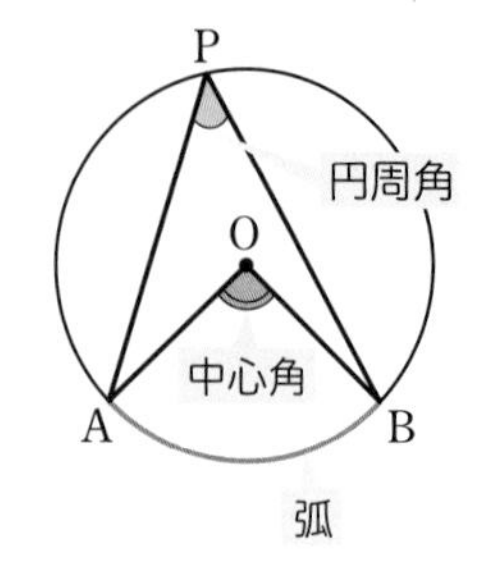


**練習 4** 右の図において，次の問いに答えなさい。

(1) $\overset{\frown}{AB}$ に対する円周角

∠APB，∠AP′B，∠AP″B

15　をそれぞれ測りなさい。

また，中心角 ∠AOB も測りなさい。

(2) (1) の結果から，円周角や中心角について，どのようなことが成り立つと予想できるか答えなさい。

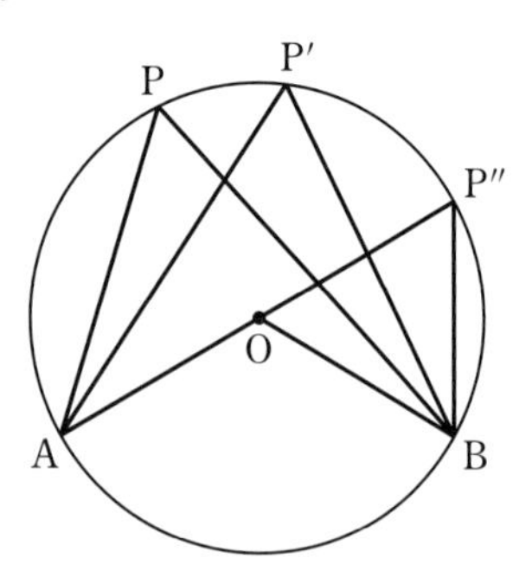


20　一般に，円周角と中心角について，次のページの **円周角の定理** が成り立つ。

## 円周角の定理

**定理** [1]　1つの弧に対する円周角の大きさは，その弧に対する中心角の大きさの半分である。

$$\angle \mathbf{APB} = \frac{1}{2} \angle \mathbf{AOB}$$

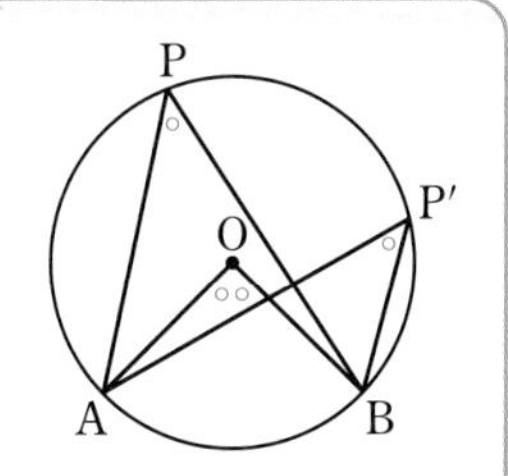


[2]　同じ弧に対する円周角の大きさは等しい。

$$\angle \mathbf{APB} = \angle \mathbf{AP'B}$$

円の中心Oが ∠APB の内部にある場合について，[1] の証明をする。

**証明**　右の図のように直径 PQ を引く。

△OPA は，OA＝OP の二等辺三角形であるから　　∠APO＝∠PAO

△OPA の内角と外角の性質から

$$\angle AOQ = \angle APO + \angle PAO$$
$$= 2\angle APO \quad \cdots\cdots \text{①}$$

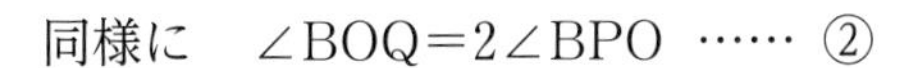

同様に　∠BOQ＝2∠BPO　…… ②

①，② から　　∠AOQ＋∠BOQ＝2(∠APO＋∠BPO)

$$\angle AOB = 2\angle APB$$

よって　　$\angle APB = \dfrac{1}{2}\angle AOB$　　終

**練習 5**　点Pが右の図の (1)，(2) のような位置にある場合にも，$\angle APB = \dfrac{1}{2}\angle AOB$ が成り立つことを証明しなさい。

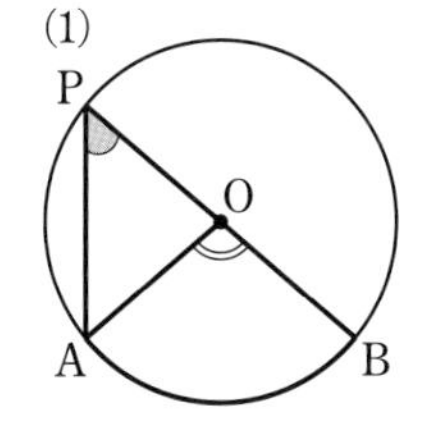


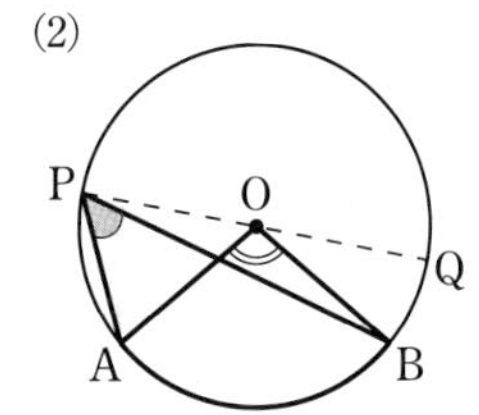


定理の [1] により，定理の [2] も成り立つことがわかる。

第3章

円周角の定理の特別な場合として，次のことが成り立つ。

半円の弧に対する円周角は $90^\circ$ である。

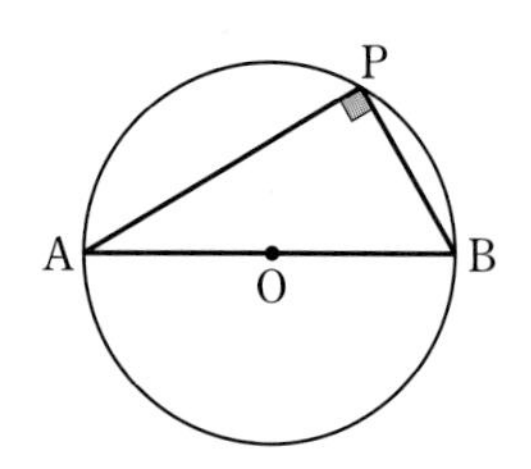


**練習 6** 次の図において，$\angle x$，$\angle y$ の大きさを求めなさい。ただし，(3) の BC は，円Oの直径である。

(1)

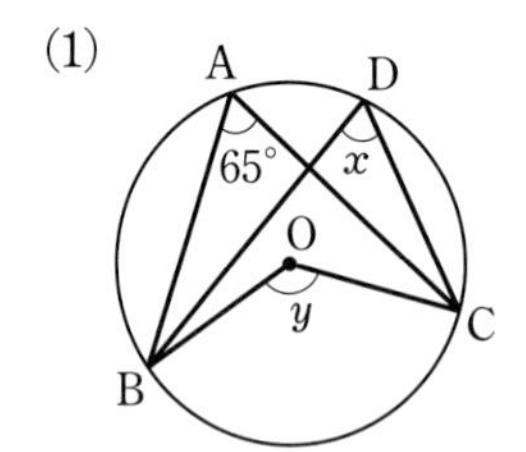


(2)

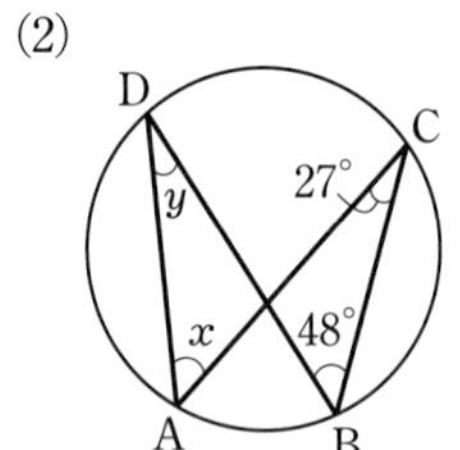


(3)

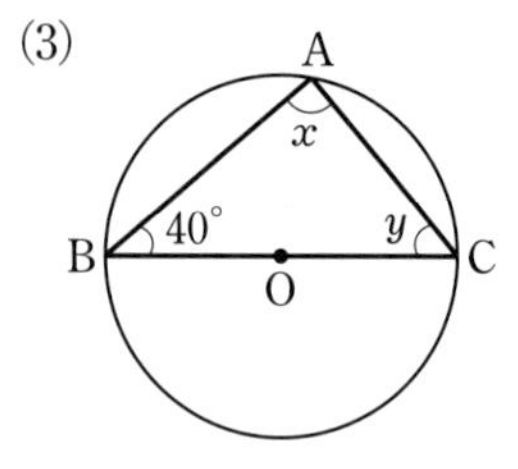


**例 2** 右の図において，円周角の定理により

$$\angle x = \angle \mathrm{BAC} = 35^\circ$$

$\triangle$CDE において，内角と外角の性質から

$$\angle x + \angle y = 80^\circ$$

よって　$\angle y = 80^\circ - 35^\circ = 45^\circ$

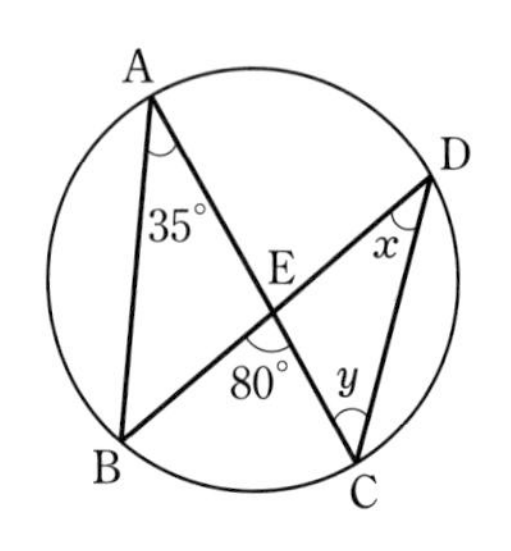


**練習 7** 次の図において，$\angle x$ の大きさを求めなさい。

(1)

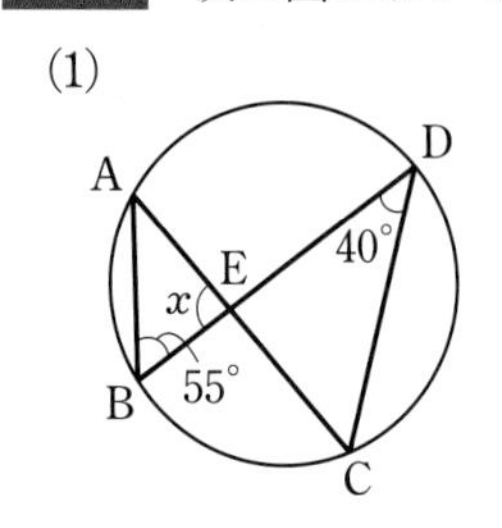


(2)

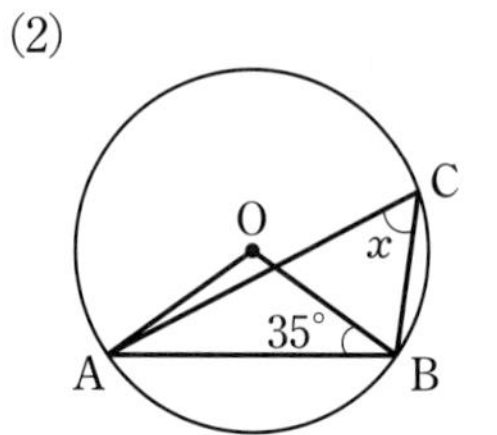


(3)

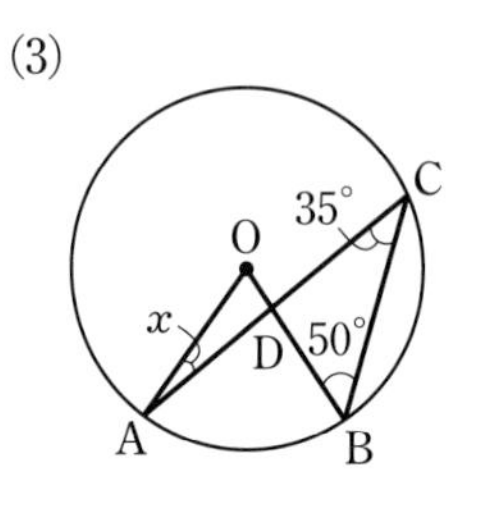

円周角の定理を用いて，図形の問題を考えよう。

**例題 1** 右の図において，BD は ∠ABC の二等分線で，BD＝BC である。
このとき，

△ABD≡△EBC

であることを証明しなさい。

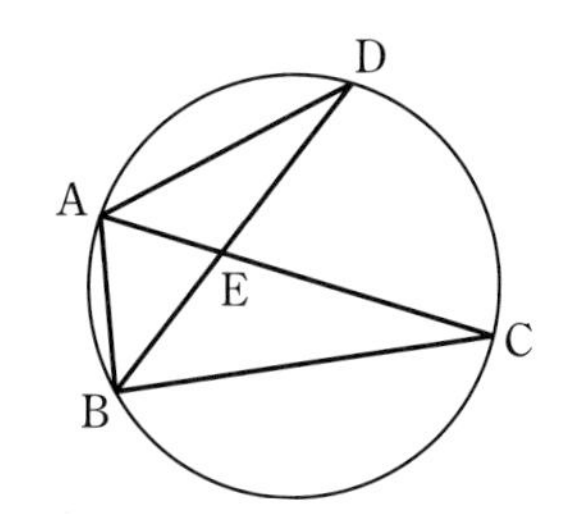


**証明** △ABD と △EBC において

仮定から　　　BD＝BC

BD は ∠ABC の二等分線であるから

∠ABD＝∠EBC

円周角の定理により

∠ADB＝∠ECB

よって，1 組の辺とその両端の角がそれぞれ等しいから

△ABD≡△EBC　終

**練習 8** 右の図において，

△ABE∽△DCE

であることを証明しなさい。

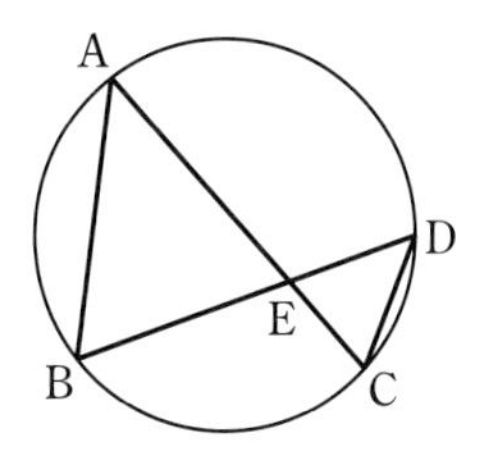


**練習 9** 右の図において，

∠EBC＝∠ECB

である。このとき，

△ABC≡△DCB

であることを証明しなさい。

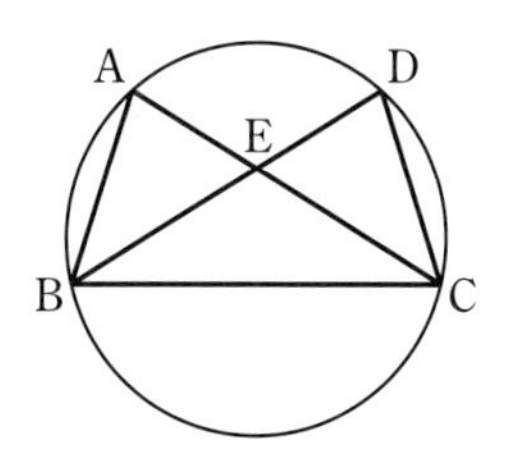


第3章

## 円周角と弧

円周角と弧の長さについて，次のことが成り立つ。

**円周角と弧の長さ**

**定理**　1つの円において

[1]　等しい円周角に対する弧の長さは等しい。

[2]　長さの等しい弧に対する円周角は等しい。

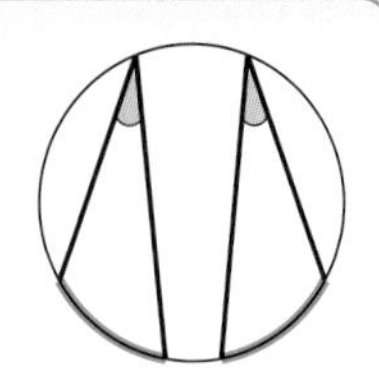

このことから，次のことがわかる。

1つの円の弧の長さは，円周角の大きさに比例する。

[1] は，次のようにして証明できる。

**証明**　右の図において，$\angle APB = \angle CQD$ とする。

円周角の定理により

$$\angle AOB = 2\angle APB$$

$$\angle COD = 2\angle CQD$$

$\angle APB = \angle CQD$ であることから

$$\angle AOB = \angle COD$$

等しい中心角に対する弧の長さは等しいから

$$\overset{\frown}{AB} = \overset{\frown}{CD}$$　終

**練習 10**　上の定理 [2] を証明しなさい。

**練習 11**　右の図において，

$$\overset{\frown}{AB} : \overset{\frown}{BC} = 2 : 1$$

のとき，$\angle x$ の大きさを求めなさい。

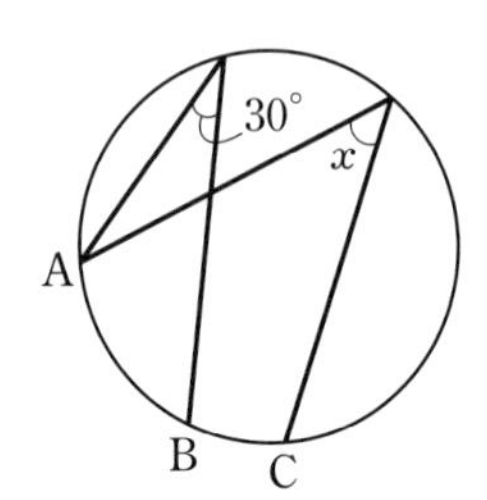

## 円の内部と外部

1つの円周上に3点A，B，Cがある。

直線ABについて，点Cと同じ側に点Pをとるとき，Pの位置には，次の3つの場合が考えられる。

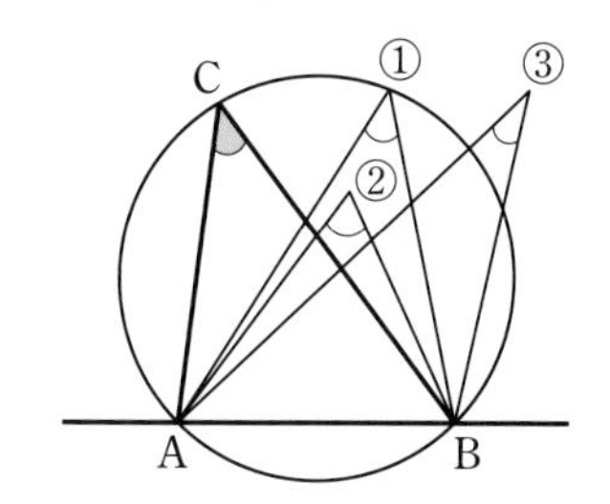


① Pが円周上にある

② Pが円の内部にある

③ Pが円の外部にある

それぞれの場合について，∠APBと∠ACBの大小を考えよう。

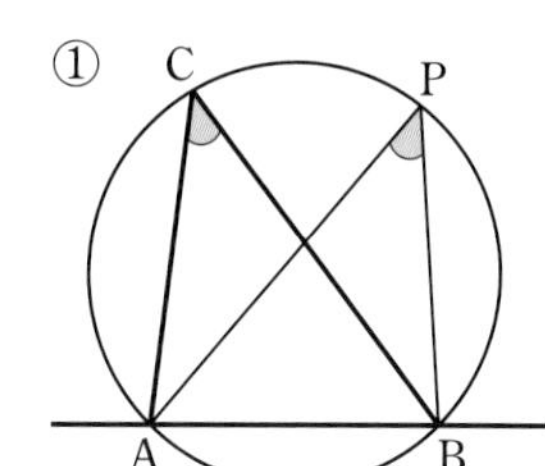


<u>①のとき</u>

円周角の定理から，∠APB＝∠ACB が成り立つ。

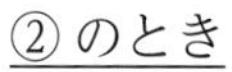

<u>②のとき</u>

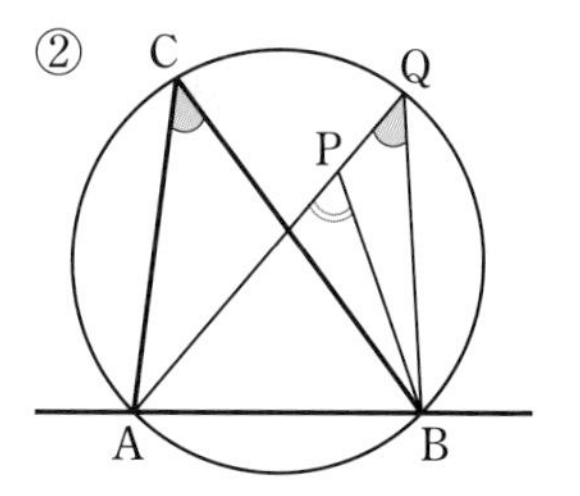


APの延長と円周の交点をQとすると

　　∠AQB＝∠ACB

△PBQにおいて，内角と外角の性質から

　　∠APB＝∠AQB＋∠PBQ

よって　　∠APB＞∠AQB

したがって　　∠APB＞∠ACB

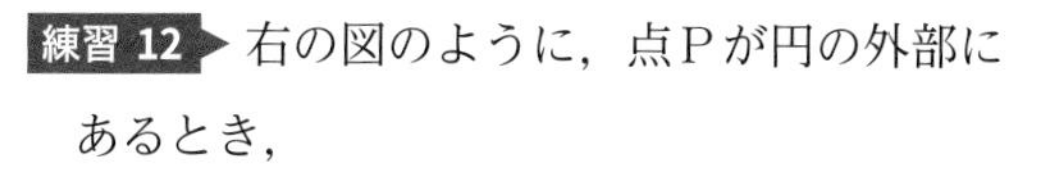

**練習 12** 右の図のように，点Pが円の外部にあるとき，

　　∠APB＜∠ACB

となることを証明しなさい。

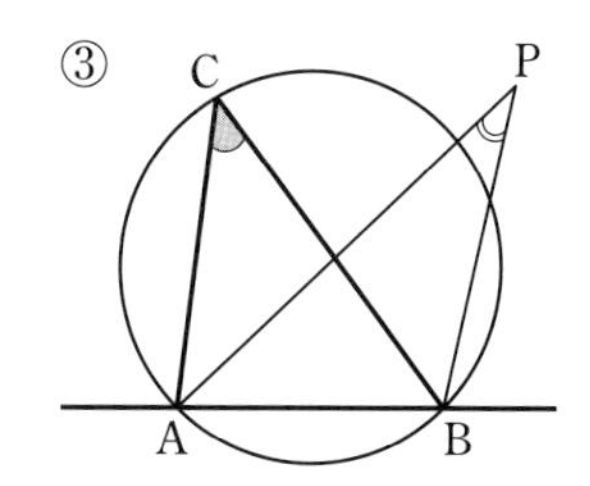

## 円周角の定理の逆

前のページの結果をまとめると，次のようになる。

① Pが円周上にあるとき　$\angle APB=\angle ACB$

② Pが円の内部にあるとき　$\angle APB>\angle ACB$

③ Pが円の外部にあるとき　$\angle APB<\angle ACB$

よって，$\angle APB=\angle ACB$ が成り立つのは，点Pが円周上にあるときに限られる。

したがって，次の **円周角の定理の逆** が成り立つ。

**円周角の定理の逆**

**定理**　2点C，Pが直線ABについて，同じ側にあるとき，

$$\angle APB=\angle ACB$$

ならば，4点A，B，C，Pは1つの円周上にある。

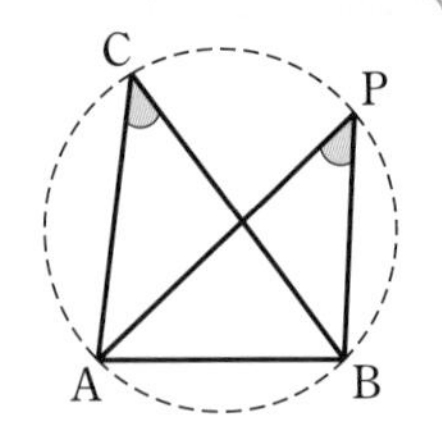


円周角の定理の逆の特別な場合として，次のことが成り立つ。

$\angle APB=90^\circ$ のとき，点Pは線分ABを直径とする円周上にある。

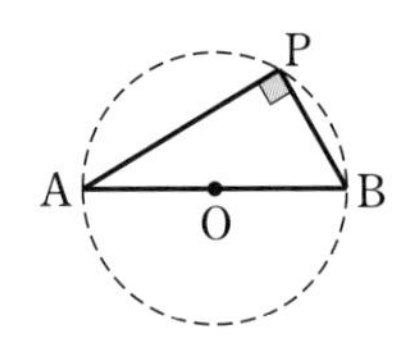


**練習 13** 右の図において，$\angle x$，$\angle y$ の大きさを求めなさい。

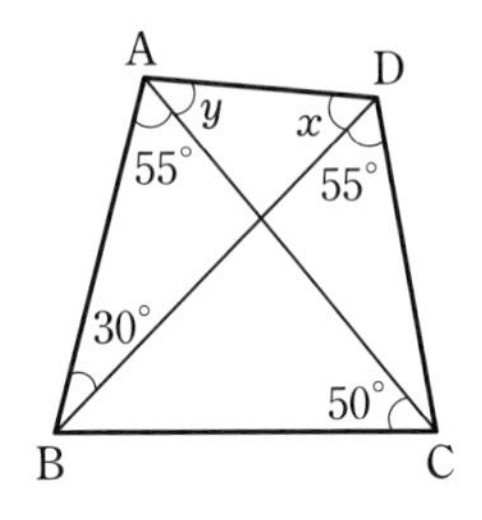

**例題 2** 右の図のように，円Oの直径ABの両側の弧上に，それぞれ点C，Dをとり，

直線AC，DBの交点をE，

直線AD，CBの交点をF

とする。

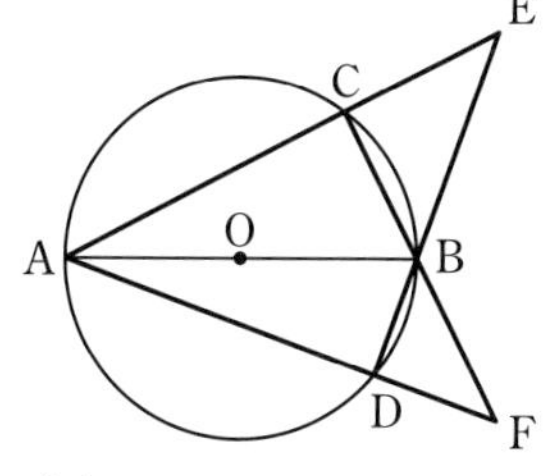


このとき，4点C，D，E，Fは線分EFを直径とする円周上にあることを証明しなさい。

**証明** 線分ABは円Oの直径であるから，円周角の定理により

$\angle ACB = 90^\circ$

よって　$\angle ECF = 180^\circ - 90^\circ = 90^\circ$

同様に，$\angle ADB = 90^\circ$ より

$\angle EDF = 90^\circ$

2点C，Dは直線EFについて同じ側にあり，

$\angle ECF = \angle EDF$ である。

よって，円周角の定理の逆により，4点C，D，E，Fは1つの円周上にある。

また，$\angle ECF = \angle EDF = 90^\circ$ であるから，その円は，線分EFを直径とする円である。　終

**練習 14** 右の図のように，AB=AC の二等辺三角形ABCについて

$\angle B$ の二等分線と辺ACの交点をD，

$\angle C$ の二等分線と辺ABの交点をE

とする。

このとき，4点B，C，D，Eは1つの円周上にあることを証明しなさい。

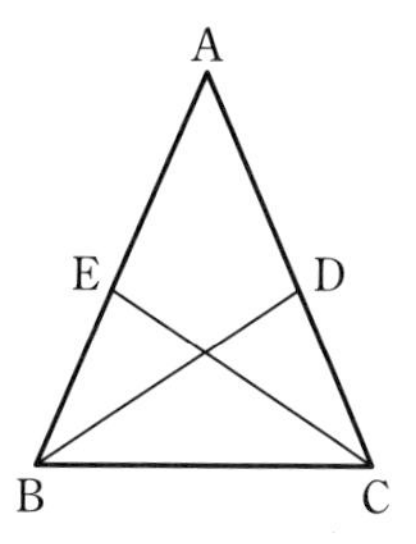


第3章

# 3. 円に内接する四角形

## 円に内接する四角形

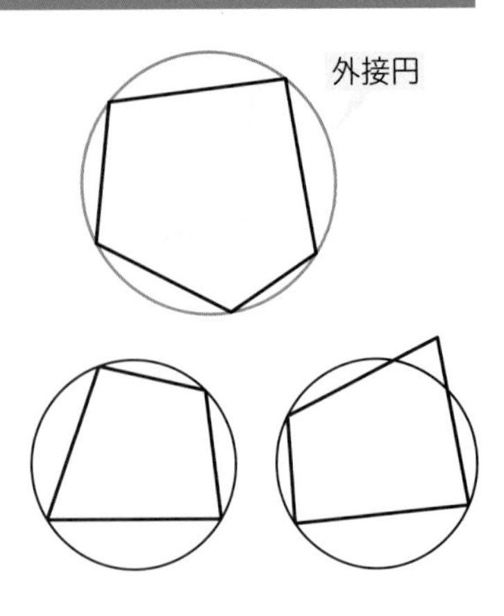


三角形の場合と同様に，多角形においても，すべての頂点が 1 つの円周上にあるとき，この多角形は円に **内接する** といい，この円を多角形の **外接円** という。

67 ページで学んだように，三角形は必ず円に内接するが，四角形は必ずしも円に内接するとは限らない。

一般に，円に内接する四角形について，次の定理が成り立つ。

### 円に内接する四角形の性質

**定理**　四角形が円に内接するとき

[1]　四角形の対角の和は 180° である。

[2]　四角形の内角は，その対角の外角に等しい。

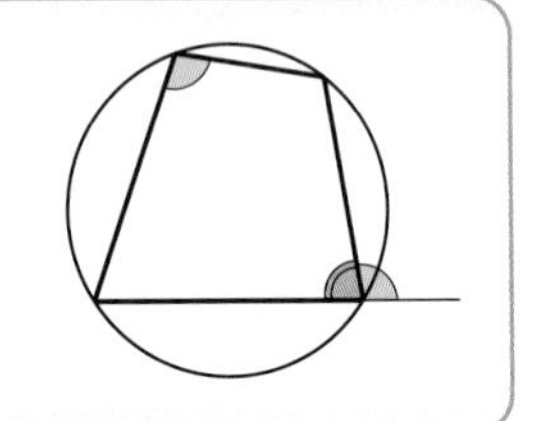

**証明**　右の図において

$$\angle \mathrm{BAD}=x,\ \angle \mathrm{BCD}=y$$

とする。中心角と円周角の関係から

$$2x+2y=360^\circ$$

よって　　$x+y=180^\circ$

したがって，円に内接する四角形の対角の和は 180° である。

また，∠BCD の外角は $180^\circ-y$ で，これは $x$ になるから，円に内接する四角形の内角は，その対角の外角に等しい。　終

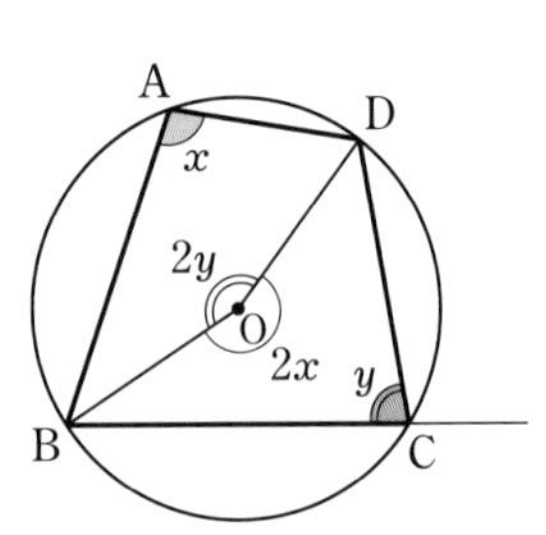

円に内接するいろいろな四角形について，その角の大きさや性質を考えよう。

**例 3** 右の図において，

$\angle BCD$，$\angle ADE$

の大きさを求める。

四角形 ABCD は円に内接しているから

$$\angle BCD + \angle BAD = 180°$$

よって　$\angle BCD = 180° - 105°$

$= 75°$

また　$\angle ADE = \angle ABC = 100°$

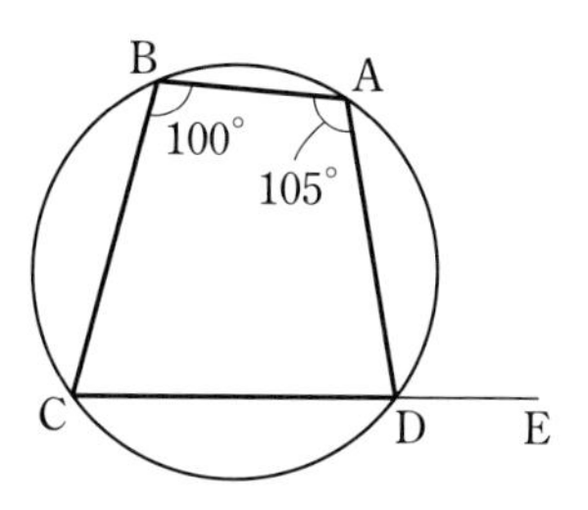


第3章

**練習 15** 次の図において，$\angle x$，$\angle y$ の大きさを求めなさい。

(1)

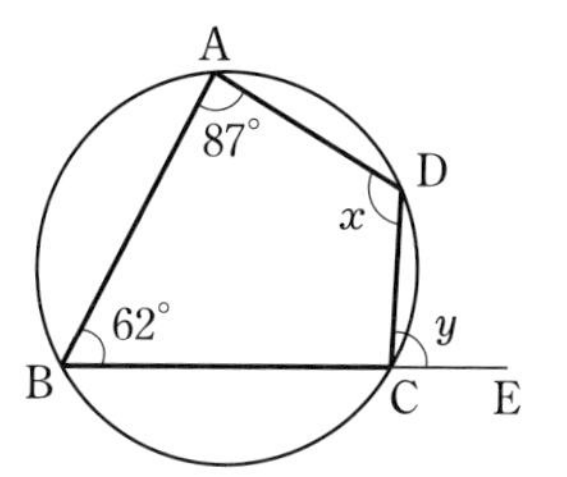


(2)

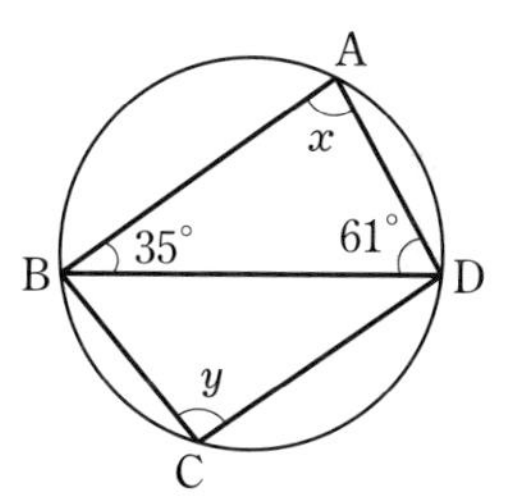


**練習 16** 次の図において，$\angle x$ の大きさを求めなさい。

(1)

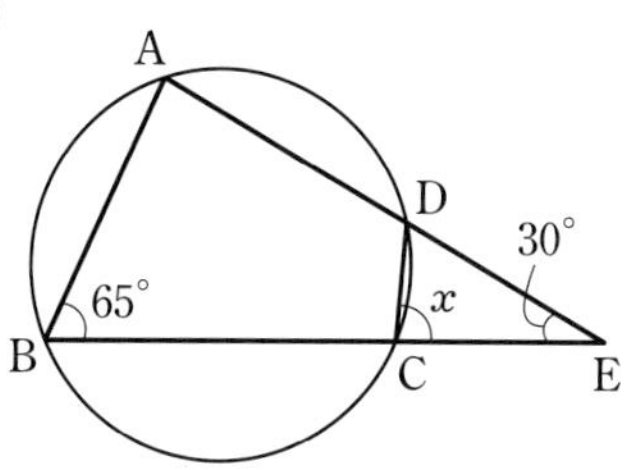


(2)

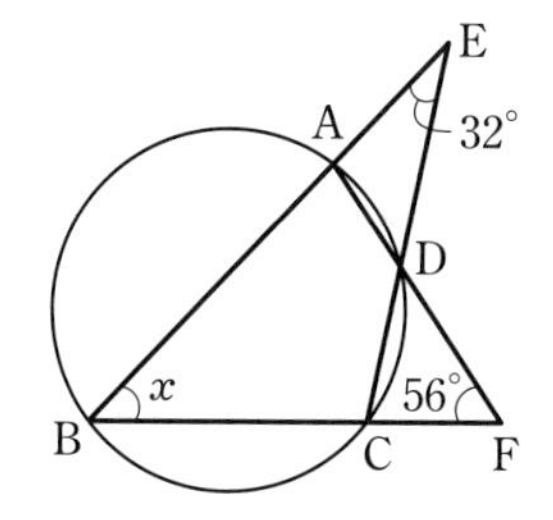

**例題 3** 右の図のように，交わる 2 つの円 O，O′ の交点をそれぞれ P，Q とする。また，P を通る直線と円 O，O′ との交点を，それぞれ A，B とし，Q を通る直線と円 O，O′ との交点を，それぞれ C，D とする。

このとき，AC∥BD であることを証明しなさい。

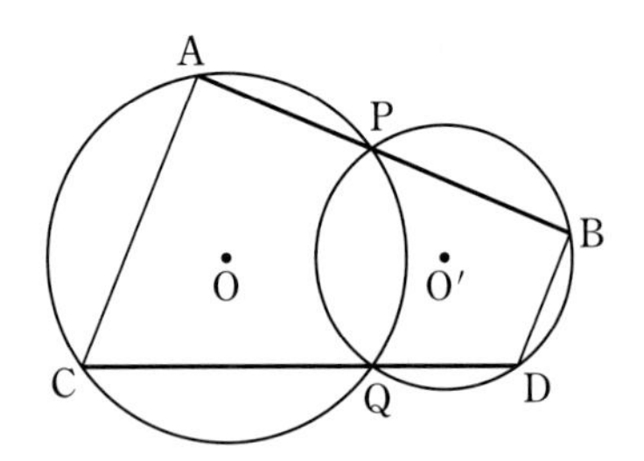


**証明** 右下の図のように，P と Q を結び，半直線 ABE を引く。

四角形 ACQP は円 O に内接しているから

$\angle \mathrm{PAC} = \angle \mathrm{PQD}$ …… ①

四角形 PQDB は円 O′ に内接しているから

$\angle \mathrm{PQD} = \angle \mathrm{EBD}$ …… ②

①，② から　　$\angle \mathrm{PAC} = \angle \mathrm{EBD}$

したがって，同位角が等しいから

AC∥BD　　終

**練習 17** 例題 3 において，点 P，Q を通る直線を右の図のように引くと，

AC∥DB

であることを証明しなさい。

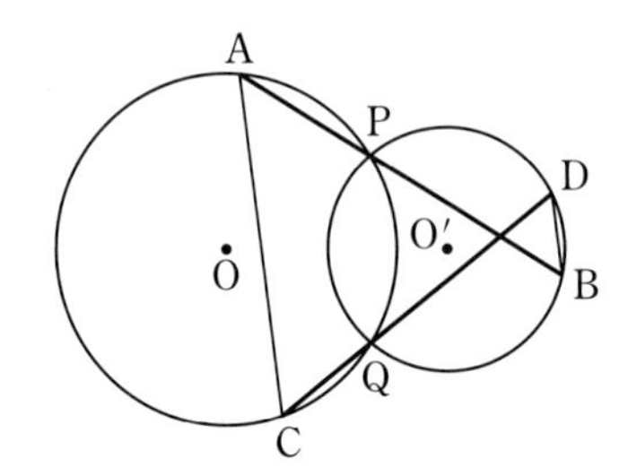

## 四角形が円に内接するための条件

78 ページで学んだ，円に内接する四角形の性質の逆も成り立つ。

**四角形が円に内接するための条件**

**定理**　次の [1]，[2] のどちらかが成り立つ四角形は円に内接する。

[1]　1 組の対角の和が $180^\circ$ である。

[2]　1 つの内角が，その対角の外角に等しい。

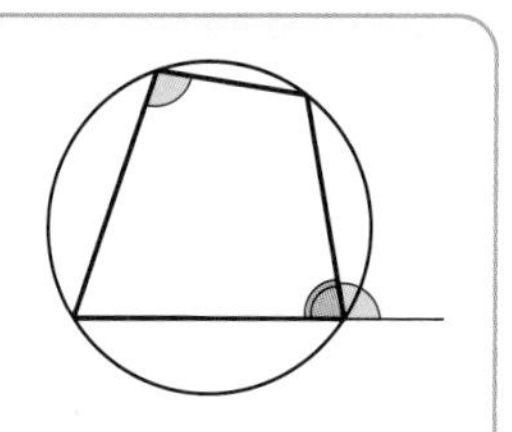

[2] が成り立つ四角形では [1] が成り立つから，[1] だけを証明する。

**証明**　四角形 ABCD において

$\angle BAD + \angle BCD = 180^\circ$　…… ①

であるとする。

右の図のように，△ABD の外接円 O の A を含まない $\overset{\frown}{BD}$ 上に点 C′ をとると，四角形 ABC′D は円 O に内接する。

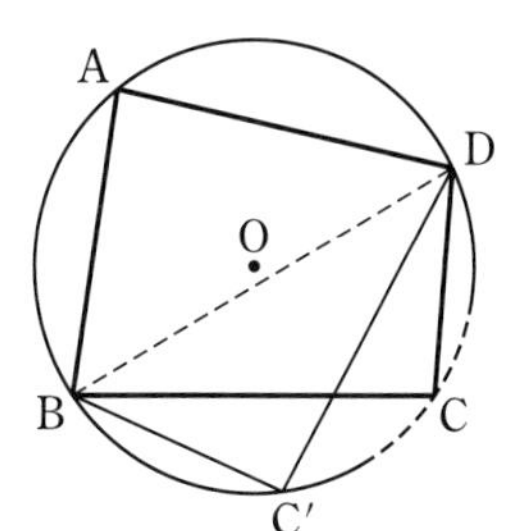


よって

$\angle BAD + \angle BC'D = 180^\circ$　…… ②

①，② から　$\angle BCD = \angle BC'D$

したがって，円周角の定理の逆により，4 点 B，D，C，C′ は 1 つの円周上にある。

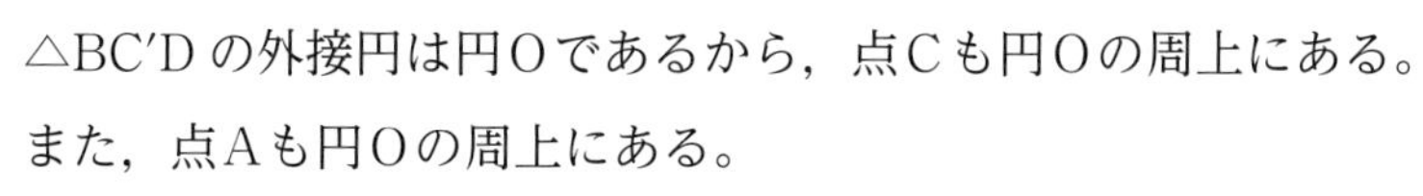

△BC′D の外接円は円 O であるから，点 C も円 O の周上にある。

また，点 A も円 O の周上にある。

よって，四角形 ABCD は円 O に内接する。　終

**練習 18** 次の ①，②，③ について，四角形 ABCD が円に内接するか，内接しないかを，理由とともに述べなさい。

①

A　D

120°

60°　70°

B　C

②

A

20°

D

50°　30°

B　C

③

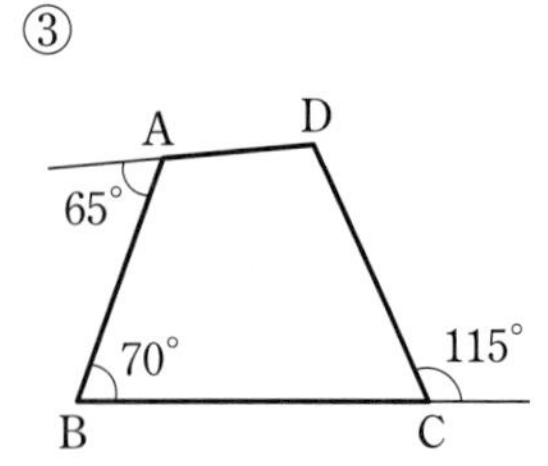


**例題 4** 右の図のように，△ABC の辺上に 3 点 D，E，F をとる。また，3 点 B，D，F を通る円と，D，C，E を通る円の交点のうち，D でない方を P とする。

このとき，四角形 AFPE は円に内接することを証明しなさい。

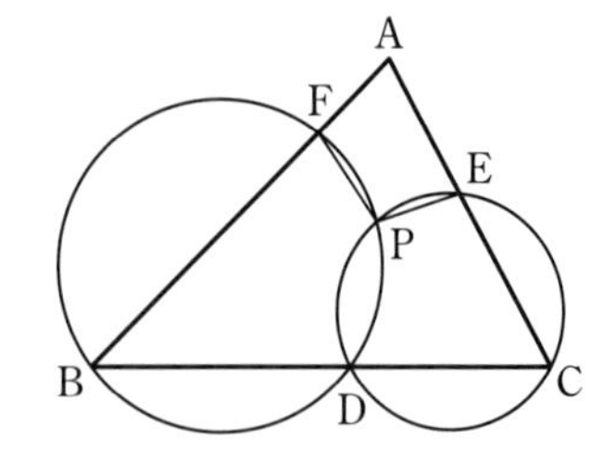


**証明**　P と D を結ぶ。

四角形 BDPF は円に内接しているから

　$\angle BFP = \angle CDP$　…… ①

四角形 DCEP は円に内接しているから

　$\angle AEP = \angle CDP$　…… ②

①，② から　$\angle BFP = \angle AEP$

よって，四角形 AFPE は円に内接する。　終

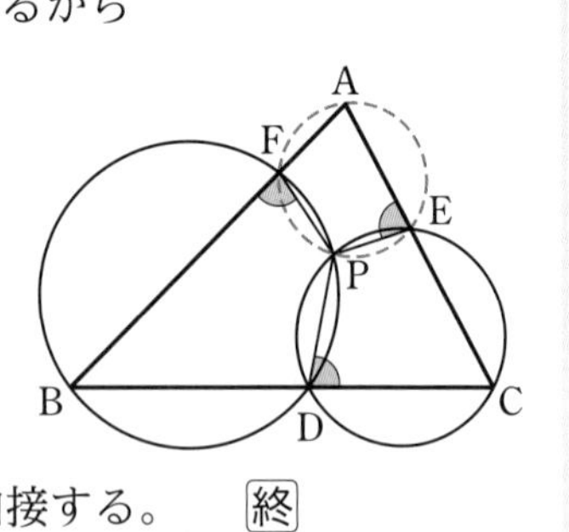


**練習 19** $AD /\!/ BC$ である台形 ABCD において，$\angle B = \angle C$ のとき，この台形は円に内接することを証明しなさい。

# 4. 円の接線

## 円の接線の作図

円の接線について考えよう。

円の外部の点からは，2 本の接線を引くことができる。

また，すでに学んだように，円の接線について次のことが成り立つ。

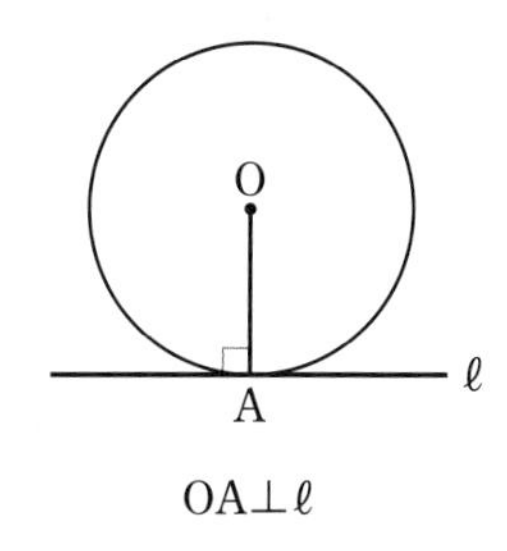


円の接線は，接点を通る半径に垂直である。

**練習 20** 右の図において，直線 PA，PB は円 O の接線である。
このとき，∠ACB の大きさを求めなさい。

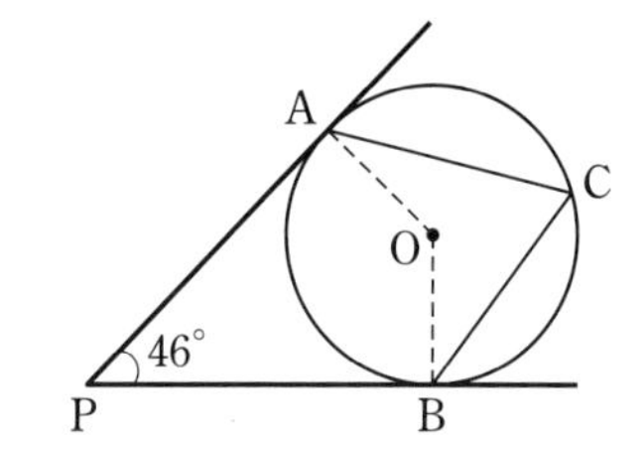


円の外部の 1 点から引いた接線を作図する方法について考えよう。

円 O の外部の点 P から 2 本の接線を引き，その接点をそれぞれ A，B とすると

$$\angle PAO = \angle PBO = 90^\circ$$

が成り立つ。

よって，4 点 P，A，O，B は 1 つの円周上にあり，その円の直径は線分 PO である。

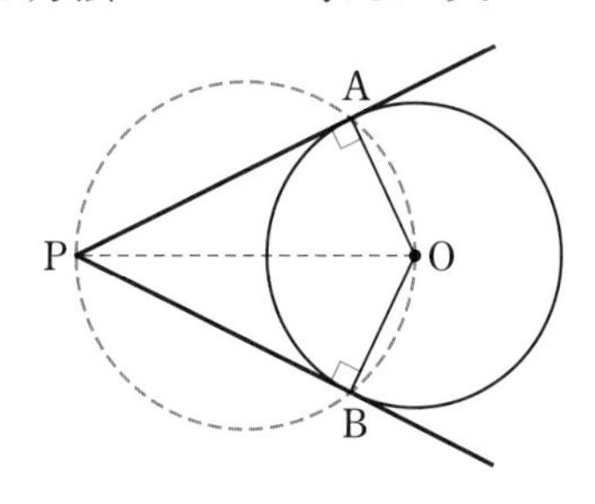


したがって，線分 PO を直径とする円を利用して，円 O の外部の点 P から引いた接線を作図することができる。

第3章

**円Oの外部の点Pから引いた接線の作図**

① 線分POの中点Mを求める。

② 点Mを中心として，線分PMを半径とする円をかく。

③ ②の円と円Oの交点をそれぞれA，Bとして，直線PA，PBを引く。

この直線PA，PBが接線である。

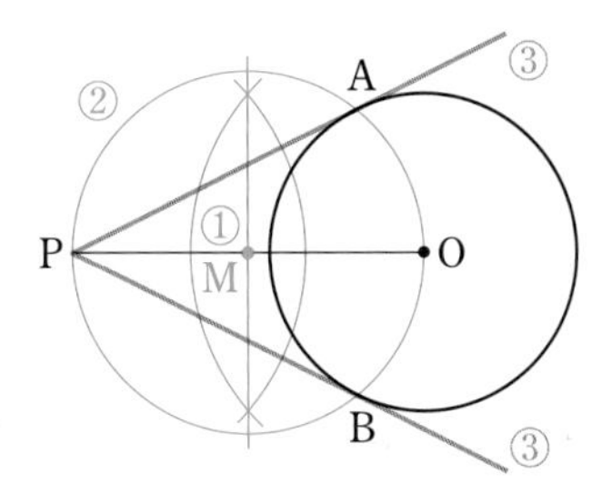


## 接線の長さ

円の外部の点から円に接線を引くとき，外部の点と接点の間の距離を**接線の長さ** という。円の接線の長さについて，次のことが成り立つ。

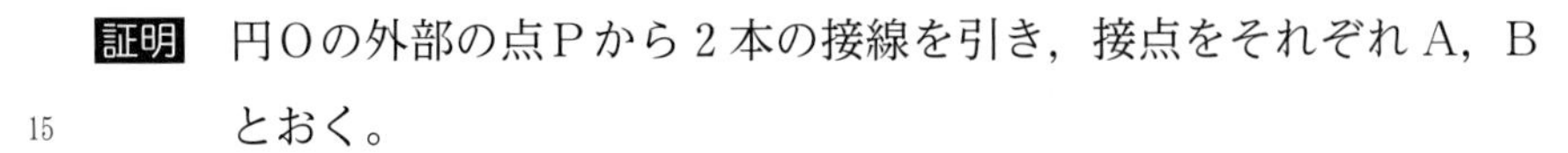

**接線の長さ**

**定理** 円の外部の1点からその円に引いた2本の接線について，2つの接線の長さは等しい。

**証明** 円Oの外部の点Pから2本の接線を引き，接点をそれぞれA，Bとおく。

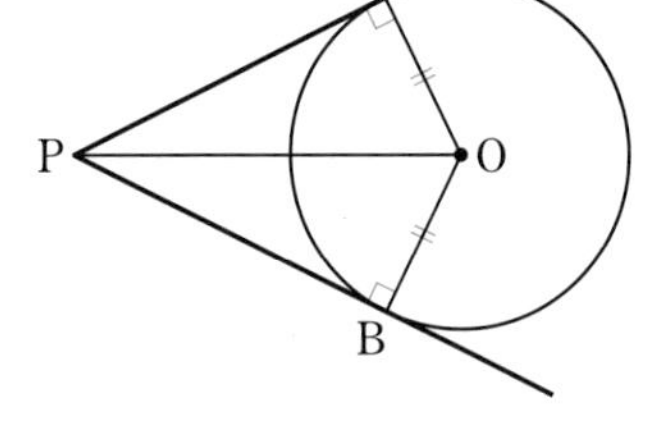


△APOと△BPOにおいて，

PA，PBは円Oの接線であるから

$$\angle OAP=\angle OBP=90^\circ$$

共通な辺であるから

$$PO=PO$$

円の半径は等しいから

$$OA=OB$$

よって，直角三角形の斜辺と他の1辺がそれぞれ等しいから

$$\triangle APO\equiv\triangle BPO$$

したがって　PA＝PB　終

円の接線の長さの性質を用いて，いろいろな問題を考えよう。

**例題 5** 右の図において，四角形 ABCD の各辺が円に接している。
このとき，AB+CD=AD+BC であることを証明しなさい。

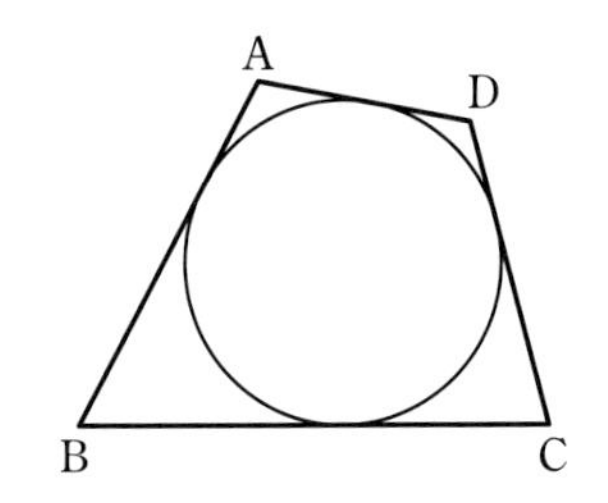


**証明** 各辺と円の接点を，右の図のように定める。
円の外部の 1 点から引いた 2 本の接線について，2 つの接線の長さは等しいから

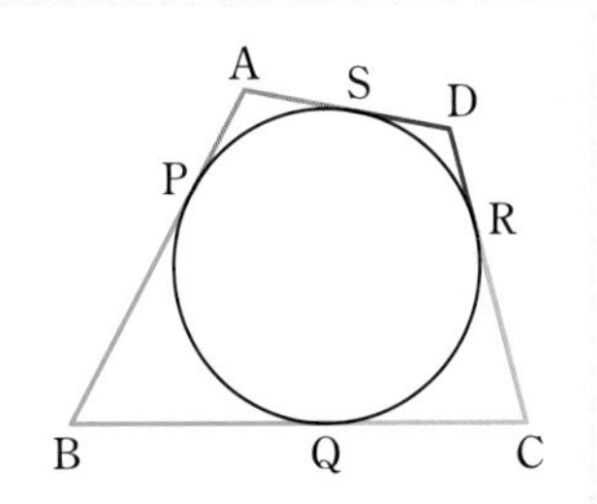


AP=AS,　BP=BQ,
CR=CQ,　DR=DS

よって　AB+CD=(AP+BP)+(CR+DR)
=(AS+BQ)+(CQ+DS)
=(AS+DS)+(BQ+CQ)
=AD+BC　終

**練習 21** 右の図の △ABC は，AB=6, BC=7, CA=5 であり，各辺が点 P, Q, R で円に接している。

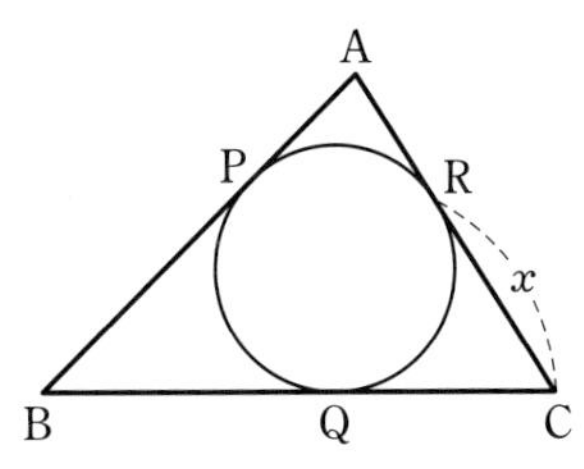


(1) 線分 CR の長さを $x$ とするとき，線分 CR, AR, AP, BP, BQ の順で考え，線分 BQ の長さを $x$ の式で表しなさい。
(2) 線分 CR の長さを求めなさい。

第3章

## 内接円と内心

三角形の内角の二等分線について，次の定理が成り立つ。

**三角形の内角の二等分線**

**定理**　三角形の3つの内角の二等分線は1点で交わる。

**証明**　△ABC の ∠B と ∠C の二等分線の交点を I とし，I から辺 BC，CA，AB に引いた垂線の足を，それぞれ D，E，F とすると　IF＝ID，IE＝ID

よって，IF＝IE となるから，I は ∠A の二等分線上にもある。

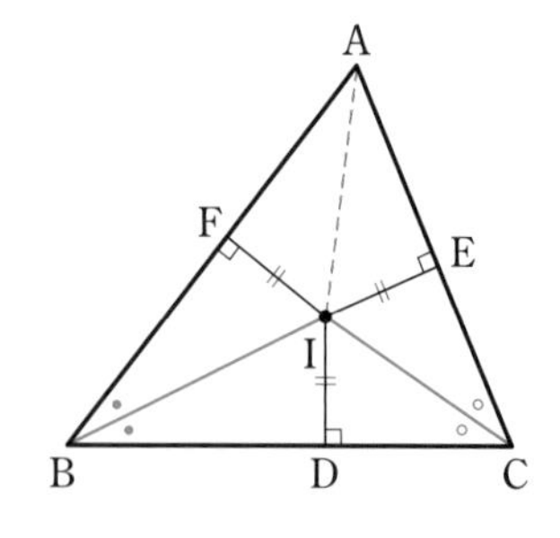


したがって，三角形の3つの内角の二等分線は1点で交わる。終

上の証明では，次のことも示している。

ID⊥BC，IE⊥CA，IF⊥AB，ID＝IE＝IF

よって，点 I を中心として，△ABC の3辺に点 D，E，F で接する円が存在する。

この円を三角形の **内接円**（ないせつえん） といい，内接円の中心を三角形の **内心**（ないしん） という。三角形には必ず内接円がただ1つ存在する。

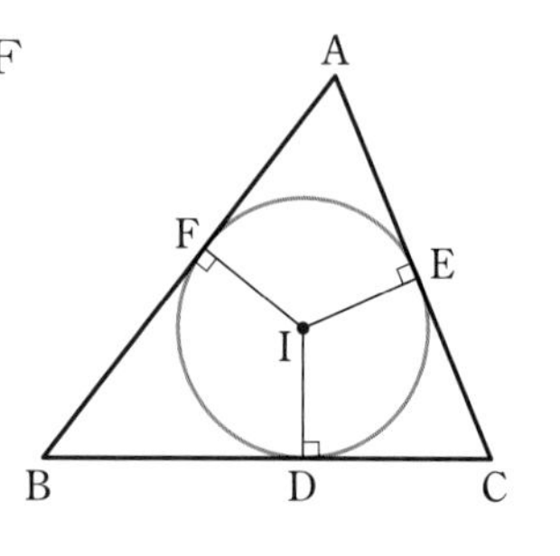


**練習 22**　点 I は △ABC の内心である。∠$x$ の大きさを求めなさい。

(1)

(2)

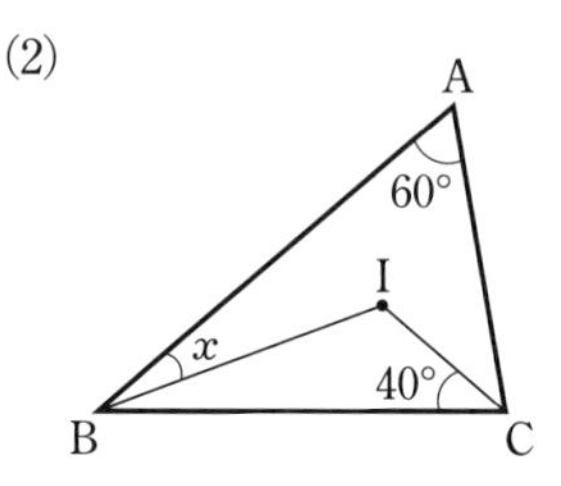

**例題 6** AB=7，BC=9，CA=5 である△ABC に，円 I が内接している。内接円 I の半径を $r$ とするとき，△ABC の面積 $S$ を $r$ を用いて表しなさい。

考え方　△ABC を 3 つの三角形に分割して，それらの面積の和を考える。

**解答**　△ABC を 3 つの三角形

△IAB，△IBC，△ICA

に分割する。

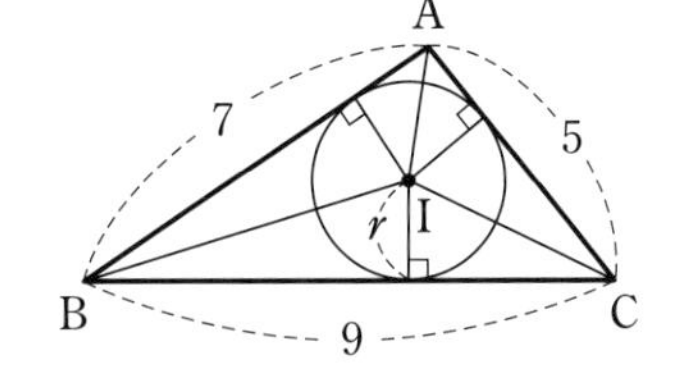


このとき

$$\triangle\text{IAB}=\frac{1}{2}\times\text{AB}\times r=\frac{7}{2}r$$

$$\triangle\text{IBC}=\frac{1}{2}\times\text{BC}\times r=\frac{9}{2}r$$

$$\triangle\text{ICA}=\frac{1}{2}\times\text{CA}\times r=\frac{5}{2}r$$

ここで　　$S=\triangle\text{IAB}+\triangle\text{IBC}+\triangle\text{ICA}$

したがって　　$S=\frac{7}{2}r+\frac{9}{2}r+\frac{5}{2}r=\frac{21}{2}r$　

**練習 23** 右の図において，円 I は△ABC の各辺に接している。

△ABC の周の長さが 42，円 I の半径が 4 のとき，△ABC の面積を求めなさい。

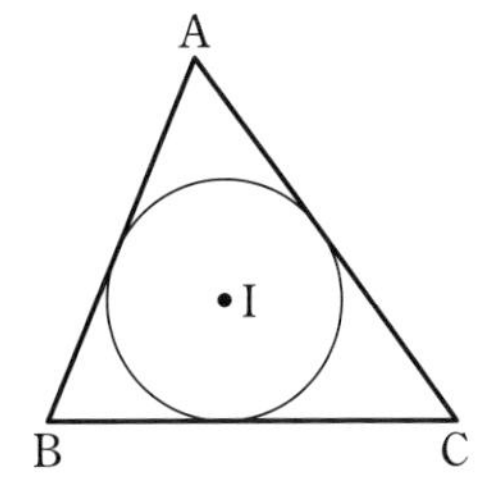


3 辺の長さが $a$，$b$，$c$ である三角形の面積を $S$，内接円の半径を $r$ とすると，等式 $\boldsymbol{S=\frac{1}{2}(a+b+c)r}$ が成り立つ。

## 傍接円と傍心

三角形の内角の二等分線のほかに，外角の二等分線も考えると，次の定理が成り立つ。

**三角形の内角と外角の二等分線**

5　**定理**　三角形の 1 つの内角の二等分線と，他の 2 つの角の外角の二等分線は 1 点で交わる。

**練習 24** △ABC において，∠B，∠C の外角の二等分線の交点を $I_1$ とするとき，$I_1$ は ∠A の二等分線上にあることを証明しなさい。

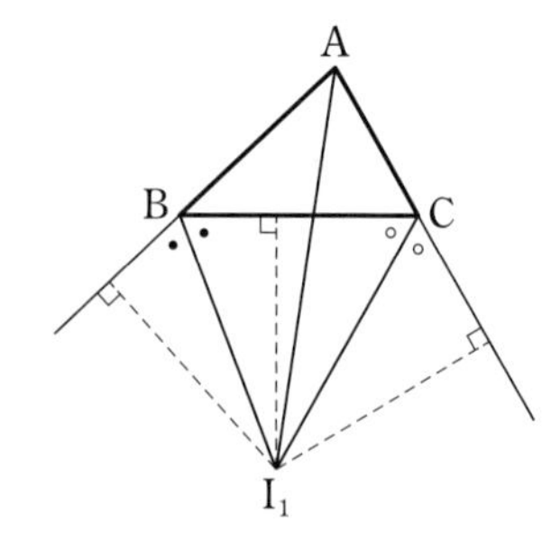


10　△ABC において，∠B，∠C の外角の二等分線と ∠A の二等分線の交点を $I_1$ とする。

このとき，$I_1$ を中心とし，辺 AB，AC の延長と，辺 BC に接する円が
15　ある。

この円を，△ABC の ∠A 内の **傍接円**（ぼうせつえん） といい，$I_1$ を **傍心**（ぼうしん） という。

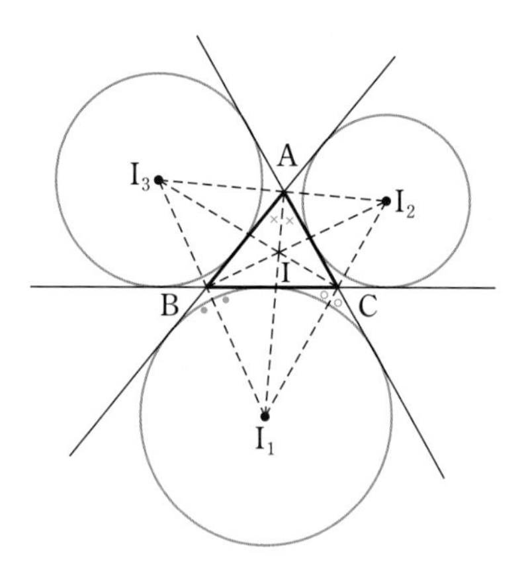


三角形の傍接円，傍心は，右上の図のように，それぞれ 3 つある。

これまでに学んだ，三角形の**重心**，**外心**，**垂心**，**内心**，**傍心**は下のようになる。これらをまとめて **三角形の五心**（ごしん） という。

重心

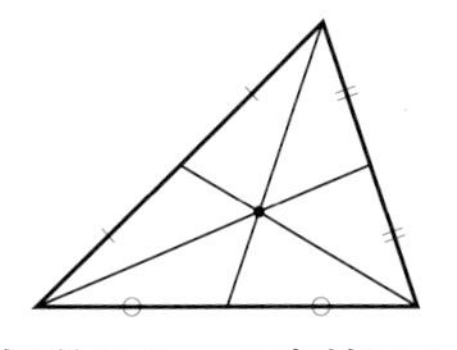

三角形の 3 つの中線は 1 点で交わる。

外心 （外接円の中心）

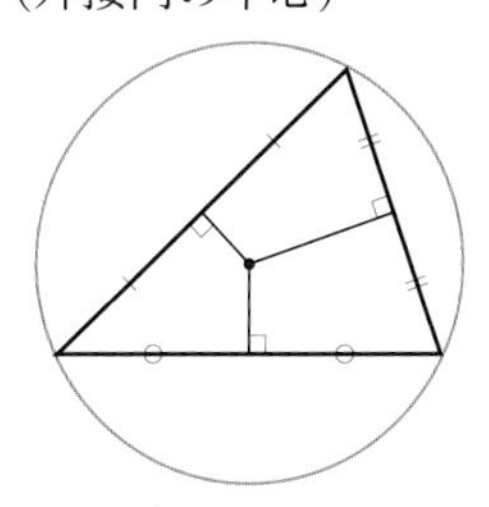

三角形の 3 辺の垂直二等分線は 1 点で交わる。

垂心

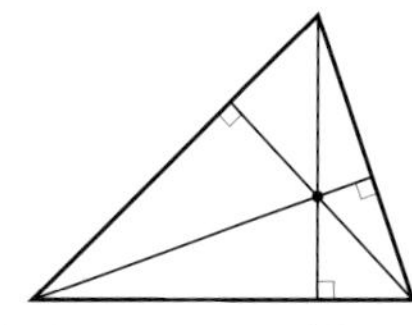

三角形の 3 つの頂点から，対辺またはその延長に引いた垂線は 1 点で交わる。

内心 （内接円の中心）

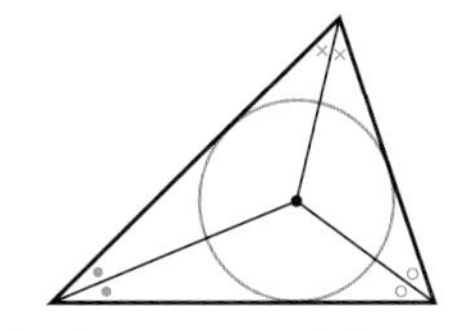

三角形の 3 つの内角の二等分線は 1 点で交わる。

傍心 （傍接円の中心）

三角形の 1 つの内角の二等分線と，他の 2 つの角の外角の二等分線は 1 点で交わる。

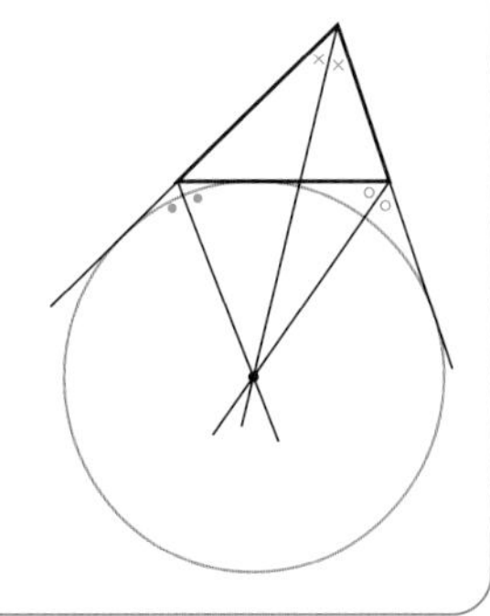

注 意

三角形には傍心が 3 つある。
右の図はそのうちの 1 つを示している。

**練習 25** 重心と垂心が一致する三角形は，正三角形であることを証明しなさい。

第3章

# 5. 接線と弦のつくる角

## 接線と弦のつくる角

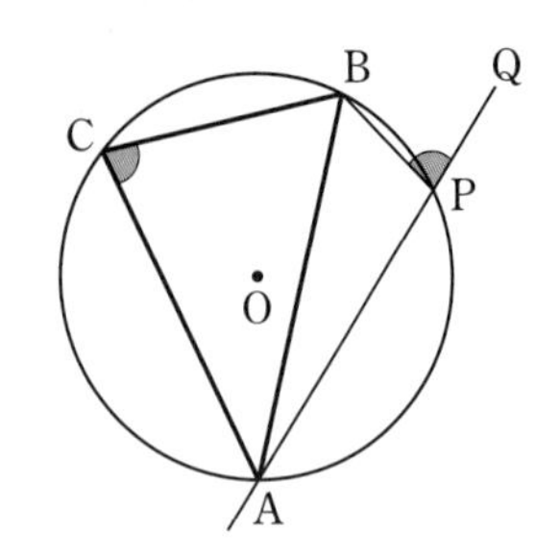


右の図において，四角形 APBC は円O に内接するから，次のことが成り立つ。

5 $\angle ACB = \angle BPQ$

点Pを $\overset{\frown}{AB}$ 上で点Aに近づけていくと，点Pの位置に関係なく，

$\angle ACB = \angle BPQ$

が成り立つ。

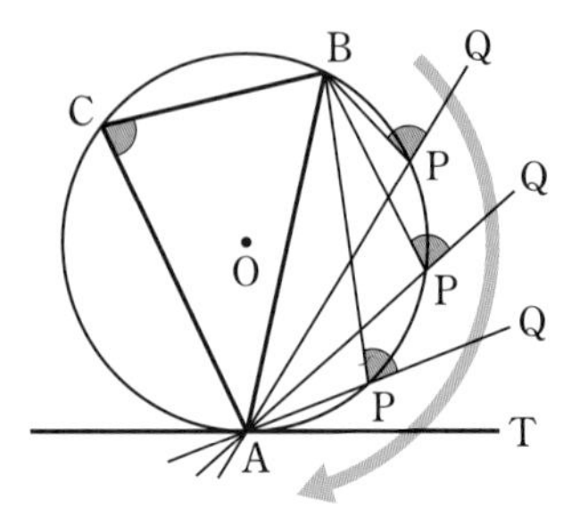


10 また，弦 PB は弦 AB に近づき，直線 AP は点Aにおける円Oの接線 AT に近づくから，$\angle BPQ$ は $\angle BAT$ に近づいていく。

このことから，円の接線と弦のつくる角について，次のことが成り立つと予想される。 15

### 接線と弦のつくる角

**定理** 円Oの弦 AB と，その端点Aにおける接線 AT がつくる角 $\angle BAT$ は，その角の内部に含まれる $\overset{\frown}{AB}$ に対する円周角 $\angle ACB$ に等しい。 20

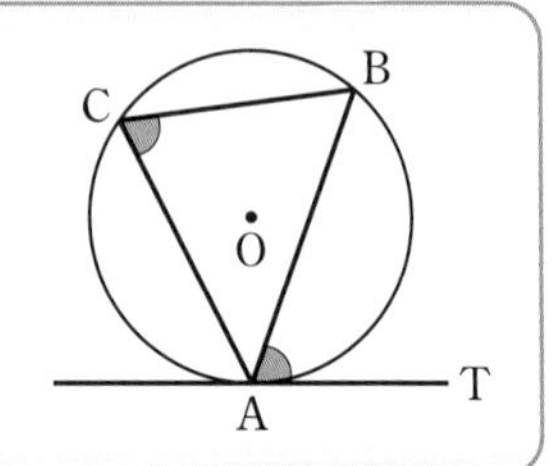


注 意　上の接線と弦のつくる角の定理を，**接弦定理**(せつげん) ということがある。

この定理は，$\angle \mathrm{BAT}$ が鋭角の場合，次のように証明できる。

**証明**　右の図のように，直径 AD を引くと，

DA⊥AT であるから

$\angle \mathrm{BAT}+\angle \mathrm{BAD}=90^\circ$　……①

また，直角三角形 BAD において

$\angle \mathrm{ADB}+\angle \mathrm{BAD}=90^\circ$　……②

①，② より

$\angle \mathrm{BAT}=\angle \mathrm{ADB}$

円周角の定理により

$\angle \mathrm{ACB}=\angle \mathrm{ADB}$

よって　$\angle \mathrm{BAT}=\angle \mathrm{ACB}$　

**練習 26**　右の図を用いて，$\angle \mathrm{BAT}$ が直角，鈍角の場合についても

$\angle \mathrm{BAT}=\angle \mathrm{ACB}$

が成り立つことを証明しなさい。

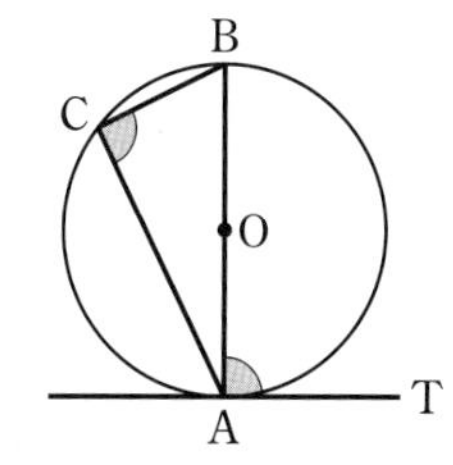


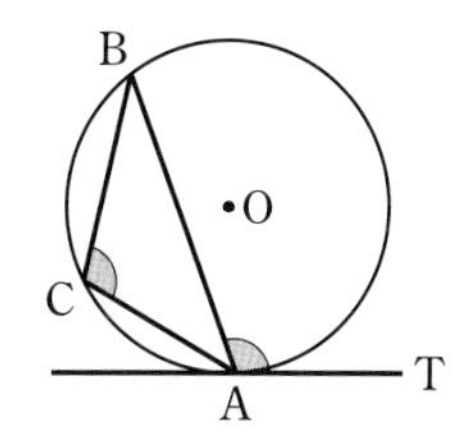


**練習 27**　次の図において，直線 $\ell$ は円の接線で，A は接点である。$\angle x$，$\angle y$ の大きさを求めなさい。ただし，(2) では，BA＝BC である。

(1)

(2)

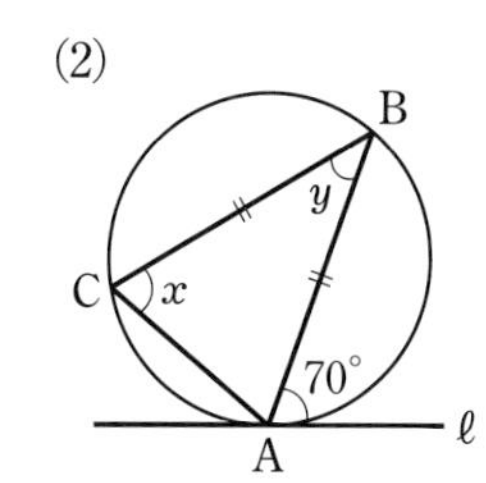


(3)

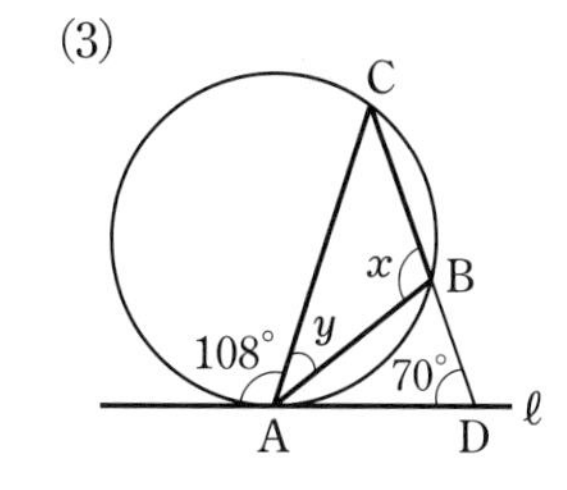

接線と弦のつくる角の定理を用いて解く問題を考えよう。

**例題 7** 右の図において，$\overset{\frown}{\mathrm{BC}}:\overset{\frown}{\mathrm{CD}}=1:2$ であり，直線 ST は点 A で円に接している。
このとき，∠ADC の大きさを求めなさい。

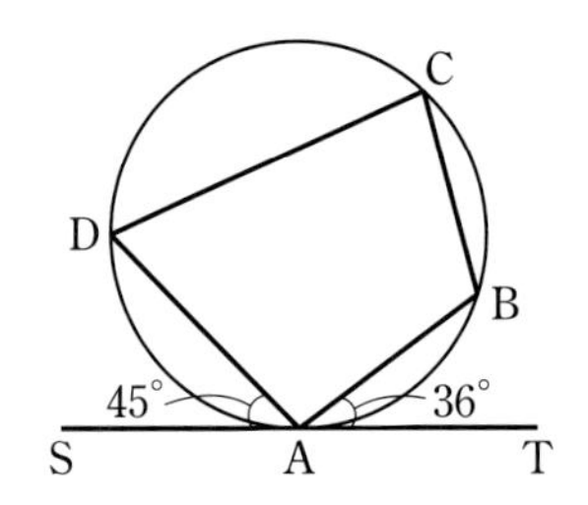


**解答**

$$\angle \mathrm{DAB}=180^\circ-(45^\circ+36^\circ)$$
$$=99^\circ$$

$\angle \mathrm{BAC}=a$ とおく。
弧の長さと円周角の大きさは比例するから，$\overset{\frown}{\mathrm{BC}}:\overset{\frown}{\mathrm{CD}}=1:2$ より

$$\angle \mathrm{DAC}=2a$$

よって，∠DAB について

$$a+2a=99^\circ$$
$$a=33^\circ$$

接線と弦のつくる角の定理により

$$\angle \mathrm{ADC}=\angle \mathrm{CAT}$$

したがって　$\angle \mathrm{ADC}=33^\circ+36^\circ=69^\circ$　 **69°**

**練習 28** 右の図において，

$$\overset{\frown}{\mathrm{AD}}:\overset{\frown}{\mathrm{CD}}=1:2$$

であり，直線 ET は，点 C において円 O に接している。このとき，次の角の大きさを求めなさい。

(1)　∠BCE　　　(2)　∠DCT

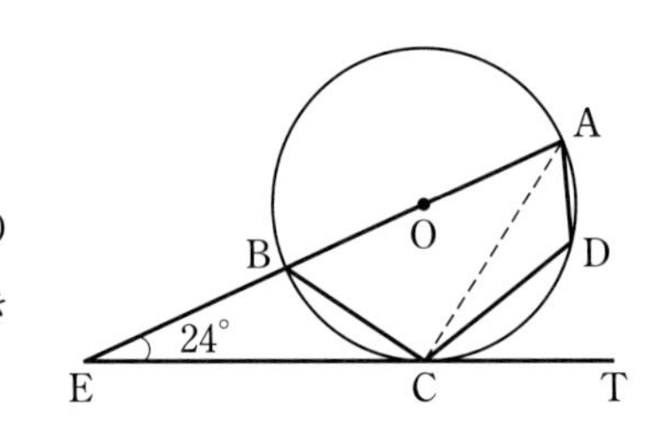

# 6. 方べきの定理

## 方べきの定理

円における2つの弦について，次の **方べきの定理** が成り立つ。

**方べきの定理 (1)**

**定理**　円の2つの弦 AB，CD の交点，またはそれらの延長の交点をPとすると，**PA×PB=PC×PD** が成り立つ。

注意　上の定理における PA×PB の値を，点Pのこの円に関する **方べき** という。

この定理は，点Pが円の内部にある場合，次のように証明できる。

**証明**　△PAC と △PDB において

円周角の定理により

∠ACP=∠DBP　……①

∠CAP=∠BDP　……②

①，②より，2組の角がそれぞれ等しいから

△PAC∽△PDB

したがって　PA：PD=PC：PB

よって　PA×PB=PC×PD　終

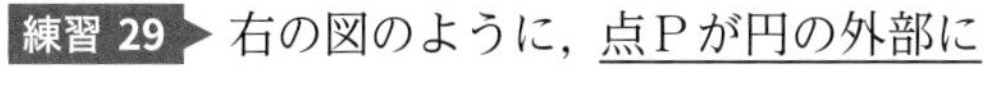

**練習 29**　右の図のように，点Pが円の外部にある場合について，

PA×PB=PC×PD

が成り立つことを証明しなさい。

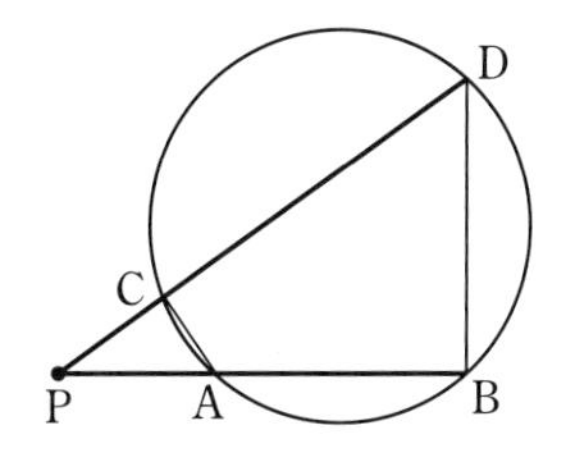

**練習 30** 次の図において，$x$ の値を求めなさい。

(1)　　　　　　　　(2)

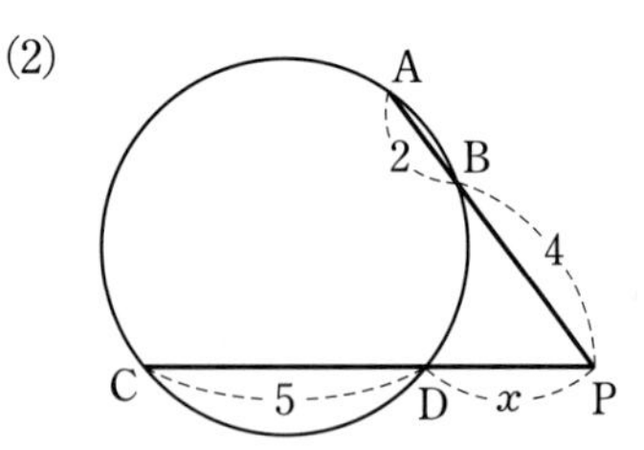


円の外部にある点Pを通る 2 直線のうち，一方が円と 2 点で交わり，
もう一方が円に接するとき，次の定理が成り立つ。

この定理も，方べきの定理という。

**方べきの定理 (2)**

**定理**　円の外部の点Pから円に引いた接線の接点をTとする。
Pを通る直線がこの円と 2 点 A，B で交わるとき，
$\mathbf{PA\times PB=PT^2}$ が成り立つ。

**証明**　△PTA と △PBT において
直線 PT は円の接線であるから
$\angle PTA=\angle PBT$
共通な角であるから　$\angle APT=\angle TPB$
2 組の角がそれぞれ等しいから
$\triangle PTA \backsim \triangle PBT$
したがって　$PT:PB=PA:PT$
よって　$PA\times PB=PT^2$　終

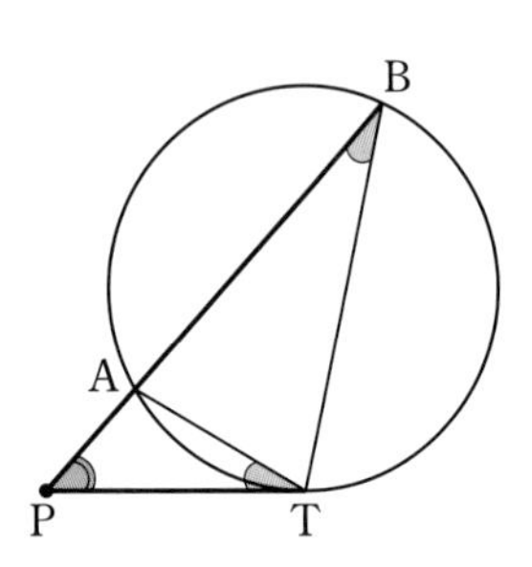


**練習 31** 右の図において，$x$ の値を求めなさい。ただし，PT はTにおける円Oの接線である。

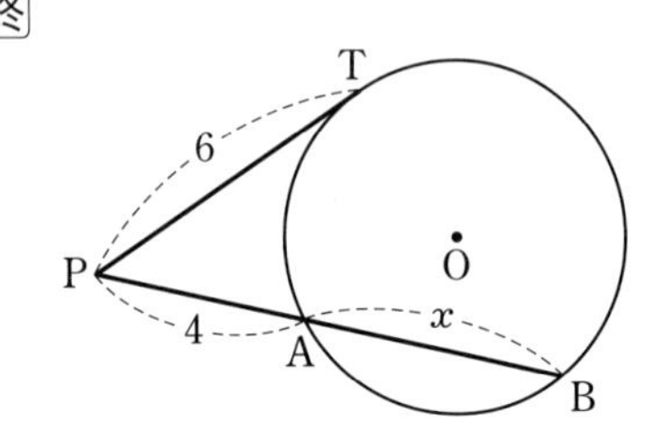

## 方べきの定理の逆

方べきの定理(1)は，その逆も成り立つ。

**方べきの定理の逆**

**定理**　2 つの線分 AB と CD，または AB の延長と CD の延長が点 P で交わるとき，PA×PB=PC×PD が成り立つならば，4 点 A，B，C，D は 1 つの円周上にある。

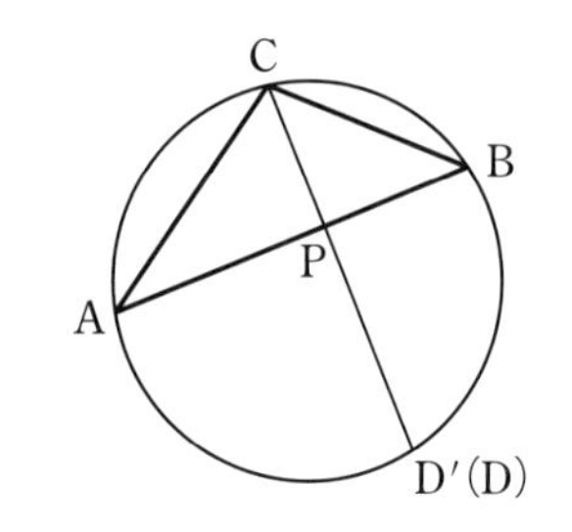


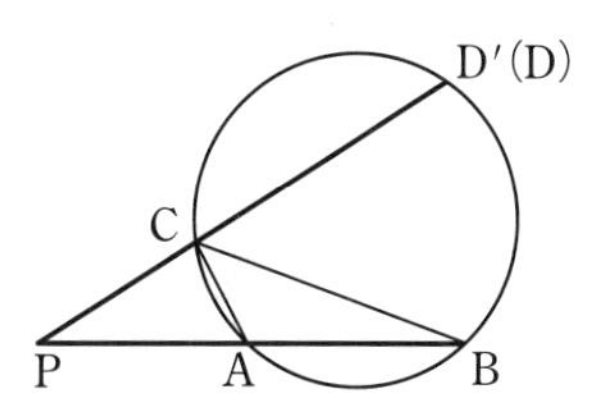


**証明**　△ABC の外接円と半直線 PD との交点を D′ とすると，方べきの定理により

　　　PA×PB=PC×PD′

仮定から　PA×PB=PC×PD

よって　PC×PD=PC×PD′

したがって，PD=PD′ となる。

よって，半直線 PD 上の 2 点 D，D′ は一致し，4 点 A，B，C，D は 1 つの円周上にある。　終

また，方べきの定理(2)の逆も成り立つ。

**練習 32**　次の ①，②，③ において，4 点 A，B，C，D が 1 つの円周上にあるものをすべて選びなさい。

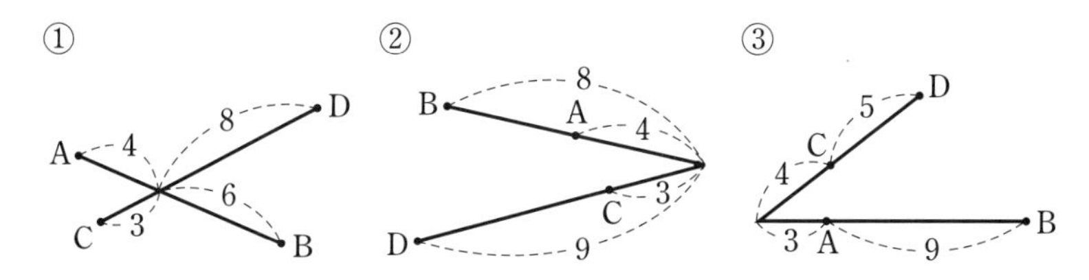

方べきの定理の逆を用いて，いくつかの点が1つの円周上にあることを証明しよう。

**例題 8** 円Oの外部の点Pから，この円に2点A，Bをそれぞれ接点とする2本の接線PA，PBを引き，ABとPOの交点をCとする。また，POとCで交わる弦DEを引く。
このとき，4点D，E，P，Oは1つの円周上にあることを証明しなさい。

考え方　4点A，B，D，EとO，A，P，Bが，それぞれ1つの円周上にあることに着目して，まず，方べきの定理を利用する。

**証明**　AB，DEは点Cで交わるから，方べきの定理により

$$CA \times CB = CD \times CE \quad \cdots\cdots ①$$

また，$\angle OAP + \angle OBP = 180°$ であるから，4点O，A，P，Bは1つの円周上にある。
よって，方べきの定理により

$$CA \times CB = CP \times CO \quad \cdots\cdots ②$$

①，②より　$CD \times CE = CP \times CO$
したがって，方べきの定理の逆により，4点D，E，P，Oは1つの円周上にある。　終

**練習 33** 交わる2つの円の交点を結ぶ線分上に点Pをとり，Pで交わる2つの円の弦を，それぞれAB，CDとする。
このとき，4点A，B，C，Dは1つの円周上にあることを証明しなさい。

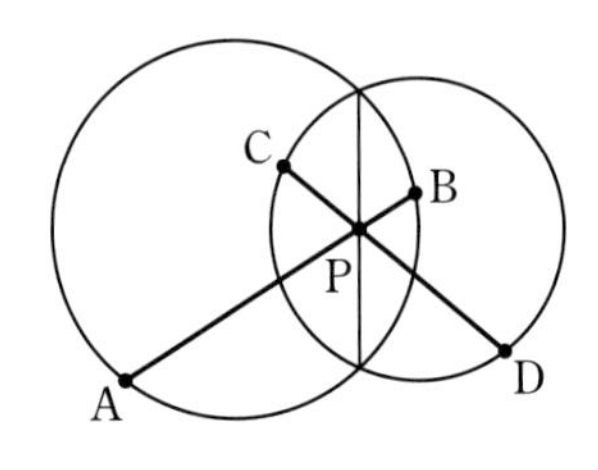

# 7. 2つの円

## 2つの円の位置関係

半径が異なる2つの円O，O′の位置関係は，次の5つの場合がある。

[1]　一方が他方の外部にある

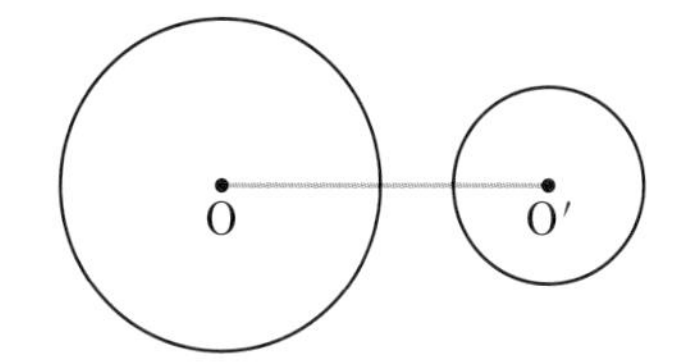


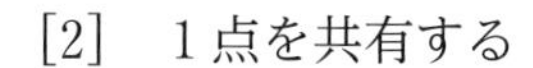
[2]　1点を共有する

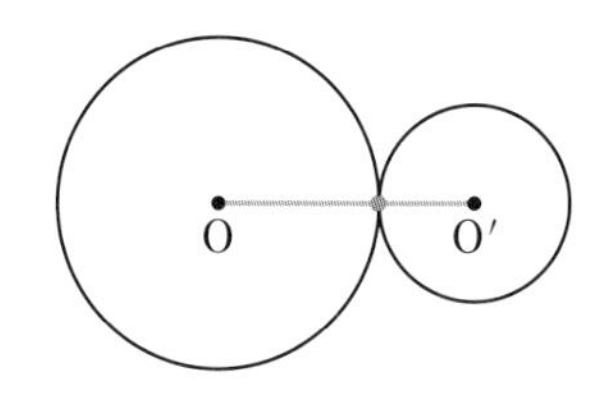


[3]　2点で交わる

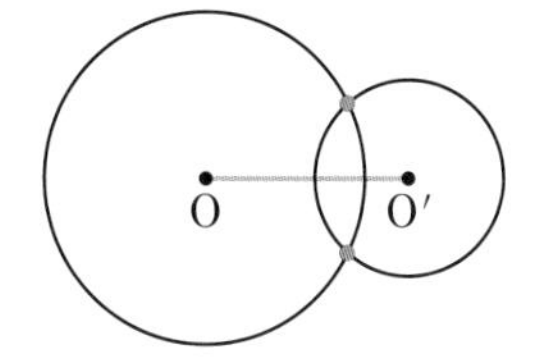


[4]　1点を共有する

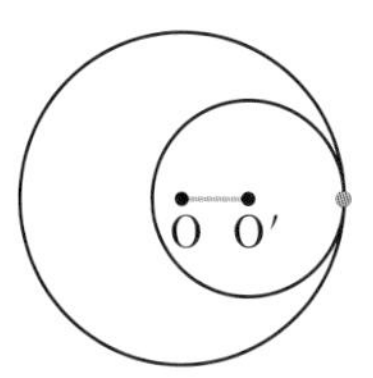


[5]　一方が他方の内部にある

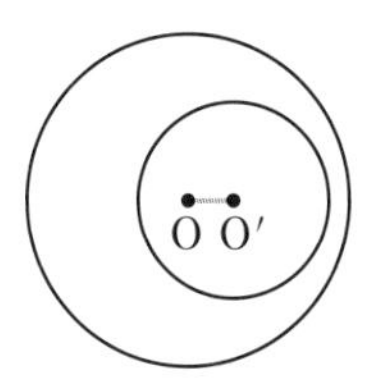




上の図において，2つの円の共有点は，0個 または 1個 または 2個である。

[2]，[4] のように，2つの円がただ1点を共有するとき，この2つの円は **接する** といい，この共有点を **接点** という。

特に，[2] のような場合，2つの円は **外接する** といい，[4] のような場合，2つの円は **内接する** という。

2つの円が接するとき，接点は2つの円の中心を通る直線上にある。

**練習 34** 半径が等しい2つの円について，どのような位置関係が考えられるか。上のように場合を分けて答えなさい。

**練習 35** 前のページの図について，円Oの半径を $r$，円 O′ の半径を $r'$ とし，中心間の距離を $d$ とする。[1]～[5] の各場合について，次の $\square$ に適する等号または不等号を入れなさい。ただし，$r>r'$ とする。

[1] $d\ \square\ r+r'$　　　[2] $d\ \square\ r+r'$

[3] $r-r'\ \square\ d\ \square\ r+r'$

[4] $d\ \square\ r-r'$　　　[5] $d\ \square\ r-r'$

**練習 36** 2 点 O，O′ 間の距離は 9 cm である。O，O′ を中心として，それぞれ半径 $r$ cm，$r'$ cm の円をかくとき，次の場合の 2 つの円は，どのような位置関係にあるか答えなさい。

(1) $r=7$，$r'=3$　　　(2) $r=5$，$r'=4$

(3) $r=11$，$r'=2$　　　(4) $r=3$，$r'=2$

**例題 9** 半径が異なる 2 つの円があり，この 2 つの円は，中心間の距離が 10 cm ならば外接し，2 cm ならば内接する。この 2 つの円の半径を求めなさい。

**解答** 2 つの円の半径を $r$ cm，$r'$ cm $(r>r')$ とする。

条件から

$$\begin{cases} r+r'=10 & \leftarrow \text{外接} \\ r-r'=2 & \leftarrow \text{内接} \end{cases}$$

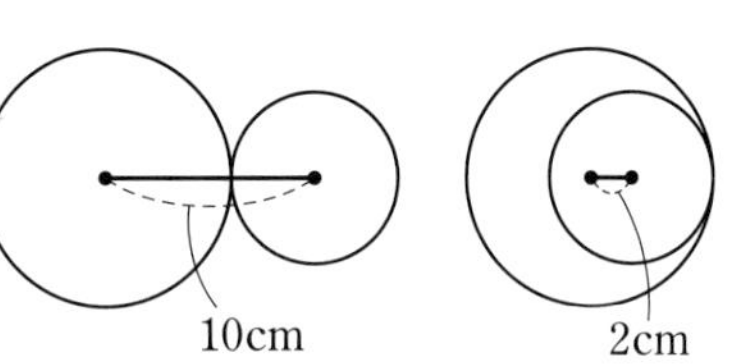


これを解くと

$r=6$，$r'=4$

よって，2 つの円の半径は　6 cm と 4 cm　答

**練習 37** 3 つの円 A，B，C は，どの 2 つも互いに外接している。円Bの半径は円Aの半径の 2 倍であり，それぞれの円の中心 A，B，C について，BC＝9 cm，CA＝7 cm である。3 つの円の半径を求めなさい。

## 共通接線

2つの円の両方に接している直線を，2つの円の **共通接線** という。半径が異なる2つの円O，O′の共通接線の本数は，O，O′の位置関係により，次の5つの場合がある。

5 [1] 共通接線は4本 [2] 共通接線は3本

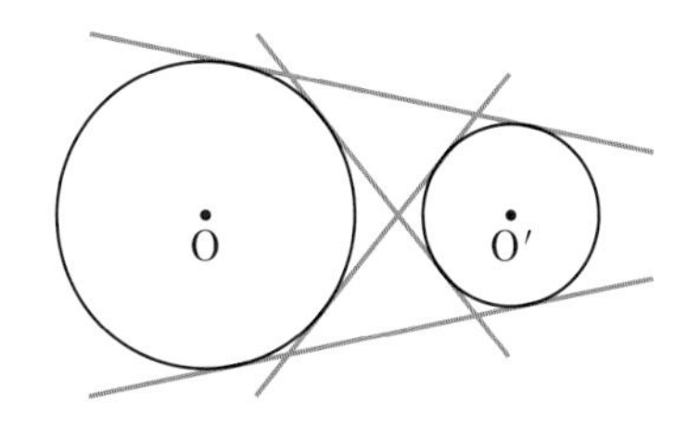


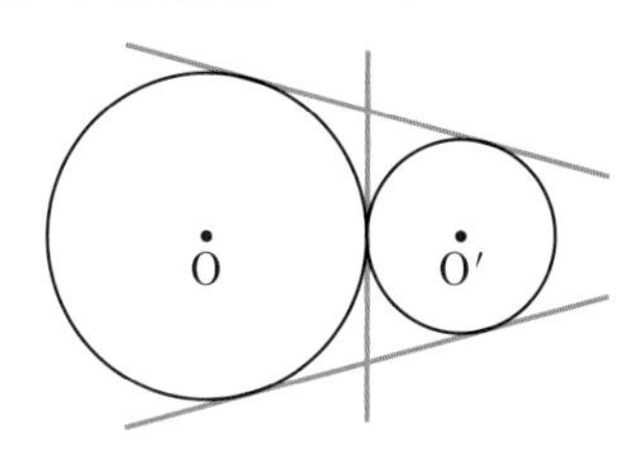


[3] 共通接線は2本 [4] 共通接線は1本 [5] 共通接線はない

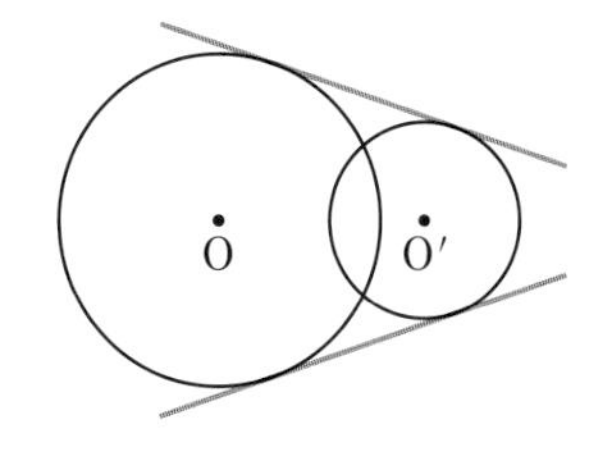


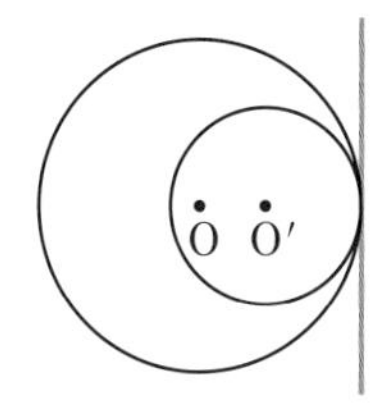


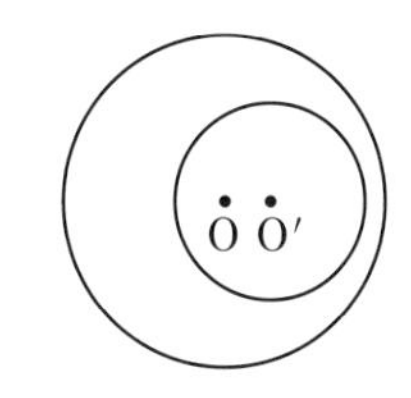


**例題 10** 外接する2つの円O，O′の接点Pを通る共通接線と，A，Bを接点とする他の共通接線との交点をMとする。
10 このとき，点Mは線分ABの中点であることを証明しなさい。

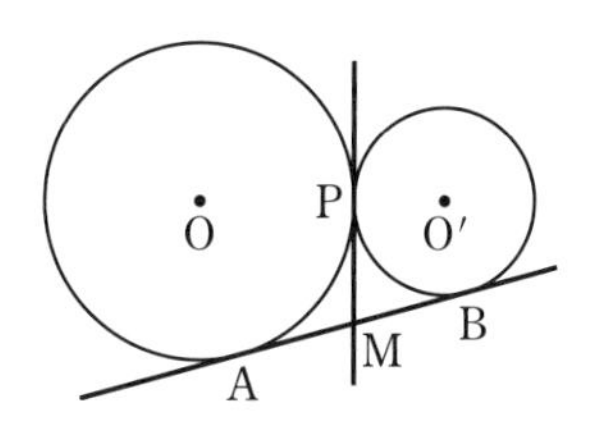


**証明** 円の外部の1点からその円に引いた2本の接線について，2つの接線の長さは等しいから　AM＝PM，BM＝PM

よって　　　　　AM＝BM

15 したがって，点Mは線分ABの中点である。 終

**練習 38** 右の図のように，2 つの円 O，O′ の共通接線 AB，CD を引き，その交点を P とする。このとき，AB＝CD であることを証明しなさい。

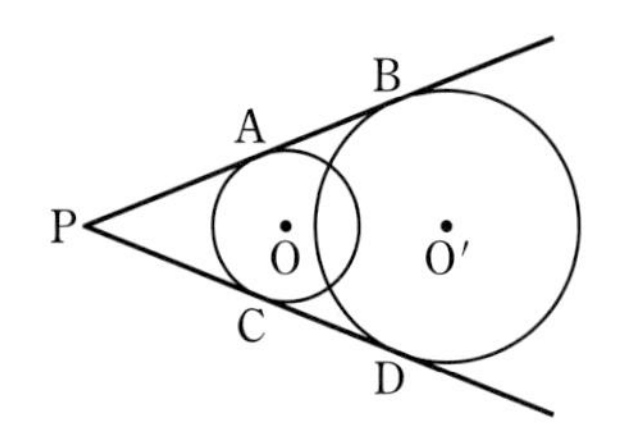


**例題 11** 点 P で外接する 2 つの円 O，O′ がある。P を通る 2 つの直線が円 O，O′ と右の図のようにそれぞれ A，B および C，D で交わるとき，

AC∥DB

であることを証明しなさい。

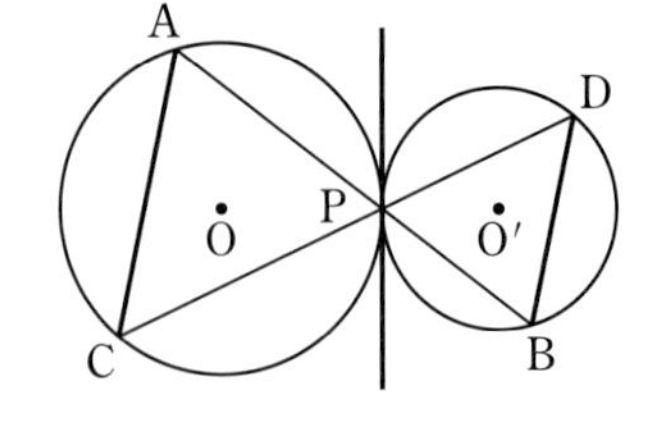


**証明** 点 P を通る共通接線を QR とする。
接線と弦のつくる角の定理により

∠CPR＝∠CAP

∠DPQ＝∠DBP

また，対頂角は等しいから

∠CPR＝∠DPQ

よって　∠CAP＝∠DBP

したがって，錯角が等しいから　AC∥DB　終

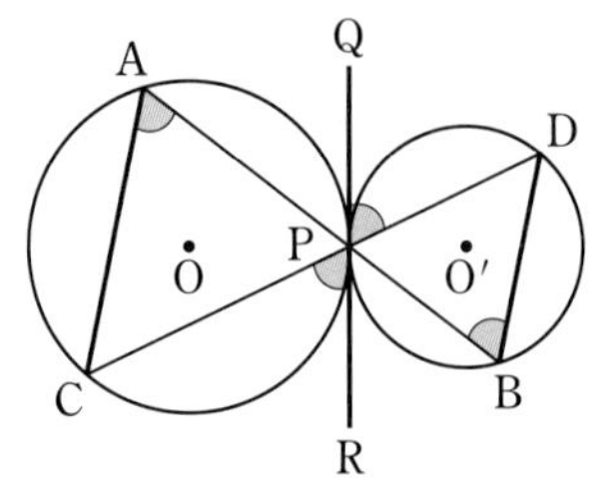

**練習 39** 点 P で内接する 2 つの円 O，O′ がある。P を通る 2 本の直線が円 O，O′ と右の図のようにそれぞれ A，B および C，D で交わるとき，

AC∥BD

であることを証明しなさい。

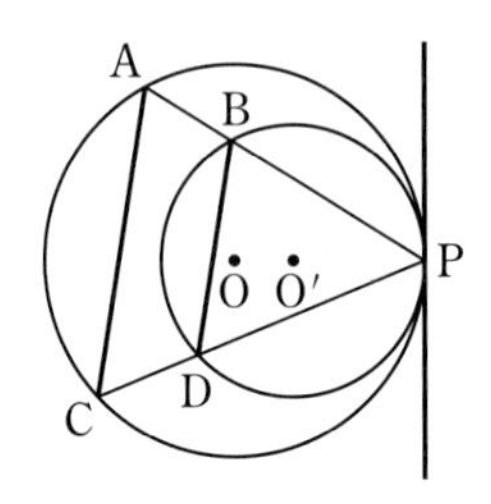

## 交わる 2 つの円

前のページでは，接する 2 つの円に関する問題について考えた。
ここでは，交わる 2 つの円に関する問題について考えよう。

**例題 12** 2 点 A，B で交わる円 O，O′ がある。右の図のように，直線 AB 上の点 P から，この 2 つの円とそれぞれ点 T，T′ で接する 2 本の接線 PT，PT′ を引くとき，

$$PT=PT'$$

であることを証明しなさい。

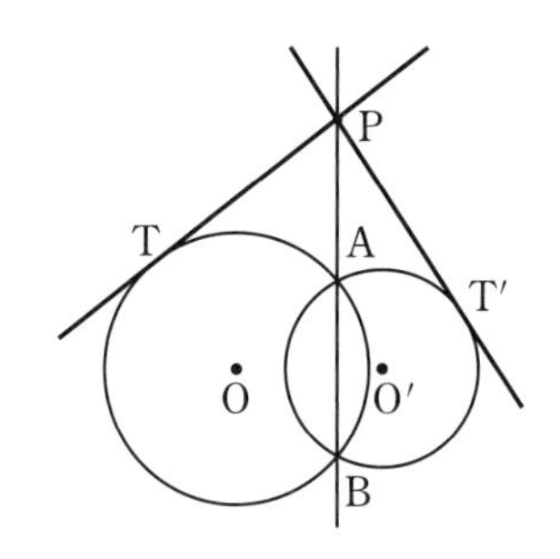


**証明** 円 O において，方べきの定理により

$$PA\times PB=PT^2 \quad \cdots\cdots ①$$

円 O′ において，方べきの定理により

$$PA\times PB=PT'^2 \quad \cdots\cdots ②$$

①，② から　　$PT^2=PT'^2$

$PT>0$，$PT'>0$ であるから

$$PT=PT'$$ 終

**練習 40** 2 点 A，B で交わる 2 つの円 O，O′ がある。右の図のように，2 つの円 O，O′ の共通接線 CD を引き，直線 AB との交点を E とするとき，

$$EC=ED$$

であることを証明しなさい。

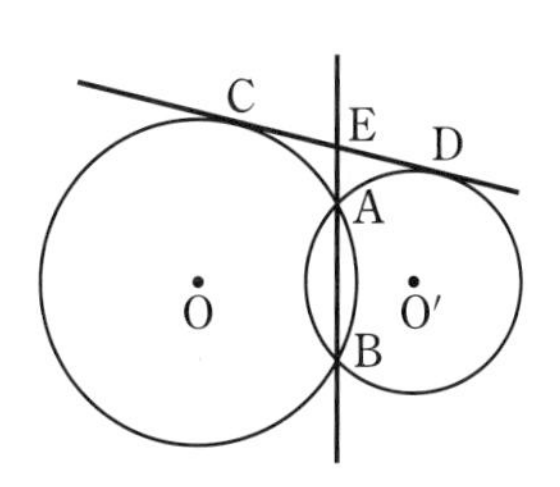

発展

# トレミーの定理

円に内接する四角形において，次の
**トレミーの定理** が成り立つ。

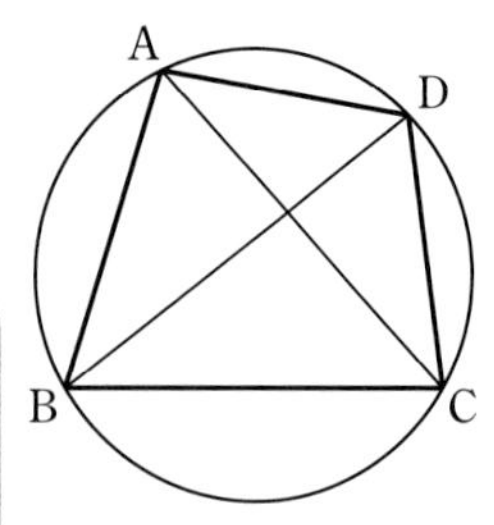


**トレミーの定理**

**定理**　円に内接する四角形 ABCD において，次の等式が成り立つ。

$$\mathbf{AB \times CD + AD \times BC = AC \times BD}$$

「対辺の長さどうしをかけたものの和は対角線の長さの積に等しい」という，きれいな関係である。

**証明**　対角線 BD 上に $\angle BAE = \angle CAD$ となる点Eをとる。

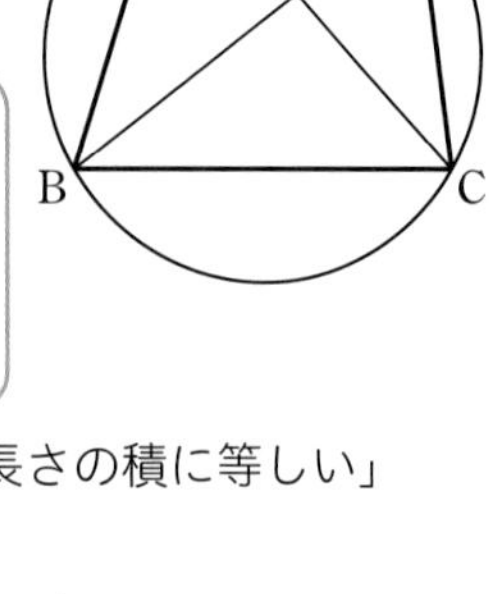


$\triangle ABE$ と $\triangle ACD$ において

円周角の定理により　$\angle ABE = \angle ACD$

また　$\angle BAE = \angle CAD$

2 組の角がそれぞれ等しいから

$\triangle ABE \backsim \triangle ACD$

よって　$AB : AC = BE : CD$

すなわち　$AB \times CD = AC \times BE$　……①

$\triangle ABC$ と $\triangle AED$ において

円周角の定理により　$\angle ACB = \angle ADE$

また，$\angle BAE = \angle CAD$ であるから

$\angle BAE + \angle EAC = \angle CAD + \angle EAC$

すなわち　$\angle BAC = \angle EAD$

2 組の角がそれぞれ等しいから　$\triangle ABC \backsim \triangle AED$

よって　$AC : AD = BC : ED$

すなわち　$AD \times BC = AC \times ED$　……②

①，② の両辺をそれぞれ加えると

$$AB \times CD + AD \times BC = AC \times (BE + ED)$$

したがって　$AB \times CD + AD \times BC = AC \times BD$　終

## 確認問題

**1** 次の図において，$\angle x$，$\angle y$ の大きさを求めなさい。

(1)

(2)

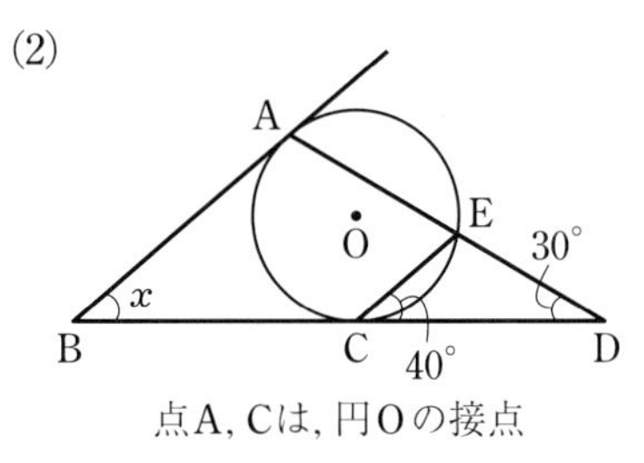

点A, Cは, 円Oの接点

**2** 右の図において，$\angle x$ の大きさを求めなさい。

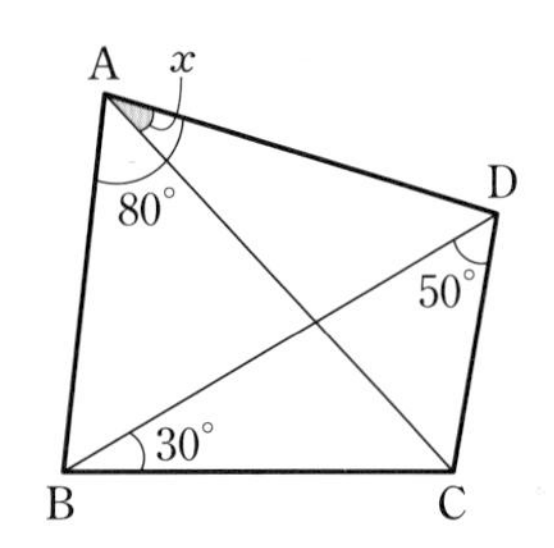


**3** 次の図において，$x$，$y$ の値を求めなさい。

(1)

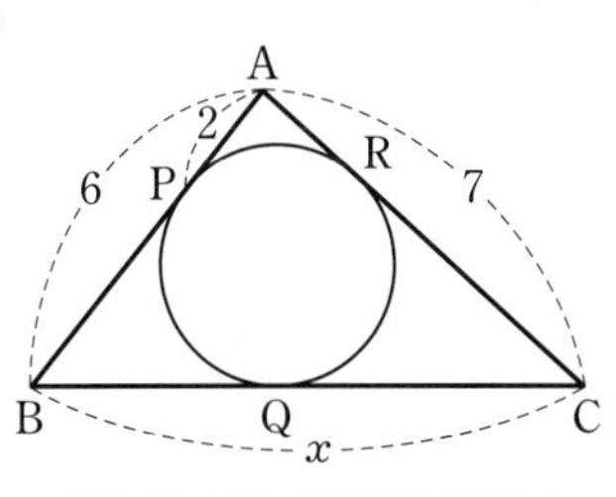

点P, Q, Rは, 内接円の接点

(2)

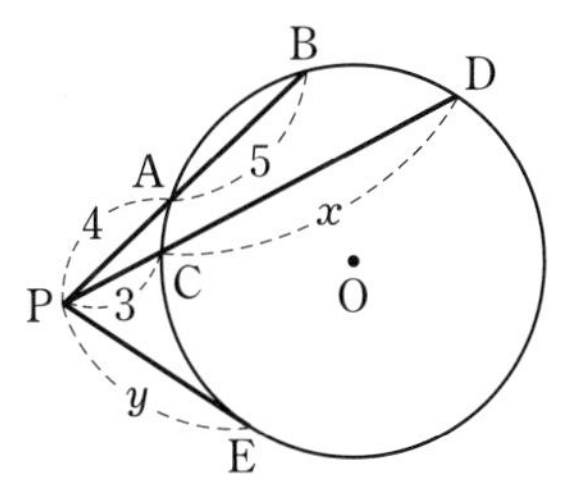

点Eは, 円Oの接点

**4** 右の図において，点Eは線分 AB，CD の交点である。また，2つの円は，点Eで外接している。このとき，$\angle x$ の大きさを求めなさい。

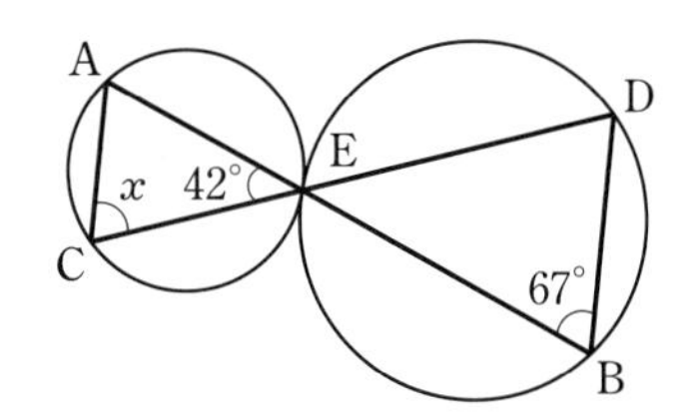


第3章

## 演習問題A

**1** 右の図において，AB // CD のとき，

$$\overset{\frown}{AC}=\overset{\frown}{BD}$$

であることを証明しなさい。

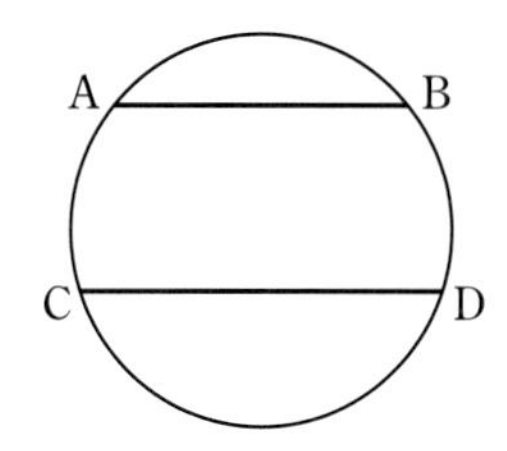


5 **2** 右の図において，六角形 ABCDEF は円に内接している。このとき，3つの内角 ∠A, ∠C，∠E の和を求めなさい。

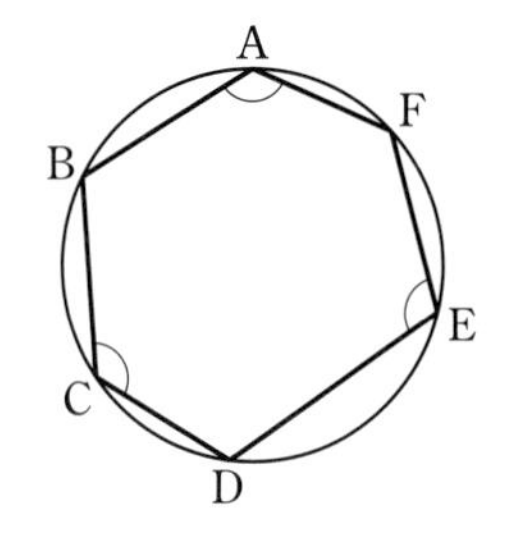


**3** ∠A=90° の直角三角形 ABC の内接円の半径を $r$ とするとき，AB+AC−BC を $r$ を用いて表しなさい。

10 **4** 右の図のように，△ABC とその外接円があり，A を通るこの円の接線と，辺 CB を延長した直線の交点を P とする。∠APB の二等分線が辺 AB，AC と交わる点をそれぞれ Q，R とするとき，

15 AQ=AR であることを証明しなさい。

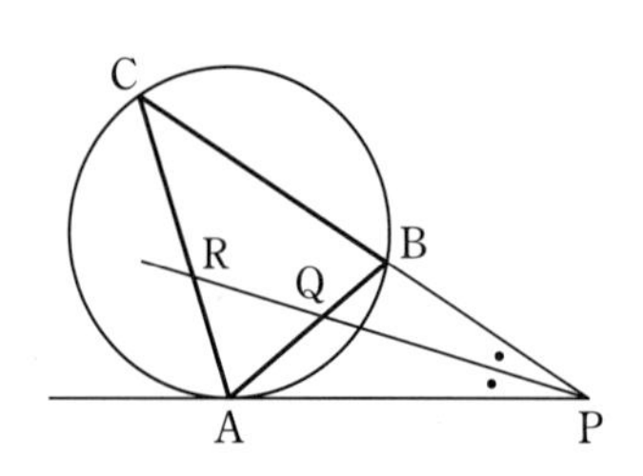

## 演習問題B

**5** 右の図において，点A，B，C，……，Jは円周を10等分する点である。弦AD，BGの交点をKとするとき，$\angle$AKGの大きさを求めなさい。

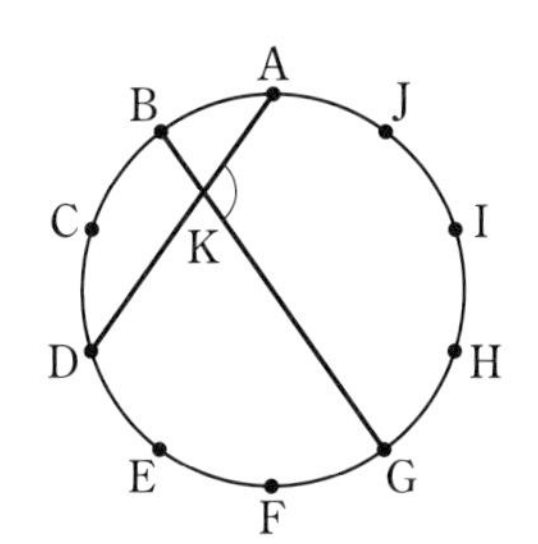


**6** 右の図において，円O′は，線分ACを直径とする円Oの中心を通る。また，2つの円O，O′は2点A，Bで交わる。
このとき，$\angle x$の大きさを求めなさい。

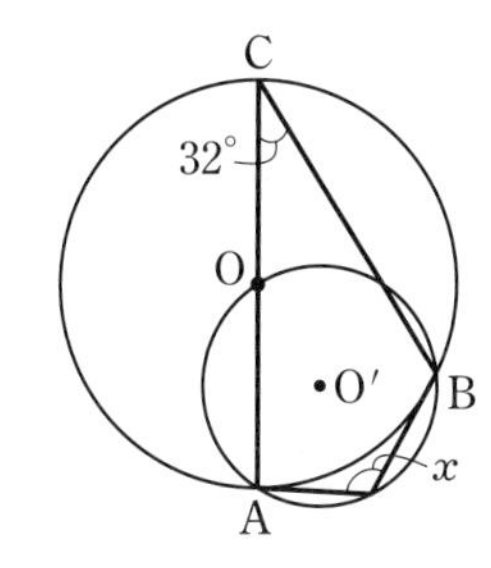


**7** 右の図において，線分AB，CBはそれぞれ円O，O′の直径であり，直線ATは点Tで円O′に接している。
このとき，$\angle x$の大きさを求めなさい。

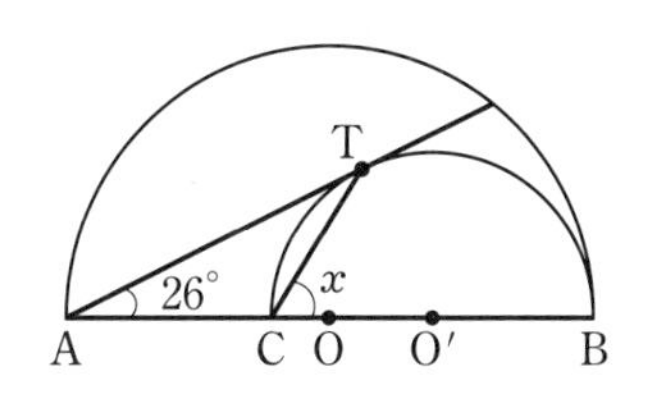


**8** △ABCの内心をI，$\angle$A，$\angle$B，$\angle$Cの内部にある傍心を，それぞれ$I_1$，$I_2$，$I_3$とする。Iは△$I_1I_2I_3$の垂心であることを証明しなさい。

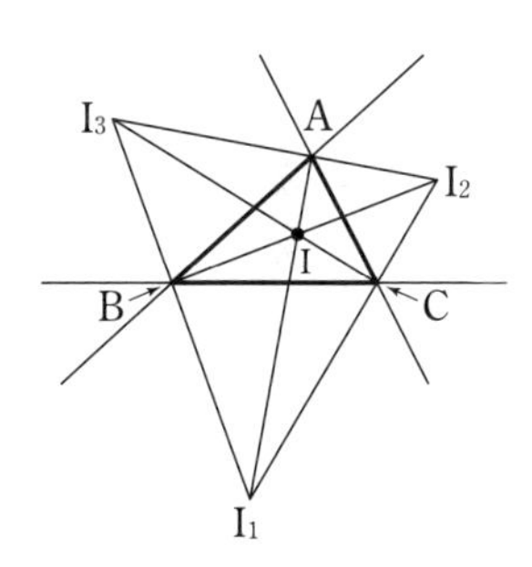

コラム

# 三角形に関する有名な定理

三角形の外心，重心，垂心に関する有名な定理があります。

正三角形でない三角形の外心をO，重心をG，垂心をHとおくとき，3点O，G，Hは1つの直線上にあり，

$$\mathrm{OG}:\mathrm{GH}=1:2$$

が成り立つ。

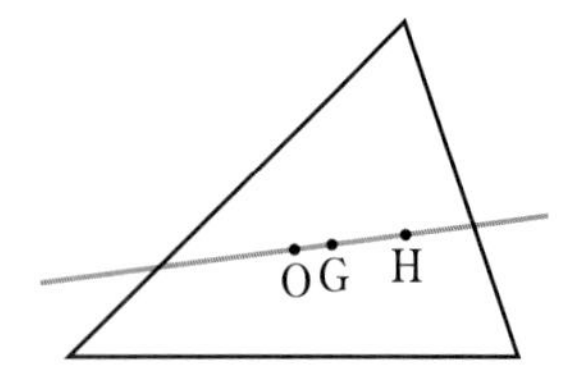


この直線を **オイラー線** といいます。

この定理はこれまでに学んだ内容で証明できます。

**証明** △ABCについて，辺BCの中点をMとおき，OHとAMの交点をG′とおく。また，△ABCの外接円の周上に点Dを，線分CDが外接円の直径となるようにとる。

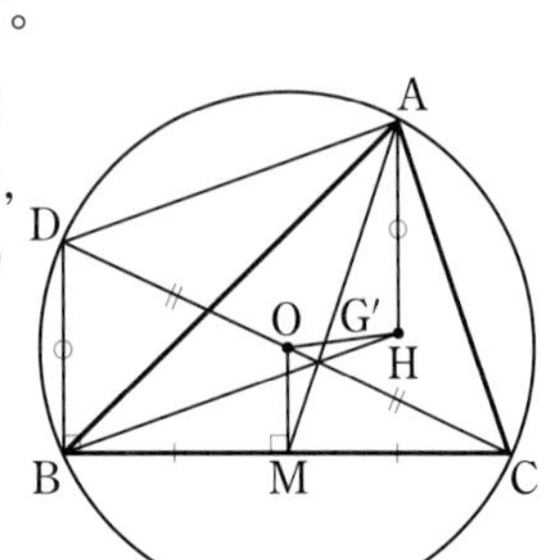


線分CDは外接円の直径であるから

$$\mathrm{DB}\perp\mathrm{BC},\ \mathrm{DA}\perp\mathrm{AC}$$

点Hは△ABCの垂心であるから

$$\mathrm{AH}\perp\mathrm{BC},\ \mathrm{BH}\perp\mathrm{AC}$$

$\mathrm{DB}\perp\mathrm{BC}$，$\mathrm{AH}\perp\mathrm{BC}$ により　$\mathrm{DB}/\!/\mathrm{AH}$

$\mathrm{DA}\perp\mathrm{AC}$，$\mathrm{BH}\perp\mathrm{AC}$ により　$\mathrm{DA}/\!/\mathrm{BH}$

よって，四角形ADBHは平行四辺形であるから　$\mathrm{AH}=\mathrm{DB}$　……①

点Oは線分CDの中点であるから，中点連結定理により

$$\mathrm{DB}=2\mathrm{OM}\quad\cdots\cdots②$$

①，②から　$\mathrm{AH}=2\mathrm{OM}$

$\mathrm{AH}\perp\mathrm{BC}$，$\mathrm{OM}\perp\mathrm{BC}$ より，$\mathrm{AH}/\!/\mathrm{OM}$ であるから

$$\mathrm{AG'}:\mathrm{G'M}=\mathrm{AH}:\mathrm{OM}=2\mathrm{OM}:\mathrm{OM}=2:1$$

AMは中線であるから，G′は△ABCの重心Gと一致する。

よって，外心O，重心G，垂心Hは1つの直線上にあり

$$\mathrm{OG}:\mathrm{GH}=\mathrm{OM}:\mathrm{AH}=1:2$$　終

三角形の点に関する次の定理も有名です。

三角形の各辺の中点 3 個，
各頂点から向かい合う辺に下ろした
垂線の足 3 個，
垂心と各頂点を結ぶ線分の中点 3 個，
合計 9 個の点は 1 つの円周上にある。

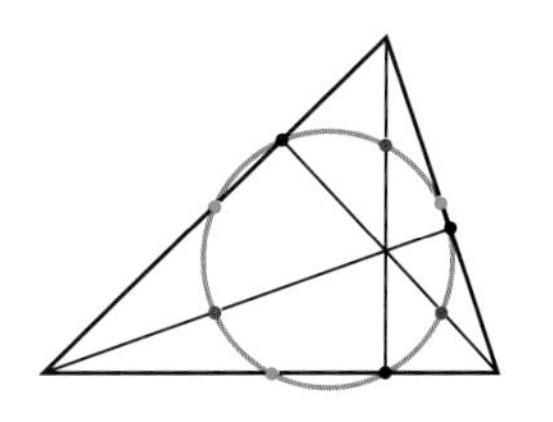

この円を **9 点円**（オイラー円，フォイエルバッハ円）といいます。

この定理もこれまでに学んだことから証明できます。

9 点円について，次のような性質が成り立つことが知られています。

① 9 点円の中心は，もとの三角形の外心と垂心を結ぶ線分の中点であり，9 点円の半径は外接円の半径の半分である。
② 9 点円の中心はオイラー線上にある。
③ 9 点円はもとの三角形の内接円と内接し，傍接円と外接する。（フォイエルバッハの定理）

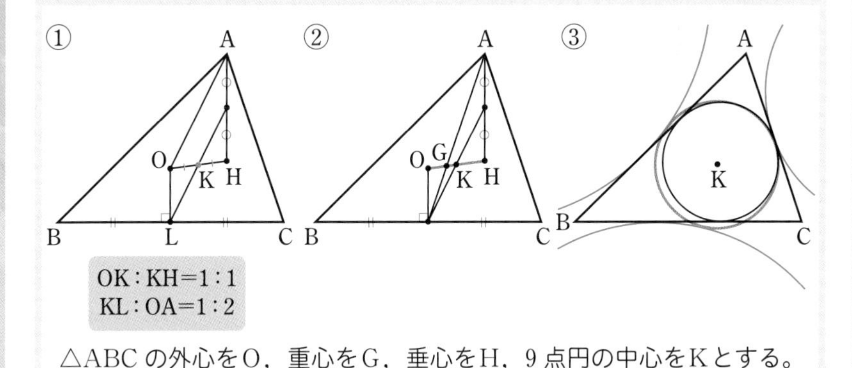


△ABC の外心をO，重心をG，垂心をH，9 点円の中心をKとする。

オイラー線，9 点円を作図して，その性質を確かめてみましょう。

# 第4章 三平方の定理

三角形を内角の大きさで分類すると，鋭角(えいかく)三角形，直角三角形，鈍角(どんかく)三角形の 3 種類があります。

**3 辺の長さが次のような三角形を作図してみましょう。**

3 辺の長さが 3 cm，4 cm，4 cm

3 辺の長さが 3 cm，4 cm，5cm

3 辺の長さが 3 cm，5 cm，7 cm

それぞれ，鋭角三角形，直角三角形，鈍角三角形のいずれになるでしょうか。

# Pythagoras

⬆ピタゴラス（572 頃–494 頃 B.C.）
古代ギリシャの数学者，哲学者

第4章

この章で学ぶ「三平方の定理」は，古代ギリシャの数学者ピタゴラスが発見したといわれています。
ピタゴラスが寺院を訪れたときに，直角二等辺三角形のタイルがしきつめられた床を見てこの定理を発見したという逸話（いつわ）が残っています。

# 1. 三平方の定理

## 三平方の定理

右の図 [1] は，直角三角形 ABC の 3 辺をそれぞれ 1 辺とする正方形を，△ABC の外部にかいたものである。

3 つの正方形の面積を図のように $P$，$Q$，$R$ とすると

$$P+Q=R \quad \cdots\cdots \text{①}$$

という関係が成り立っていることがわかる。

**練習 1** 右の図 [2] について，3 つの正方形の面積 $S$，$T$，$U$ の間に，① と同じような関係が成り立っていることを確かめなさい。

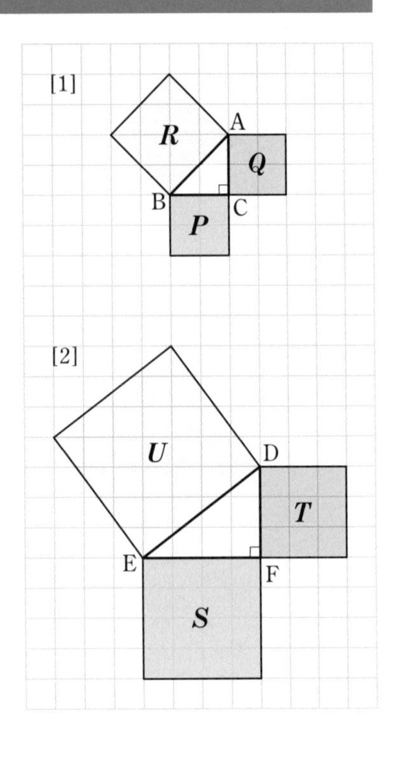


上で調べた関係は，**三平方の定理**（さんへいほう）といわれ，どのような直角三角形についても成り立つ。

**三平方の定理**

**定理**　直角三角形の直角をはさむ 2 辺の長さを $a$，$b$，斜辺の長さを $c$ とすると，次の等式が成り立つ。

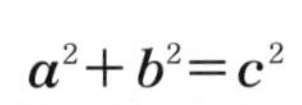

$$\boldsymbol{a^2+b^2=c^2}$$

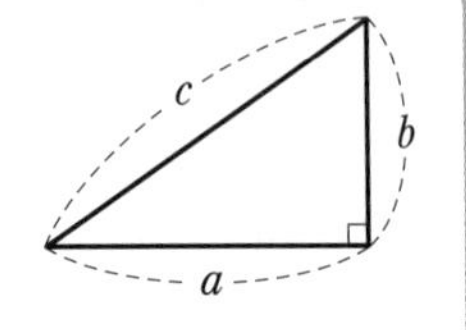

三平方の定理は，次のようにして証明できる。

**証明** 右の図のように，$\angle C=90^\circ$，$BC=a$，$AC=b$，$AB=c$ である直角三角形 ABC に対して，これと合同な直角三角形を，AB を 1 辺とする正方形 AGHB の周りにかき加える。

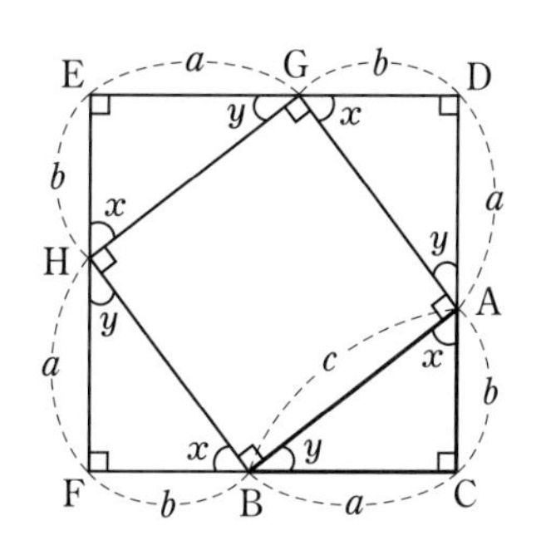


このとき，右の図において，

$$\angle x+\angle y=90^\circ$$

であるから　$\angle CAD=\angle DGE=\angle EHF=\angle FBC=180^\circ$

よって，四角形 CDEF は，1 辺の長さが $a+b$ の正方形である。

正方形 AGHB の面積は，正方形 CDEF の面積から 4 つの直角三角形の面積をひいたものであるから，次の式が成り立つ。

$$c^2=(a+b)^2-\frac{1}{2}ab\times 4$$

よって　$c^2=a^2+b^2$

したがって　$a^2+b^2=c^2$　終

**練習 2** 右の図のように，4 個の合同な直角三角形を並べる。この図を用いて，三平方の定理を証明しなさい。

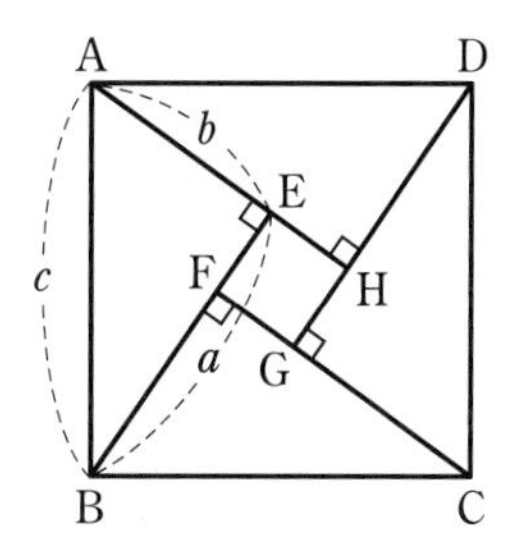


三平方の定理は，これを研究した紀元前 6 世紀頃のギリシャの数学者ピタゴラスにちなんで，**ピタゴラスの定理** ともよばれる。

コラム

# 三平方の定理の証明

三平方の定理には，いろいろな証明があることが知られています。

ここでは，相似な三角形の性質から，三平方の定理を導く方法を紹介します。

右の図のような直角三角形 ABC において，点Cから辺 AB に下ろした垂線の足をDとします。
直角三角形 ABC，CBD，ACD は，2組の角がそれぞれ等しいから，互いに相似です。

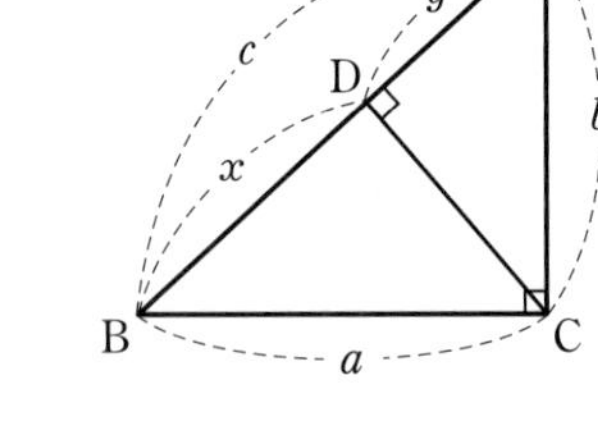


$\triangle ABC \backsim \triangle CBD$ より　$c : a = a : x$
よって　$a^2 = cx$　……①
$\triangle ABC \backsim \triangle ACD$ より　$c : b = b : y$
よって　$b^2 = cy$　……②
①，②の左辺どうし右辺どうしをたすと　$a^2 + b^2 = c(x+y)$
ここで，$x+y=c$ であることから，$c(x+y)=c^2$ となり，
$a^2+b^2=c^2$ が成り立ちます。

三平方の定理の証明は，100 種類以上あるといわれています。
ほかにどんな方法があるか調べてみましょう。

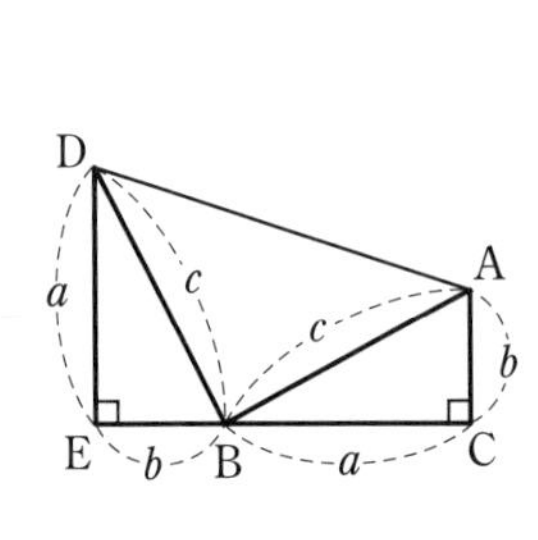


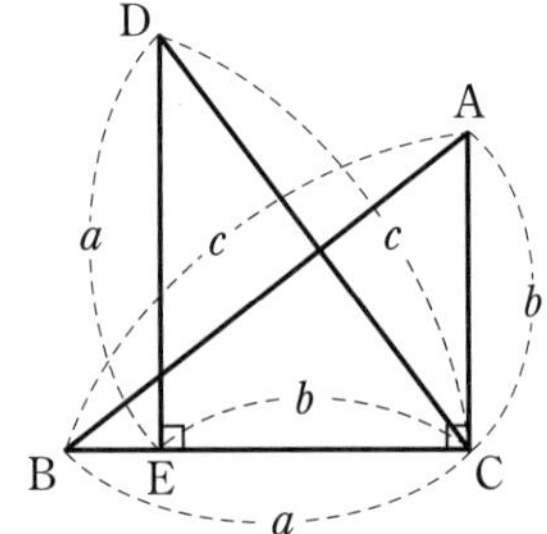


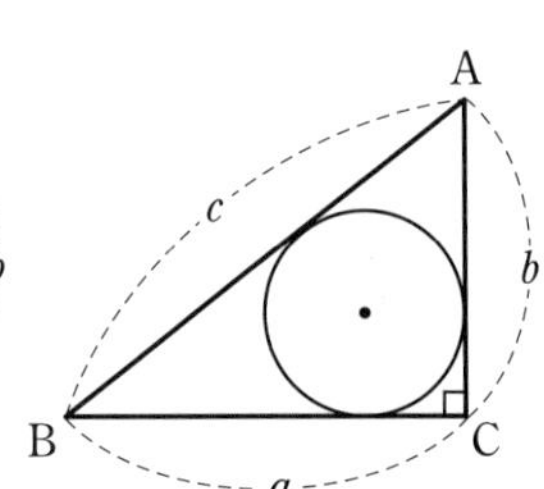

## 三平方の定理と線分の長さ

三平方の定理を用いて，直角三角形の辺の長さを求めよう。

**例題 1** 斜辺の長さが 3 cm，他の 1 辺の長さが 2 cm の直角三角形において，残りの辺の長さを求めなさい。

**解答** 残りの辺の長さを $x$ cm とする。

三平方の定理により

$$x^2+2^2=3^2$$

$$x^2=5$$

$x>0$ であるから

$$x=\sqrt{5}$$

答 $\sqrt{5}$ cm

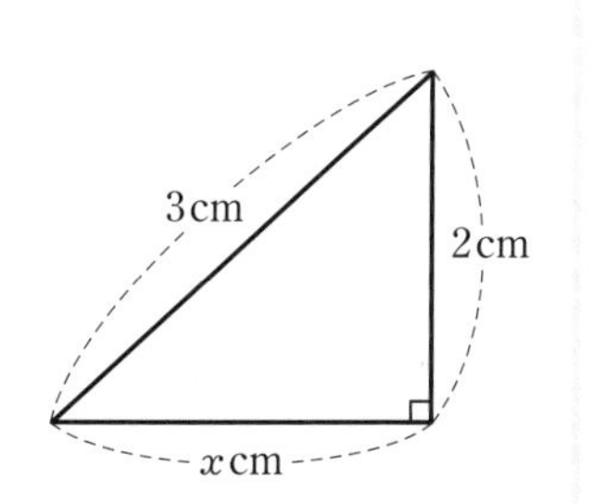


**練習 3** 次の図において，$x$ の値を求めなさい。

(1)

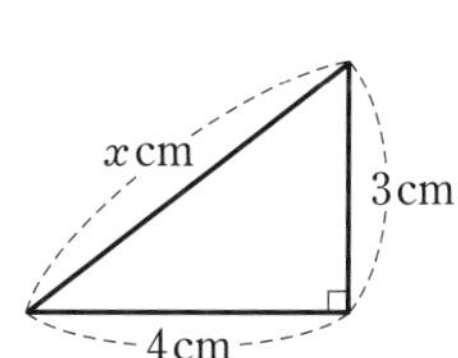


(2)

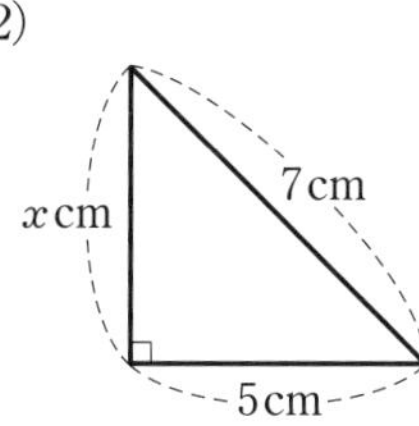


(3)

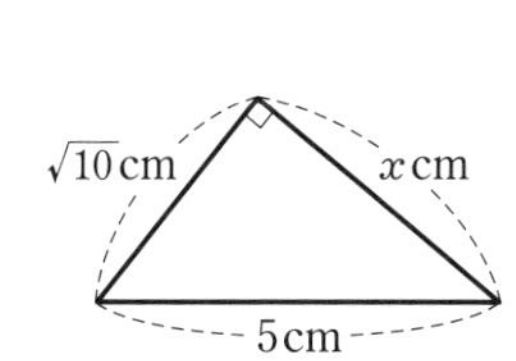


(4)

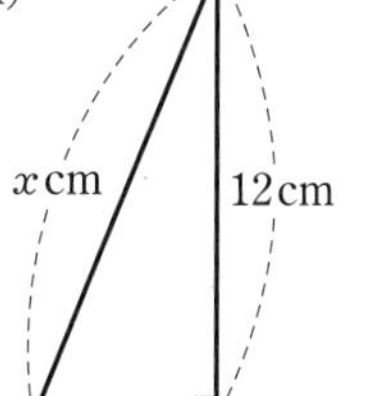


(5)

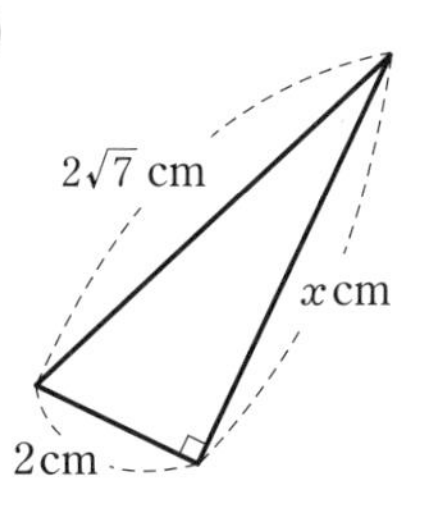


(6)

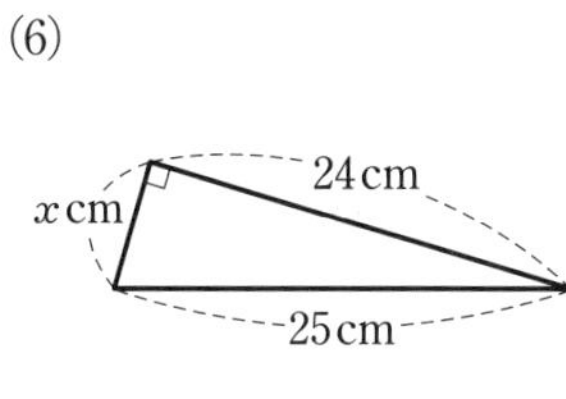

**例題 2** 右の図において，$x$ の値を求めなさい。

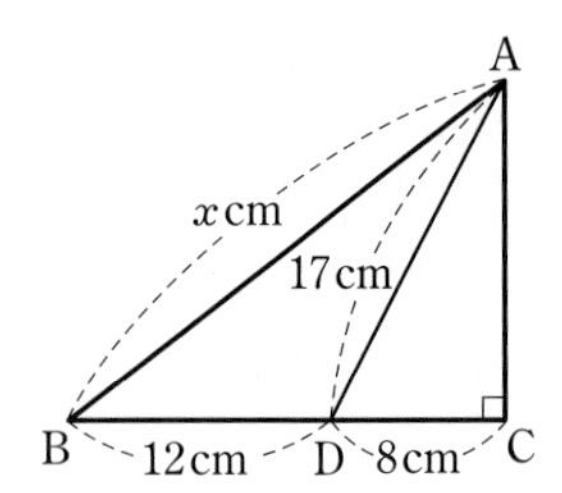


考え方　図に含まれる 2 つの直角三角形に，三平方の定理を適用する。
まず，辺 AC の長さを求める。

**解答**　AC$=a$ cm とおく。

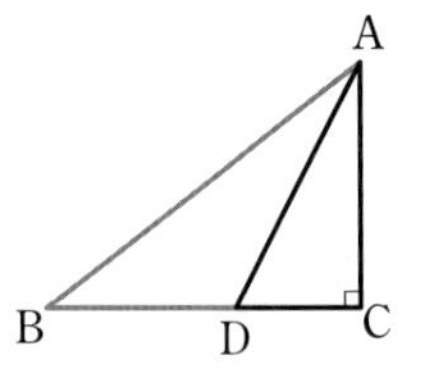


直角三角形 ADC において，三平方の定理により　$8^2+a^2=17^2$

$$a^2=225$$

$a>0$ であるから　$a=15$

直角三角形 ABC において，三平方の定理により　$(12+8)^2+15^2=x^2$

$$x^2=625$$

$x>0$ であるから　$x=25$　答

**練習 4** 次の図において，$x$ の値を求めなさい。

(1)

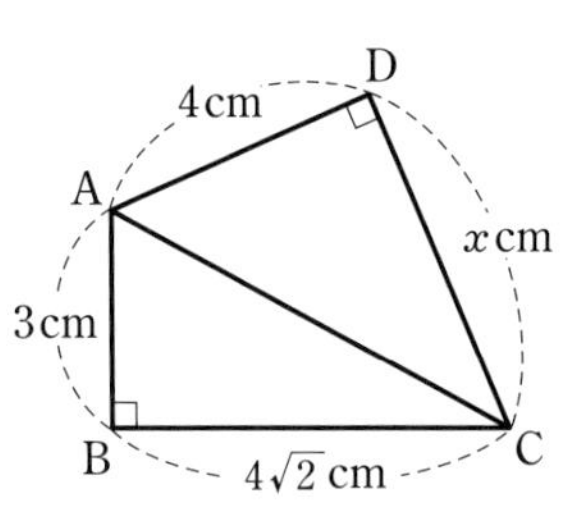


(2)

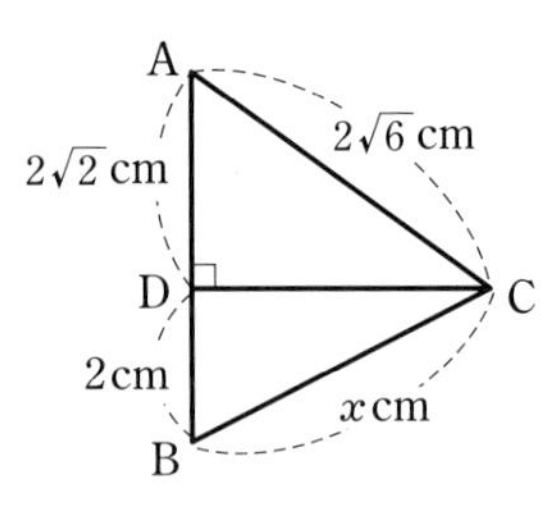


(3)

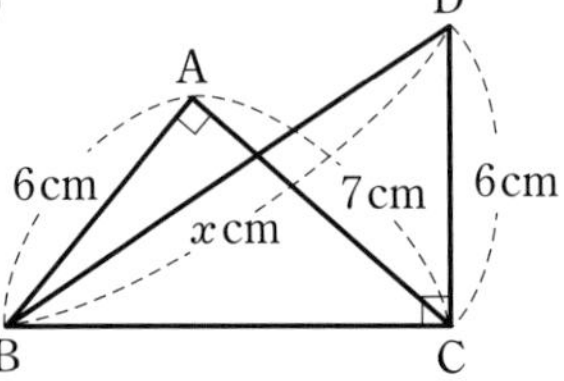


(4)

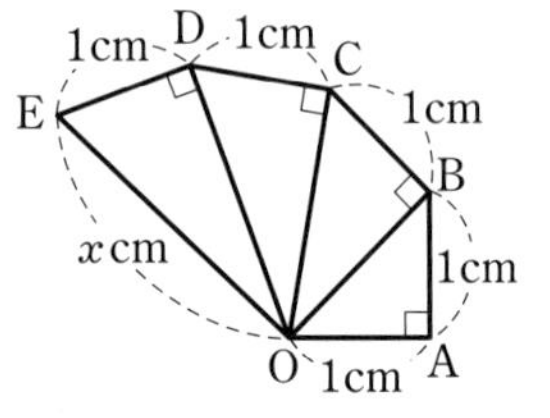

AB=7 cm，BC=9 cm，CA=8 cm である △ABC において，点Aから辺 BC に引いた垂線の足をHとする。

(1) 線分 AH の長さを求めなさい。

(2) △ABC の面積を求めなさい。

**解答** (1) BH=$x$ cm とする。

直角三角形 ABH において，三平方の定理により

$$x^2+\mathrm{AH}^2=7^2$$

よって　$\mathrm{AH}^2=7^2-x^2$ …… ①

直角三角形 ACH において，三平方の定理により

$$(9-x)^2+\mathrm{AH}^2=8^2$$

よって　$\mathrm{AH}^2=8^2-(9-x)^2$ …… ②

①，② から　$7^2-x^2=8^2-(9-x)^2$

これを解くと　$x=\dfrac{11}{3}$

よって，① から　$\mathrm{AH}^2=7^2-\left(\dfrac{11}{3}\right)^2=\dfrac{320}{9}$

AH>0 であるから　$\mathrm{AH}=\dfrac{8\sqrt{5}}{3}$ cm　答

(2) $\triangle\mathrm{ABC}=\dfrac{1}{2}\times9\times\dfrac{8\sqrt{5}}{3}=12\sqrt{5}$ $(\mathrm{cm}^2)$　答

**練習 5** 右の図の △ABC において，点Aから辺 BC に引いた垂線の足を H，点Hから辺 AC に引いた垂線の足を I とする。
次の線分の長さを求めなさい。

(1) 線分 AH　　(2) 線分 HI

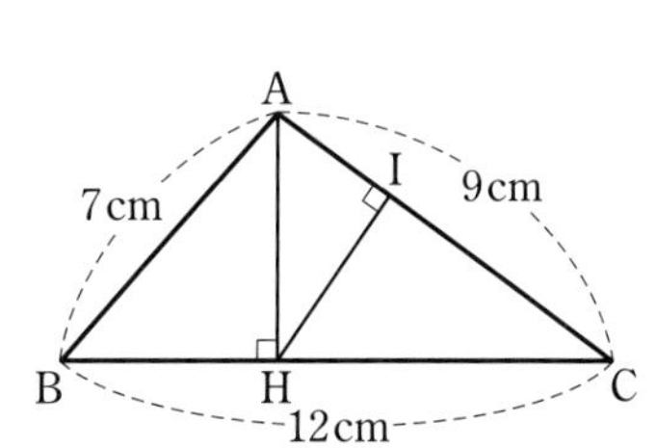

## 三平方の定理の逆

三平方の定理は，その逆も成り立つ。

### 三平方の定理の逆

**定理**　3辺の長さが $a$，$b$，$c$ である三角形で

$$a^2+b^2=c^2$$

が成り立つならば，その三角形は長さ $c$ の辺を斜辺とする直角三角形である。

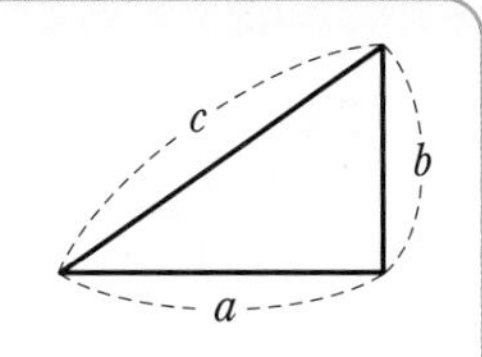


**証明**　3辺の長さが $a$，$b$，$c$ である図[1]のような △ABC において，$a^2+b^2=c^2$ が成り立っているとする。

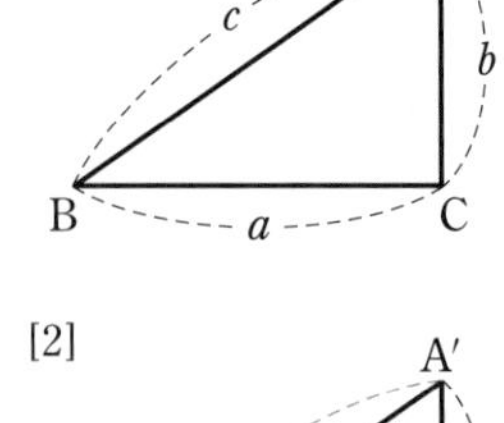


直角をはさむ2辺の長さが $a$，$b$ である図[2]のような直角三角形 A′B′C′ について，斜辺の長さを $x$ とすると，三平方

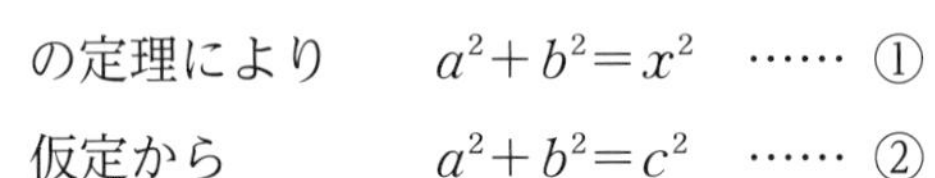

の定理により　　$a^2+b^2=x^2$　…… ①

仮定から　　$a^2+b^2=c^2$　…… ②

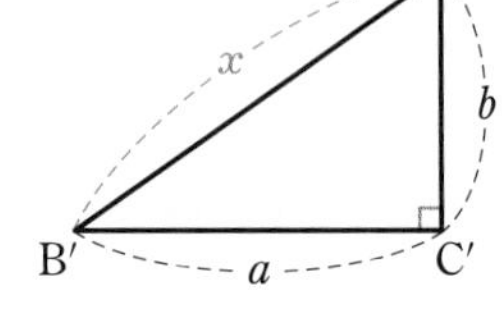


①，② から　　$x^2=c^2$

$x>0$，$c>0$ であるから　　$x=c$

3組の辺がそれぞれ等しいから　　△ABC≡△A′B′C′

よって　　$\angle C=\angle C'=90°$

したがって，△ABC は直角三角形である。　終

**練習 6**　3辺の長さが次のような三角形がある。この中から，直角三角形をすべて選びなさい。

① 5 cm，7 cm，9 cm　　② 21 cm，29 cm，20 cm

③ 3 cm，6 cm，$3\sqrt{3}$ cm　　④ $2\sqrt{5}$ cm，$\sqrt{11}$ cm，$\sqrt{10}$ cm

# 2. 三平方の定理と平面図形

## 三角形の面積

正三角形や二等辺三角形では，辺の長さがわかると，簡単に面積を求めることができる。

1 辺の長さが 2 cm の正三角形 ABC の面積を求める。
右の図のように，点Aから辺 BC に引いた垂線の足をHとすると，H は辺 BC の中点で

$$BH=1\ \text{cm}$$

となる。

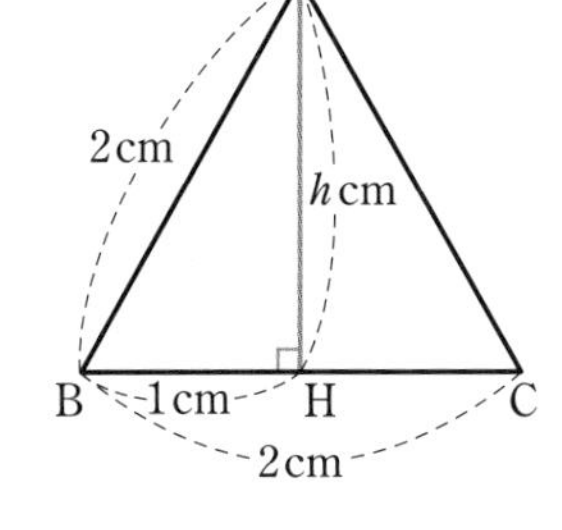


AH$=h$ cm とすると，直角三角形 ABH において，三平方の定理により

$$1^2+h^2=2^2$$

$$h^2=3$$

$h>0$ であるから　$h=\sqrt{3}$

よって，正三角形 ABC の面積は，$\dfrac{1}{2}\times2\times\sqrt{3}=\sqrt{3}$ より，$\sqrt{3}$ cm$^2$ である。

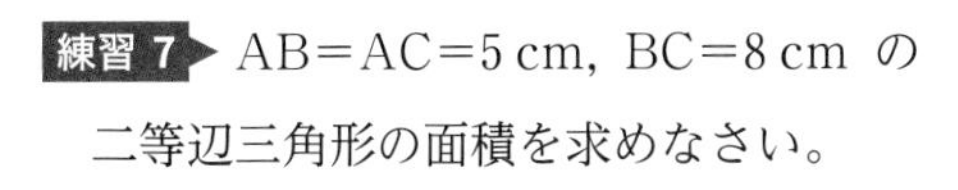

**練習 7** ▶ AB$=$AC$=5$ cm，BC$=8$ cm の二等辺三角形の面積を求めなさい。

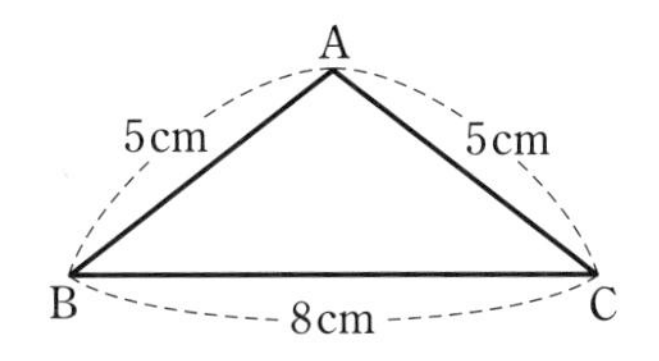


**練習 8** ▶ 1 辺の長さが $a$ cm である正三角形の高さと面積を，$a$ を用いて表しなさい。

第4章

## 対角線の長さ

三平方の定理を用いて，正方形や長方形の対角線の長さを求めよう。

**例 2** 1 辺の長さが 1 cm の正方形の対角線の長さを求める。

対角線の長さを $x$ cm とすると，三平方の定理により　$1^2+1^2=x^2$

$$x^2=2$$

$x>0$ であるから　$x=\sqrt{2}$

よって，対角線の長さは $\sqrt{2}$ cm である。

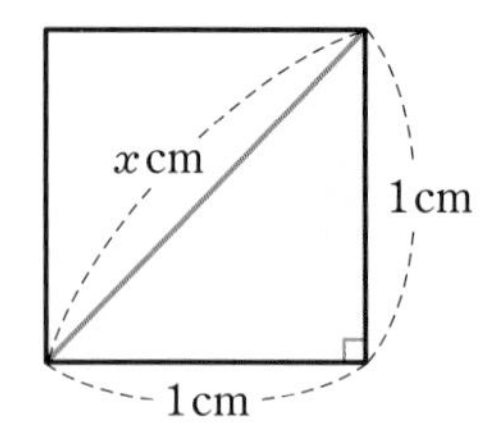


**練習 9** 縦の長さが 4 cm，横の長さが 5 cm である長方形の対角線の長さを求めなさい。

**練習 10** 縦の長さが $a$ cm，横の長さが $b$ cm である長方形の対角線の長さを，$a$，$b$ を用いて表しなさい。

## 特別な直角三角形の辺の比

前のページの例 1 と，上の例 2 から，30°，60°，90° の角をもつ直角三角形と，45°，45°，90° の角をもつ直角二等辺三角形の辺の比は，右の図のようになることがわかる。

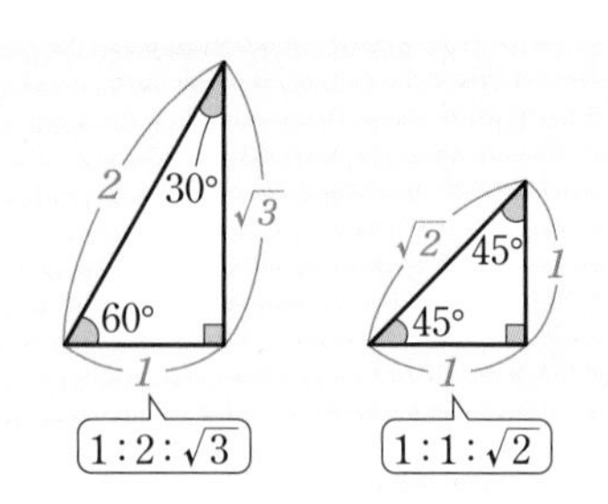


**練習 11** 次の図において，$x$，$y$ の値を求めなさい。

(1)
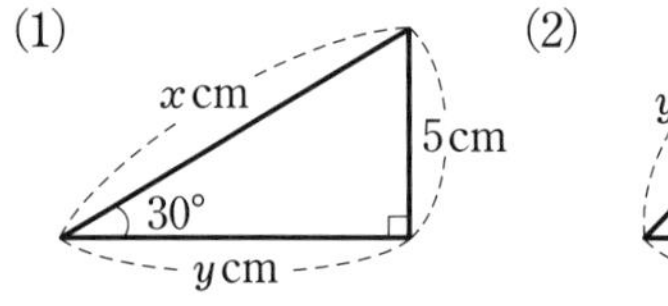


(2)
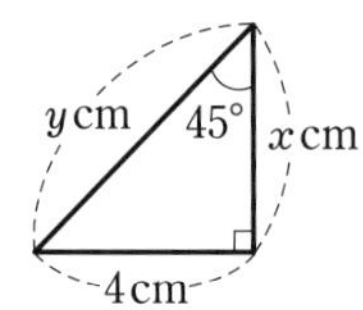


(3)
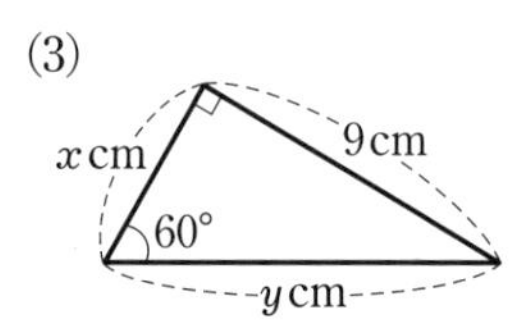

右の図のような △ABC の面積を求めなさい。

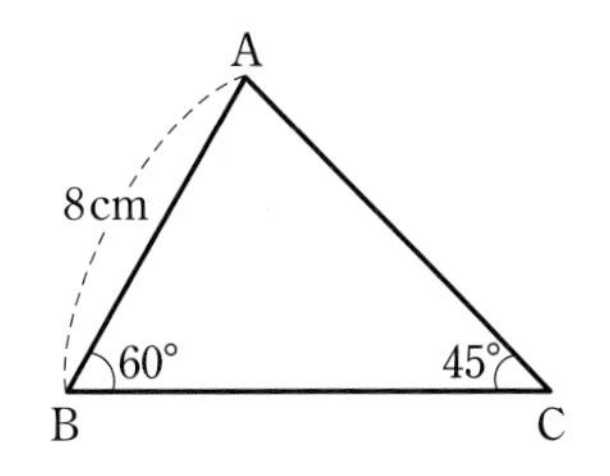


考え方 点Aから辺 BC に垂線を引き，特別な直角三角形の辺の比を利用する。

解答 点Aから辺 BC に引いた垂線の足をHとする。

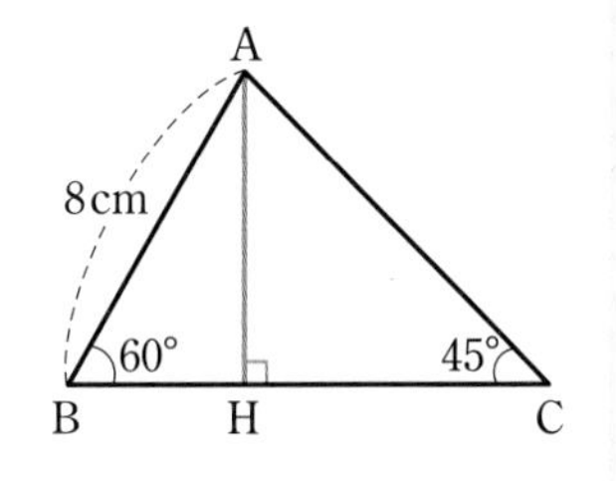


直角三角形 ABH において，

$BH : AB : AH = 1 : 2 : \sqrt{3}$

であるから

$$AH = AB \times \frac{\sqrt{3}}{2} = 8 \times \frac{\sqrt{3}}{2} = 4\sqrt{3}\ (\text{cm})$$

$$BH = AB \times \frac{1}{2} = 8 \times \frac{1}{2} = 4\ (\text{cm})$$

直角三角形 AHC において，$AH : HC = 1 : 1$ であるから

$$HC = AH = 4\sqrt{3}\ \text{cm}$$

よって　$BC = (4 + 4\sqrt{3})\ \text{cm}$

以上から，△ABC の面積は

$$\frac{1}{2} \times BC \times AH = \frac{1}{2} \times (4 + 4\sqrt{3}) \times 4\sqrt{3}$$

$$= 24 + 8\sqrt{3}\ (\text{cm}^2)$$ 答

練習 12 次の図において，△ABC の面積を求めなさい。

(1)

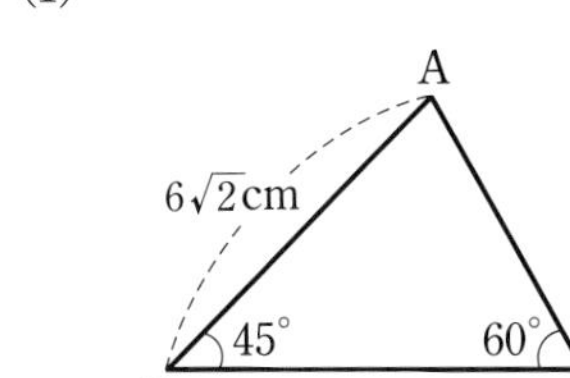


(2)

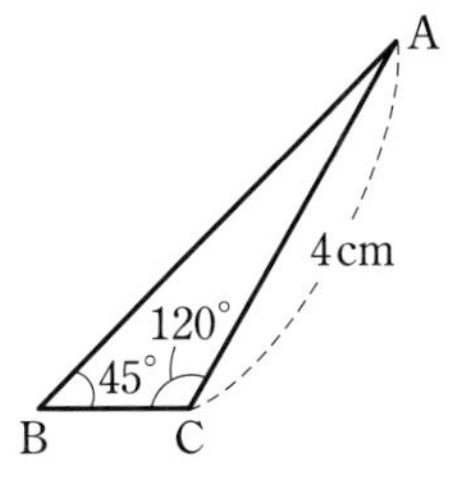


第4章

## 座標平面上の 2 点間の距離

三平方の定理を用いて，座標平面上の 2 点間の距離を求めよう。

**例 3** 座標平面上の 2 点 A(6, 4)，B(1, −2) 間の距離を求める。

右の図のように，AB を斜辺とし，他の 2 辺が $x$ 軸，$y$ 軸に平行であるような直角三角形 ABC をつくると

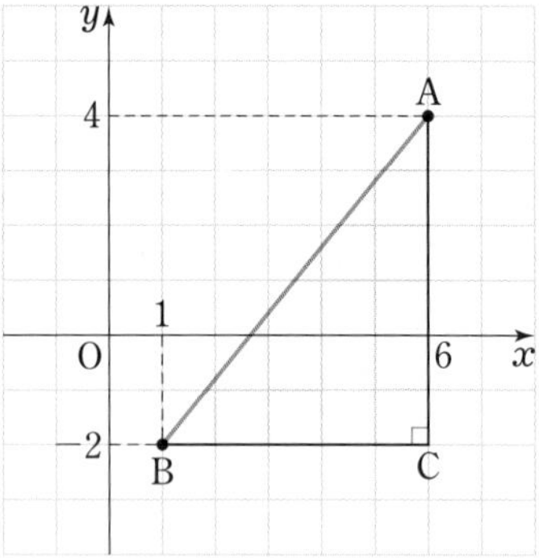

$$BC=6-1=5$$

$$AC=4-(-2)=6$$

三平方の定理により

$$AB^2=5^2+6^2=61$$

AB>0 であるから　　$AB=\sqrt{61}$

よって，2 点 A，B 間の距離は $\sqrt{61}$ である。



**練習 13** 次の 2 点間の距離を求めなさい。

(1) A(0, 3)，B(6, 7)　　(2) A(−5, 8)，B(7, 3)

(3) O(0, 0)，A(2, −5)　　(4) A(1, −3)，B(−4, 2)

**練習 14** 3 点 A(−3, 3)，B(5, 4)，C(−1, 0) について，次の問いに答えなさい。

(1) 線分 AB，BC，CA の長さをそれぞれ求めなさい。

(2) △ABC はどのような形の三角形か答えなさい。

一般に，2 点 $A(x_1, y_1)$，$B(x_2, y_2)$ 間の距離は，

$$\mathbf{AB}=\sqrt{(\boldsymbol{x_2}-\boldsymbol{x_1})^2+(\boldsymbol{y_2}-\boldsymbol{y_1})^2}$$

で表される。

## 三平方の定理と円

円を含む図形には，いろいろなところに直角が現れることが多い。

直角を見つけて三平方の定理を適用し，円の弦や接線の長さを求めることを考えよう。

**例題 5** O を中心とする半径 6 cm の円において，中心からの距離が 4 cm であるような弦 AB の長さを求めなさい。

考え方　円の中心から弦に垂線を引くと，垂線は弦を 2 等分する。

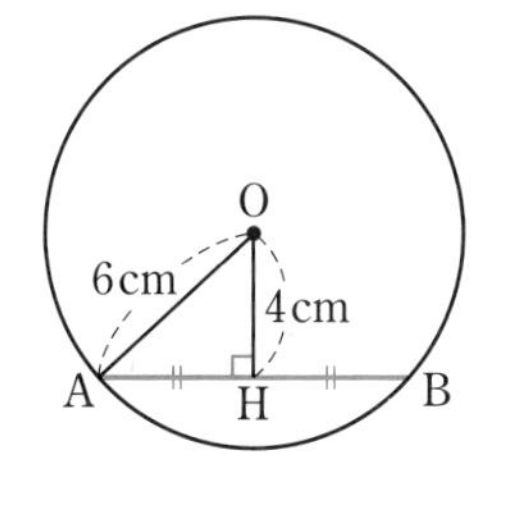


**解答**　中心Oから，弦 AB に垂線 OH を引くと，H は弦 AB の中点であるから

$$AB=2AH$$

直角三角形 OAH において，三平方の定理により

$$AH^2+4^2=6^2$$

$$AH^2=20$$

$AH>0$ であるから　　$AH=2\sqrt{5}$ cm

よって　　$AB=2\times2\sqrt{5}=4\sqrt{5}$ (cm)　答

**練習 15** 次の図において，円Oの半径が 5 cm のとき，$x$ の値を求めなさい。

(1)

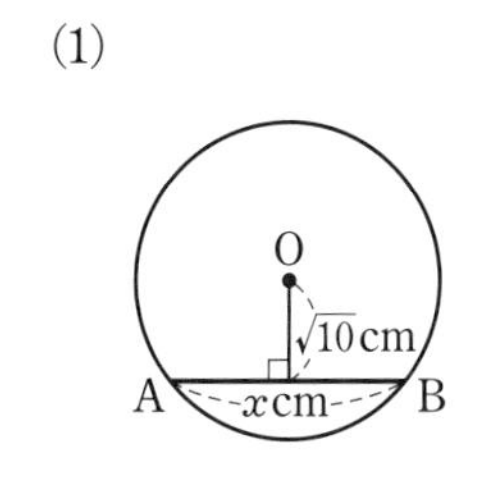


(2)

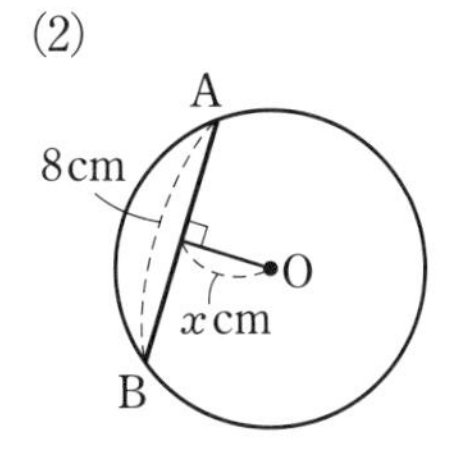


(3)

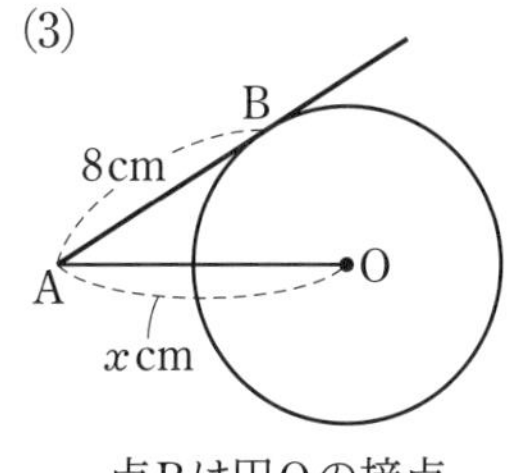


点Bは円Oの接点

第4章

**例題 6** 右の図において，A，B は 2 つの円 O，O′ の共通接線の接点である。

円 O，O′ の半径がそれぞれ 6 cm，3 cm，中心間の距離が 12 cm であるとき，線分 AB の長さを求めなさい。

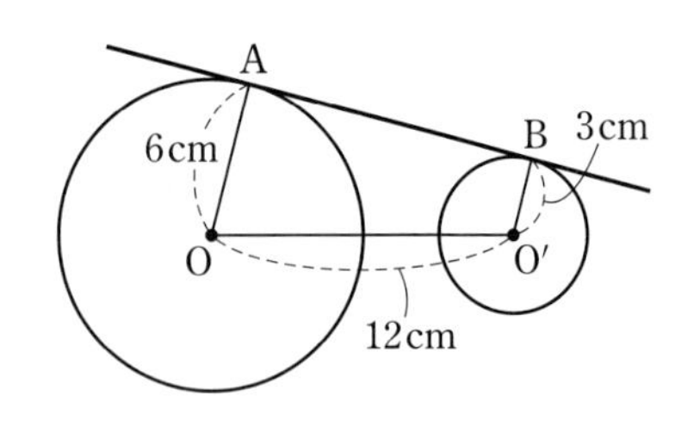


(考え方) 円の接線は，接点を通る半径に垂直であることに注目して，直角三角形をつくる。

**解答** O′ から，線分 OA に垂線 O′H を引くと

$$OH=6-3=3\,(\text{cm})$$

直角三角形 OO′H において，三平方の定理により

$$O'H^2+3^2=12^2$$

$$O'H^2=135$$

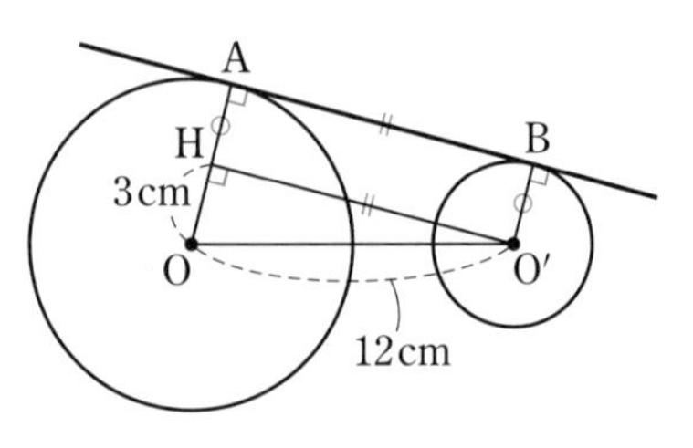


$O'H>0$ であるから　　$O'H=3\sqrt{15}$ cm

$AB=O'H$ であるから　　$AB=3\sqrt{15}$ cm　答

**練習 16** 右の図において，A，B，C，D は，2 つの円 O，O′ の共通接線の接点である。

円 O，O′ の半径がそれぞれ 2 cm，3 cm，中心間の距離が 6 cm であるとき，線分 AB と CD の長さをそれぞれ求めなさい。

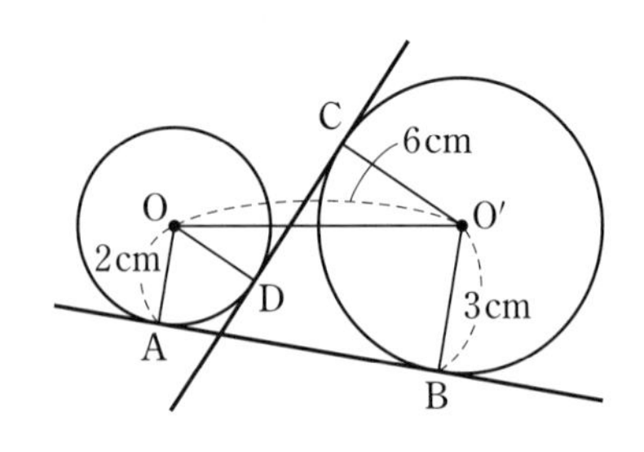

三平方の定理を用いて，三角形の内接円について考えよう。

**例題 7** 右の図において，円Oは$\angle A=90°$の直角三角形ABCに内接している。このとき，内接円Oの半径を求めなさい。

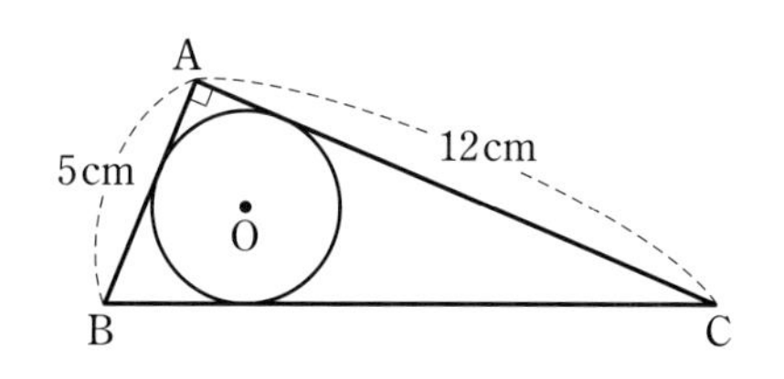


考え方　面積の関係 △OAB＋△OBC＋△OCA＝△ABC を利用する。

**解答**　直角三角形ABCにおいて，三平方の定理により

$$BC^2=5^2+12^2$$
$$=169$$

BC＞0 であるから

$$BC=13\ \text{cm}$$

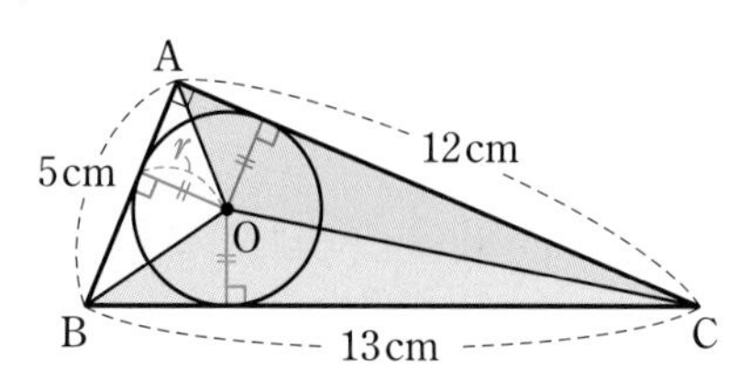


円Oの半径を $r$ cm とすると，

直角三角形 ABC の面積について

$$\frac{1}{2}\times5\times r+\frac{1}{2}\times13\times r+\frac{1}{2}\times12\times r=\frac{1}{2}\times5\times12$$

$$15r=30$$

よって　　$r=2$　　　　答 2 cm

**練習 17** ▶ 右の図において，円Oは△ABCに内接している。次の問いに答えなさい。

(1) 点Aから辺BCに引いた垂線の足をHとするとき，線分AHの長さを求めなさい。

(2) 内接円Oの半径を求めなさい。

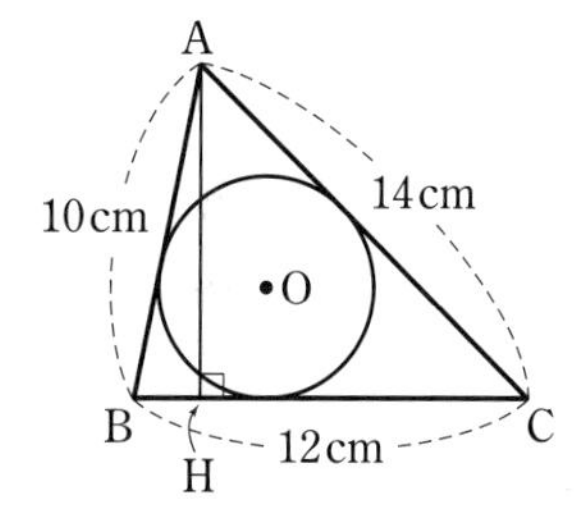


第4章

**例題 8** $\angle B=90^\circ$ の直角三角形 ABC において，周の長さが 40 cm，内接円の半径が 3 cm であるとき，次の問いに答えなさい。

(1) この直角三角形の斜辺の長さを求めなさい。

(2) 他の 2 辺の長さを求めなさい。

**解答** (1) 右の図のように，接点 D，E，F を定め，$AE=a$ cm，$CE=b$ cm とおくと

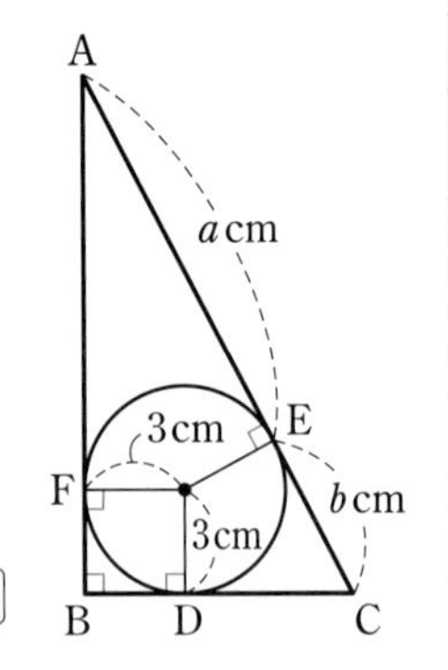


$AB=(a+3)$ cm

$BC=(b+3)$ cm

△ABC の周の長さについて

$(a+3)+(b+3)+(a+b)=40$

$a+b=17$

よって，斜辺の長さは　17 cm　答

(2) (1) の結果から　$b=17-a$

このとき　$AB=a+3$，$BC=b+3=20-a$，$CA=17$

三平方の定理により　$(a+3)^2+(20-a)^2=17^2$

整理して　$a^2-17a+60=0$

$(a-5)(a-12)=0$

よって，$a=5$，$12$ から　$(a,\ b)=(5,\ 12)$，$(12,\ 5)$

したがって，他の 2 辺の長さは　8 cm と 15 cm　答

**練習 18** 右の図において，円 O は直角三角形 ABC の内接円であり，点 P，Q，R は接点である。円 O の半径を $x$ cm とするとき，次の問いに答えなさい。

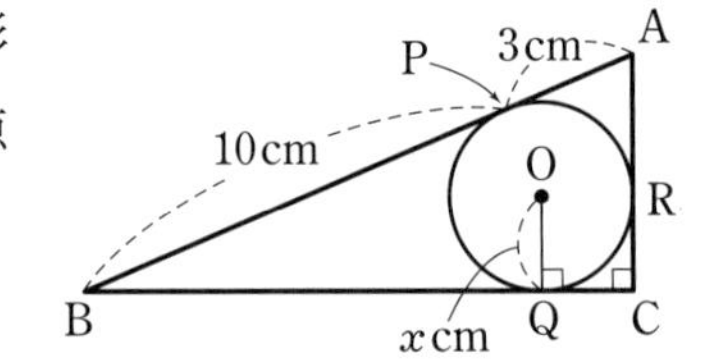


(1) 辺 BC，CA の長さを $x$ で表しなさい。

(2) 内接円 O の半径を求めなさい。

## いろいろな問題への応用

三平方の定理を利用して，いろいろな図形の問題を考えよう。

**例題 9** 右の図のように，

$AB=6$ cm，$AD=9$ cm

の長方形 ABCD を，頂点Dが辺 AB の中点 M に重なるように折る。
折り目を PQ とするとき，AP の長さを求めなさい。

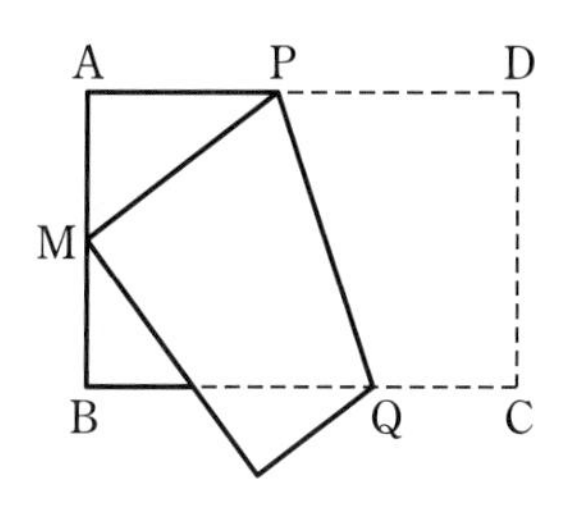


**解答** $AP=x$ cm とおくと，$PD=(9-x)$ cm であるから

$$PM=(9-x)\ \text{cm}$$

$AM=3$ cm であるから，直角三角形 AMP において，三平方の定理により　$x^2+3^2=(9-x)^2$

よって　　　　　　$x=4$

したがって　　　　$AP=4$ cm　答

**練習 19** 右の図は，$AD=10$ cm の長方形 ABCD である。
辺 BC 上に，$CP=2$ cm となる点Pをとり，頂点Aが点Pに重なるように折り曲げるとき，次の問いに答えなさい。

(1) $SQ=x$ cm とするとき，PS の長さを $x$ で表しなさい。

(2) $AB=6$ cm のとき，△PSQ の面積を求めなさい。

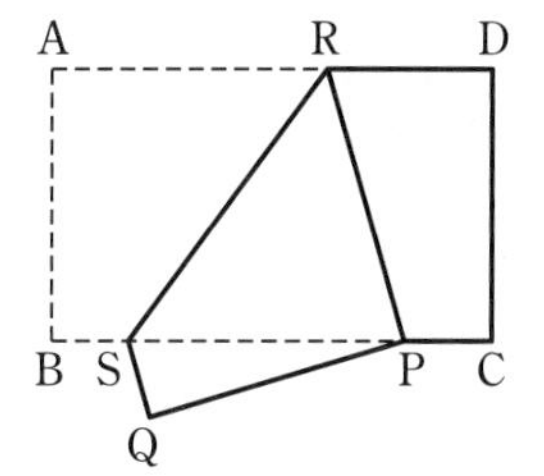


第4章

**例題 10** 右の図の △OCD は，

$$OA=OB=2\text{ cm}$$

の直角二等辺三角形 OAB を，点 O の周りに 45° 回転させたものである。

このとき，四角形 OEFG の面積を求めなさい。

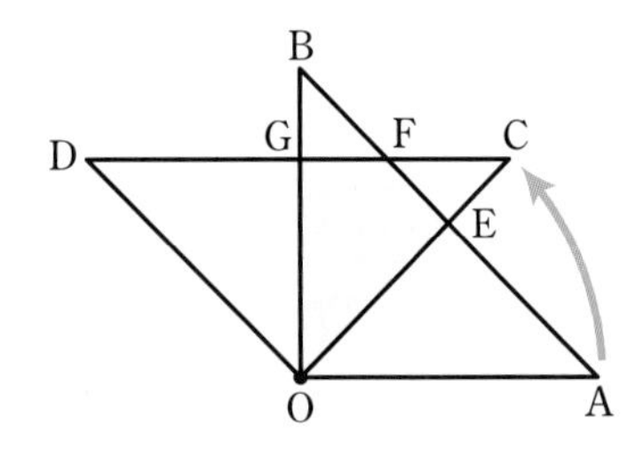


**解答** $\angle EBO=\angle EOB=45^\circ$ より，△OEB は直角二等辺三角形で，OB＝2 cm であるから

$$OE=OB\times\frac{1}{\sqrt{2}}$$

$$=2\times\frac{1}{\sqrt{2}}$$

$$=\sqrt{2}\ (\text{cm})$$

△OCG において，同様に

$$OG=\sqrt{2}\text{ cm}$$

よって　　$BG=(2-\sqrt{2})\text{ cm}$

△BGF も直角二等辺三角形であるから，求める面積は

$$\triangle OEB-\triangle BGF=\frac{1}{2}\times(\sqrt{2})^2-\frac{1}{2}\times(2-\sqrt{2})^2$$

$$=2\sqrt{2}-2\ (\text{cm}^2)$$ 答

**練習 20** 右の図のように，1 組の三角定規を重ねておくとき，重なっている部分の面積を求めなさい。

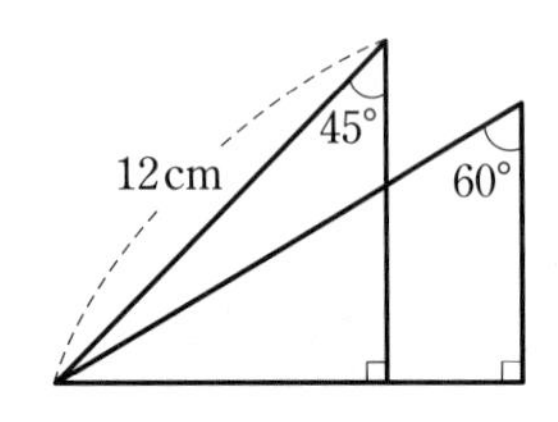

軌跡の長さを求めることを考えよう。

**例題 11** 1辺が4 cmの正方形ABCDがある。直線$\ell$上において，この正方形を右の図のように，点Bが再び直線$\ell$上にくるまですべることなく転がす。このとき，点Bの軌跡の長さを求めなさい。

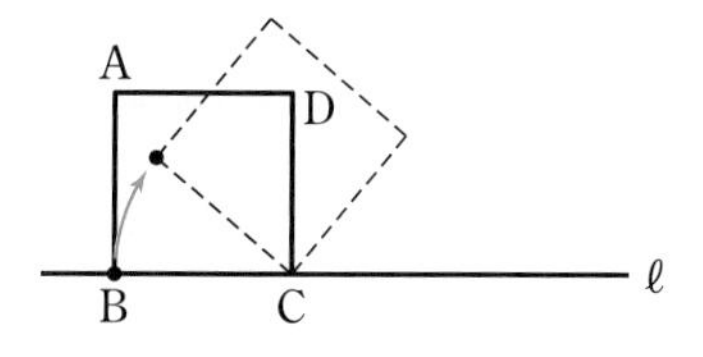


**解答** 点Bの軌跡は，下の図のようになる。

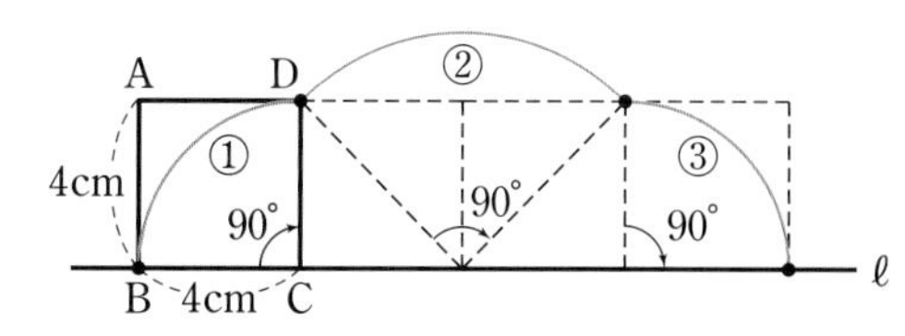


①と③は，半径4 cm，中心角90°の扇形の弧である。

また，②は，半径が1辺4 cmの正方形の対角線の長さ，すなわち$4\sqrt{2}$ cm，中心角90°の扇形の弧であるから，

点Bの軌跡の長さは

$$\left(2\pi\times4\times\frac{90}{360}\right)\times2+2\pi\times4\sqrt{2}\times\frac{90}{360}=(4+2\sqrt{2})\pi$$

答 $(4+2\sqrt{2})\pi$ cm

**練習 21** ∠B=30°，∠C=90°，AC=2 cmの直角三角形ABCがある。直線$\ell$上において，この直角三角形を下の図のように，辺ABが$\ell$上にくるまですべることなく転がす。このとき，次のものを求めなさい。

(1) 点Bの軌跡の長さ

(2) 点Cから斜辺ABに引いた垂線の足をHとするとき，点Hの軌跡の長さ

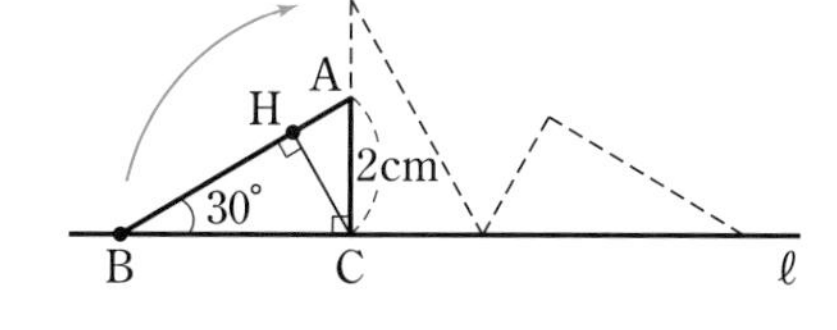

# 3. 三平方の定理と空間図形

## 直方体の対角線

三平方の定理を用いて，空間図形における線分の長さを求めよう。

**例題 12** 右の図のような直方体 ABCD-EFGH において，線分 AG の長さを求めなさい。

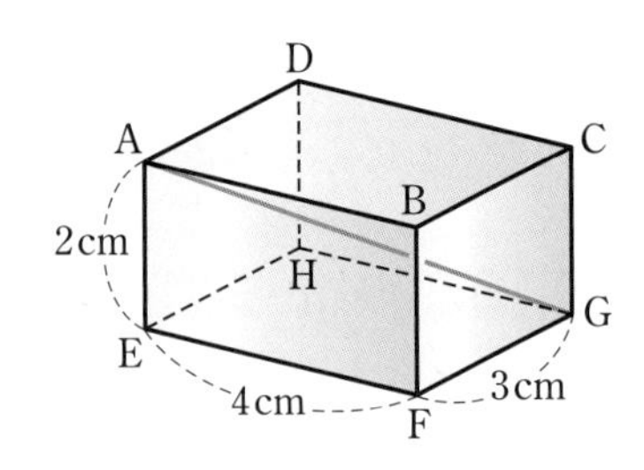


考え方　線分 AG を辺とする直角三角形を見つける。たとえば，底面の対角線 EG を引き，△AEG について考える。

**解答**　△EFG は直角三角形であるから，三平方の定理により

$EG^2=EF^2+FG^2$　…… ①

△AEG も直角三角形であるから，三平方の定理により

$AG^2=AE^2+EG^2$　…… ②

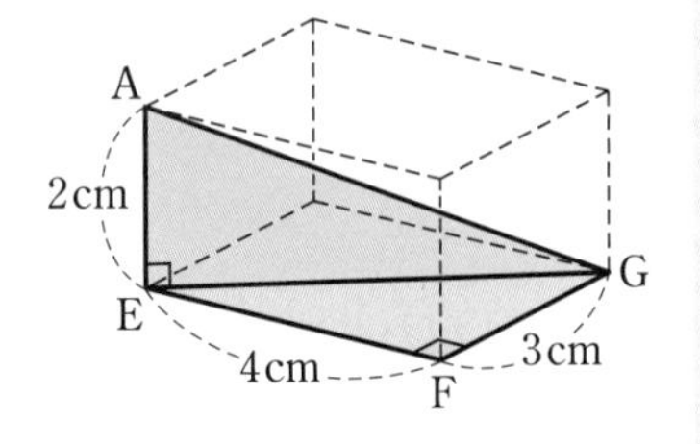


①，② から

$AG^2=AE^2+EF^2+FG^2$

$=2^2+4^2+3^2=29$

$AG>0$ であるから　$AG=\sqrt{29}$ cm　答

例題 12 の直方体で，線分 AG をこの直方体の対角線という。線分 BH，CE，DF もこの直方体の対角線で，長さはすべて等しい。

**練習 22** 縦の長さ，横の長さ，高さがそれぞれ次のような直方体の対角線の長さを求めなさい。

(1)　2 cm，5 cm，6 cm　　(2)　4 cm，8 cm，8 cm

(3)　$a$ cm，$b$ cm，$c$ cm　　(4)　$a$ cm，$a$ cm，$a$ cm

## 空間図形への応用

空間における立体の体積などを求めることを考えよう。

**例題 13** 底面が1辺 6 cm の正方形 ABCD で，他の辺が 7 cm である正四角錐 O-ABCD がある。この正四角錐の体積を求めなさい。

5 考え方

$$(\text{角錐の体積})=\frac{1}{3}\times(\text{底面積})\times(\text{高さ})$$

であるから，正四角錐の体積を求めるには高さがわかればよい。

**解答** 底面の対角線の交点をHとすると，OH と面 ABCD は垂直になるから，線分 OH の長さは，正四角錐の高さである。

底面 ABCD は正方形であるから

10 $$AC=AB\times\sqrt{2}=6\sqrt{2}\ (\text{cm})$$

よって

$$AH=\frac{1}{2}AC=3\sqrt{2}\ (\text{cm})$$

O
7cm
D
C
H
A
6cm
6cm
B

△OAH は直角三角形であるから，三平方の定理により

15 $$(3\sqrt{2})^2+OH^2=7^2$$

$$OH^2=31$$

$OH>0$ であるから　$OH=\sqrt{31}$ cm

よって，求める体積は　$\frac{1}{3}\times6^2\times\sqrt{31}=12\sqrt{31}\ (\text{cm}^3)$　答

**練習 23** 例題13の正四角錐の側面積を求めなさい。

20 **練習 24** 次のような立体の体積を求めなさい。

(1)　1辺の長さがすべて 8 cm の正四角錐

(2)　底面の直径と母線の長さがともに 6 cm の円錐

第4章

**例題 14** 1辺の長さが4 cmの正四面体ABCDにおいて，辺AB，ACの中点をそれぞれM，Nとするとき，△DMNの面積を求めなさい。

**解答** △ABDは正三角形であるから，DM⊥AB で

$$\mathrm{DM}=\mathrm{AD}\times\frac{\sqrt{3}}{2}=2\sqrt{3}\ (\mathrm{cm})$$

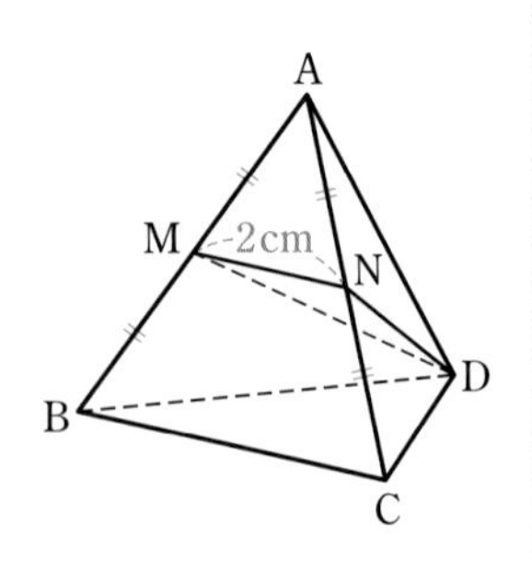


同様に　$\mathrm{DN}=2\sqrt{3}$ cm

また，△ABCにおいて，中点連結定理により

$$\mathrm{MN}=\frac{1}{2}\mathrm{BC}=2\ (\mathrm{cm})$$

△DMNは二等辺三角形であるから，Dから辺MNに垂線DHを引くと，Hは辺MNの中点で

$$\mathrm{MH}=1\ \mathrm{cm}$$

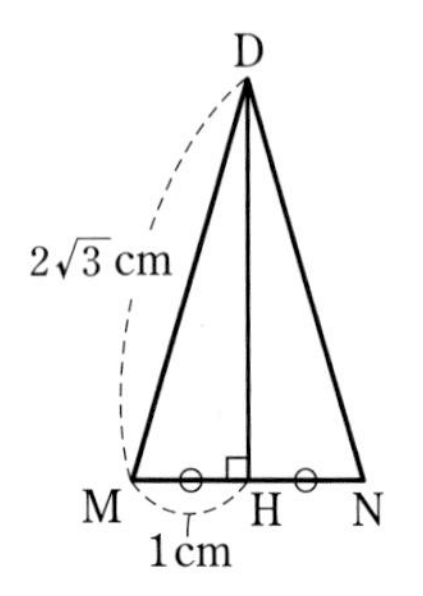


直角三角形DMHにおいて，三平方の定理により　$1^2+\mathrm{DH}^2=(2\sqrt{3})^2$

$$\mathrm{DH}^2=11$$

DH>0 であるから　　$\mathrm{DH}=\sqrt{11}$ cm

よって　　$\triangle\mathrm{DMN}=\frac{1}{2}\times2\times\sqrt{11}=\sqrt{11}\ (\mathrm{cm}^2)$　答

**練習 25** 右の図は，AB=AC=DB=DC=8 cm，BC=AD=4 cm の四面体ABCDである。辺BCの中点をMとするとき，次のものを求めなさい。

(1) △AMDの面積

(2) 四面体ABCDの体積

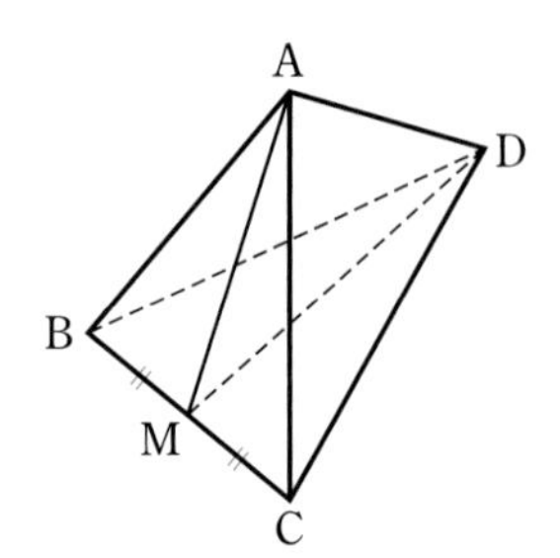

**例題 15** 1辺の長さが 8 cm の立方体 ABCD-EFGH の辺 AD, CD の中点をそれぞれ M, N とするとき, 四角形 MEGN の面積を求めなさい。

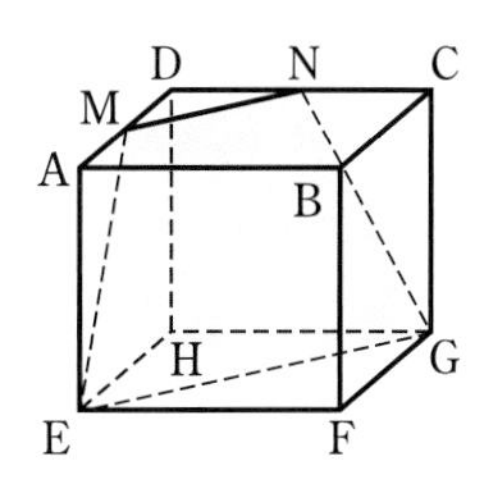


**解答** $MN=MD\times\sqrt{2}=4\sqrt{2}$ (cm), $EG=EF\times\sqrt{2}=8\sqrt{2}$ (cm)

また, 直角三角形 MAE において, 三平方の定理により

$$ME^2=4^2+8^2=80$$

$ME>0$ であるから

$$ME=4\sqrt{5}\ \text{cm}$$

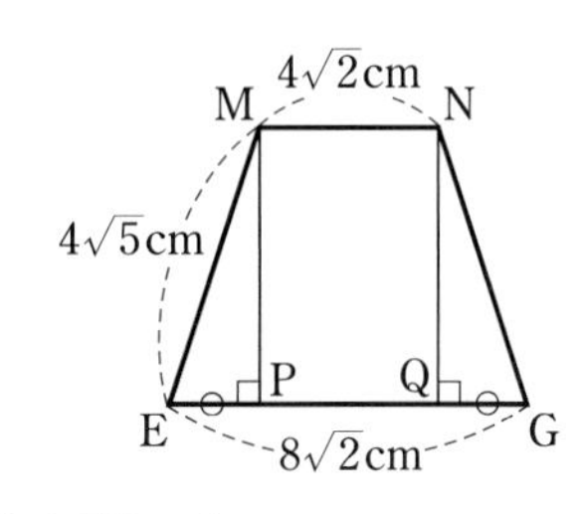


同様に　$NG=4\sqrt{5}$ cm

よって　$ME=NG$　…… ①

また　$MN /\!/ EG$　…… ②

①, ② から, 四角形 MEGN は等脚台形である。

M, N から辺 EG に引いた垂線の足を, それぞれ P, Q とすると, $PQ=4\sqrt{2}$ cm, $EP=GQ$ であるから

$$EP=(8\sqrt{2}-4\sqrt{2})\times\frac{1}{2}=2\sqrt{2}\ \text{(cm)}$$

直角三角形 MEP において, 三平方の定理により

$$(2\sqrt{2})^2+MP^2=(4\sqrt{5})^2$$

$$MP^2=72$$

$MP>0$ であるから　$MP=6\sqrt{2}$ cm

よって, 求める面積は

$$\frac{1}{2}\times(4\sqrt{2}+8\sqrt{2})\times6\sqrt{2}=72\ \text{(cm}^2\text{)}$$ 答

**練習 26** 例題 15 において, 辺 AE, GC の中点をそれぞれ I, J とするとき, 四角形 DIFJ の面積を求めなさい。

第4章

## 最短距離

展開図を利用して，立体の表面上の 2 点を結ぶ線を最も短くする問題を考えよう。

**例題 16** 右の図は，1 辺の長さが 4 cm の立方体 ABCD-EFGH であり，点Mは辺 AE の中点である。辺 BF 上に点P を，MP と PG の長さの和が最小となるようにとる。MP と PG の長さの和を求めなさい。

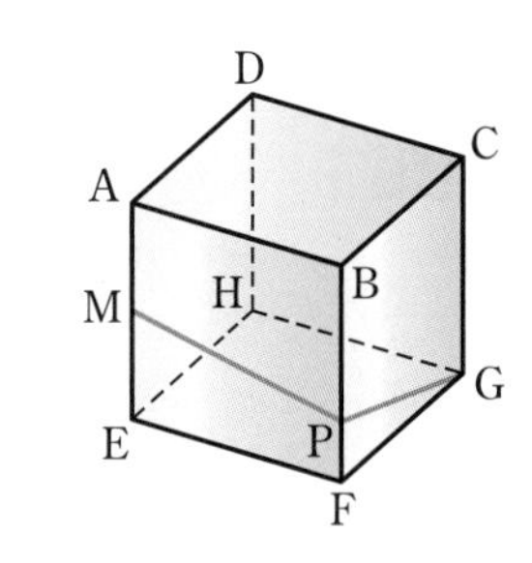


**解答** 右の図のような展開図の一部において，MP と PG の長さの和が最小になるのは，3 点 M，P，G が一直線上にあるとき，すなわち線分 MG と BF の交点の位置に点P があるときである。

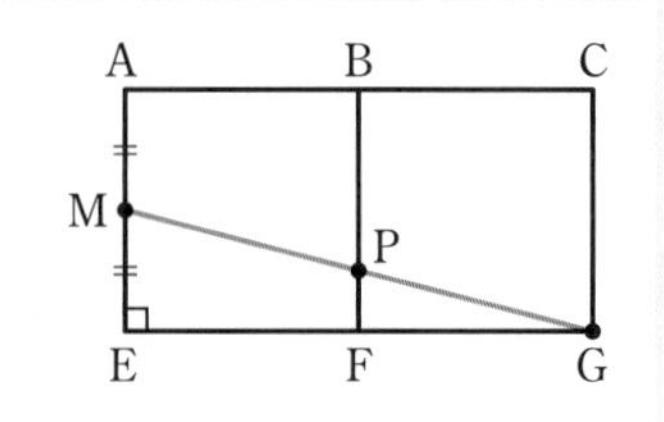


直角三角形 MEG において，三平方の定理により

$$MG^2=8^2+2^2=68$$

MG>0 であるから　　$MG=2\sqrt{17}$ cm

よって，求める長さは　　$2\sqrt{17}$ cm　答

**練習 27** 右の図は，1 辺の長さが 4 cm の正四面体 ABCD であり，点Mは辺 BD の中点である。辺 AB 上に点P を，MP と PC の長さの和が最小となるようにとる。MP と PC の長さの和を求めなさい。

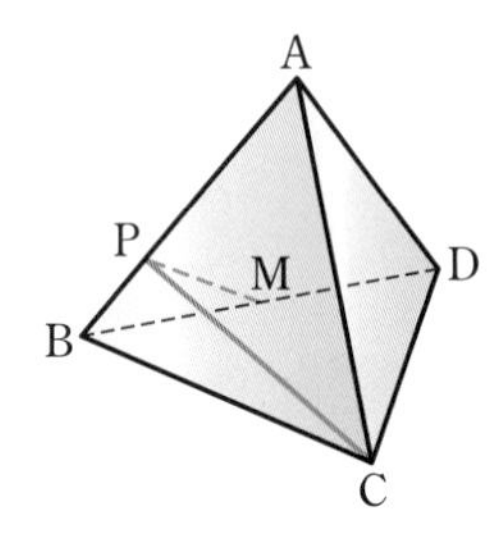

## いろいろな問題への応用

三平方の定理を利用して，いろいろな立体の問題を考えよう。

**例題 17** 右の図のように，円錐に球Oが内接している。円錐の底面の半径が 9 cm，高さが 12 cm であるとき，球Oの半径を求めなさい。

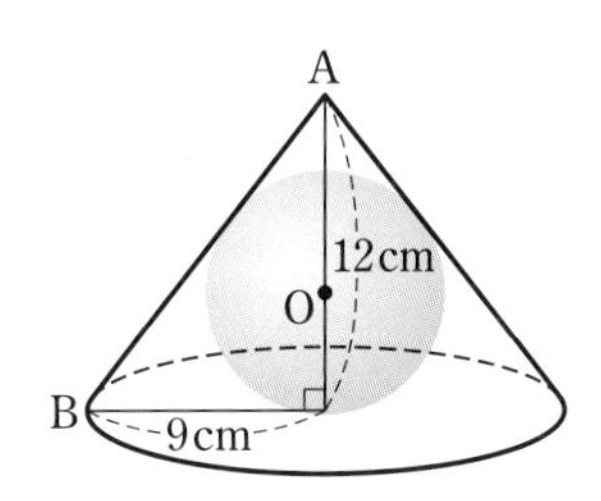


考え方　円錐を正面から見た図で考える。

**解答**　円錐の底面と球との接点をC，円錐の母線 AB と球との接点をD，球Oの半径を $x$ cm とする。

直角三角形 ABC において，三平方の定理により

$$AB^2=9^2+12^2=225$$

$AB>0$ であるから　　$AB=15$ cm

$\triangle AOD \backsim \triangle ABC$ であるから

$$AO : AB = OD : BC$$

よって　　$(12-x) : 15 = x : 9$

したがって　　$x=\dfrac{9}{2}$　　　　答　$\dfrac{9}{2}$ cm

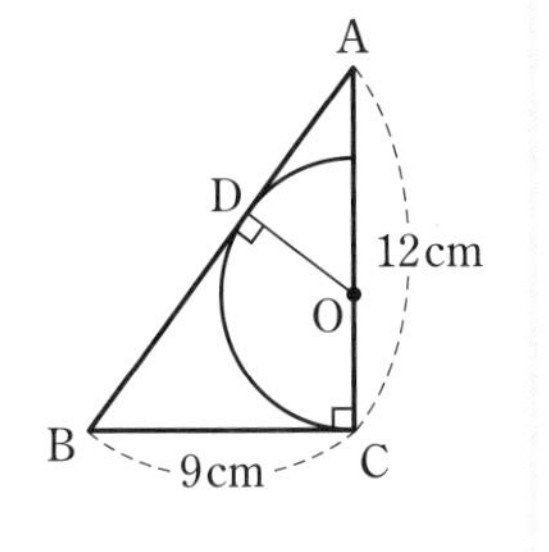


**練習 28** 右の図のように，円錐に 2 つの球 O，P が内接している。円錐の底面と球Pは接しており，さらに，球どうしも接している。

球 O，P の半径がそれぞれ 1 cm と 2 cm であるとき，次のものを求めなさい。

(1)　円錐の高さ　　　(2)　円錐の体積

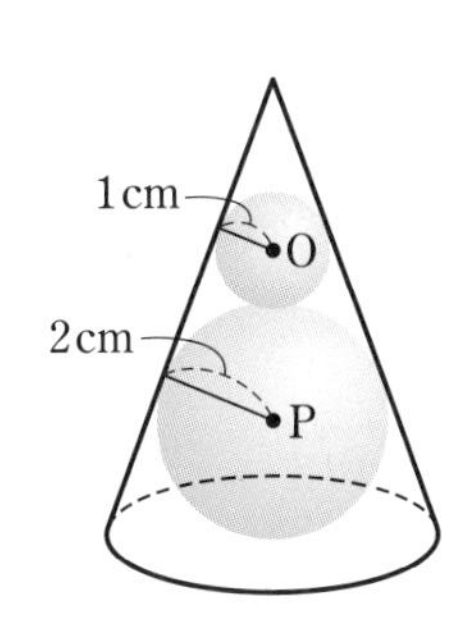

三平方の定理を利用して，回転体の体積を求めよう。

**例題 18** 右の図のような台形 ABCD を，辺 DC を軸として 1 回転させてできる立体の体積を求めなさい。

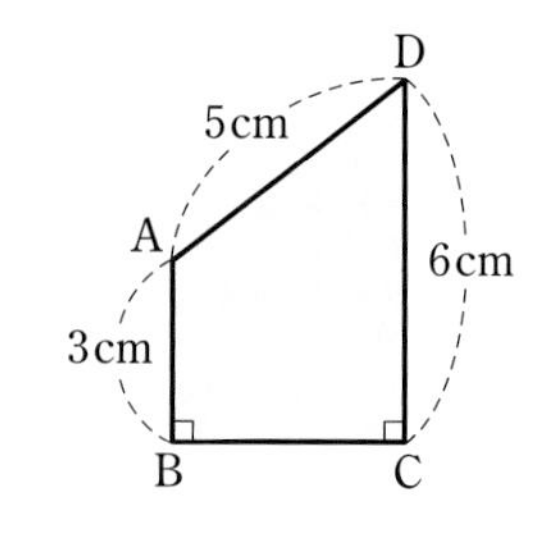


考え方 体積を求めるには，辺 BC の長さが必要となる。ここで三平方の定理を用いる。

解答 点Aから辺 CD に引いた垂線の足をEとする。
直角三角形 AED において，三平方の定理により

$$AE^2+3^2=5^2$$

$$AE^2=16$$

$AE>0$ であるから

$$AE=4\text{ cm}$$

1 回転させてできる立体は，
底面の半径 4 cm，高さ 3 cm の円柱と，底面の半径 4 cm，高さ 3 cm の円錐を合わせたものになる。
よって，求める体積は

$$\pi\times4^2\times3+\frac{1}{3}\times\pi\times4^2\times3=64\pi\,(\text{cm}^3)$$ 答

**練習 29** 右の図の △ABC を，辺 BC を軸として 1 回転させてできる立体の体積を求めなさい。

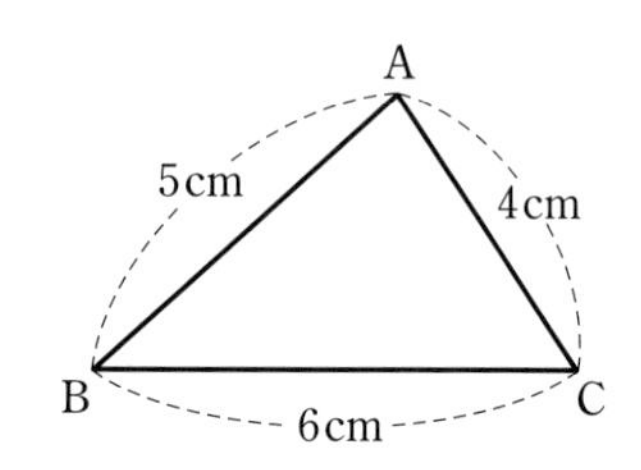

探究

# 等面四面体の体積

130 ページの練習 25 の四面体 ABCD のように，4 つの面が合同な四面体を **等面四面体** といいます。
正四面体も等面四面体の 1 つです。

調べてみたところ，等面四面体は直方体への埋め込みができることがわかりました。
四面体 ABCD は，右のように直方体に埋め込むことができます。

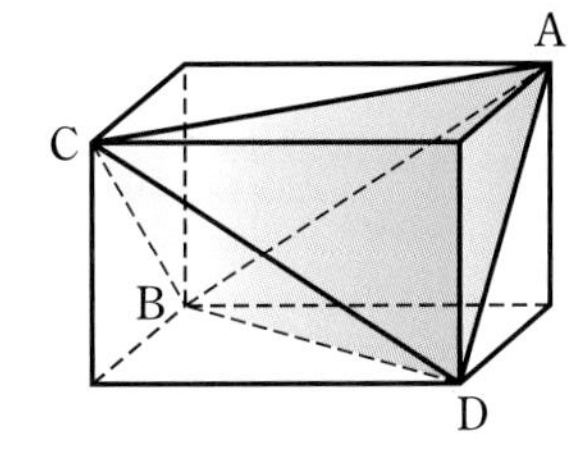


四面体 ABCD は直方体から 4 つの三角錐を除いたものになっているのですね。
ですから，直方体の辺の長さがわかれば四面体の体積がわかります。

右の図のように，直方体の辺の長さを定めると，三平方の定理により，次の関係が成り立ちます。

$$x^2+y^2=AC^2$$
$$y^2+z^2=CD^2$$
$$z^2+x^2=BC^2$$

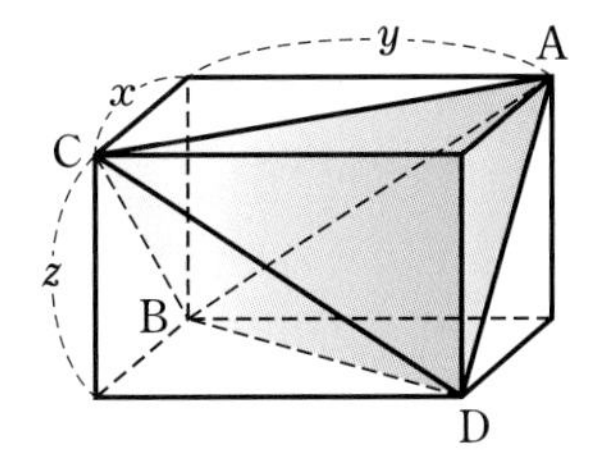


AC，CD，BC の長さはわかっているので $x$，$y$，$z$ の値を求めることができますね。
$x$，$y$，$z$ の値を求め，四面体 ABCD の体積を求めてみましょう。

第4章

発展

# 中線定理

三平方の定理により，次の **中線定理** が成り立つ。

**中線定理**

**定理**　△ABC の辺 BC の中点をMとすると

$$AB^2+AC^2=2(AM^2+BM^2)$$

**証明**　AB>AC のとき，頂点Aから直線 BC に引いた垂線の足を H，$AH=h$，$BM=CM=p$，$MH=r$ とする。

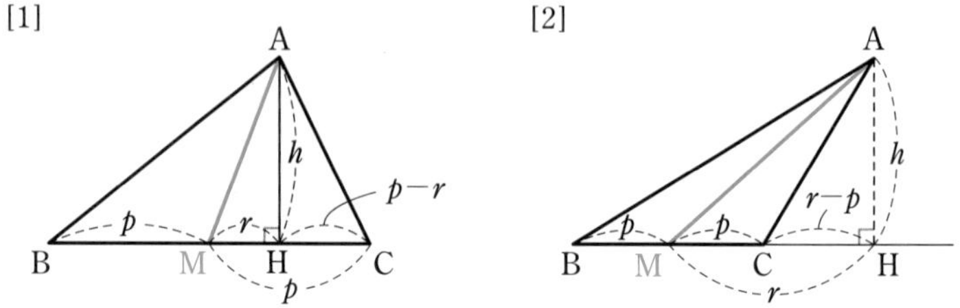

[1]　[2]

上の図の [1]，[2] どちらの場合でも，次のようになる。
直角三角形 ABH，ACH において，三平方の定理により

$$AB^2=AH^2+BH^2 \quad \cdots\cdots ①$$
$$AC^2=AH^2+CH^2 \quad \cdots\cdots ②$$

①，② から　$AB^2+AC^2=(AH^2+BH^2)+(AH^2+CH^2)$
$$=\{h^2+(p+r)^2\}+\{h^2+(p-r)^2\}$$
$$=2(h^2+p^2+r^2)$$
$(p-r)^2=(r-p)^2$

一方，直角三角形 AMH において，三平方の定理により

$$AM^2=AH^2+MH^2=h^2+r^2$$

また，$BM^2=p^2$ であるから　$AM^2+BM^2=h^2+p^2+r^2$

よって　$AB^2+AC^2=2(AM^2+BM^2)$

AB≦AC のときも，同様にして証明される。　終

**練習**　3 辺の長さが 4，6，8 である三角形において，3 つの中線の長さを求めなさい。

## 確認問題

**1** 右の図において，四角形はすべて正方形，三角形はすべて直角三角形である。
このとき，正方形 A，B，C，D の面積の和を求めなさい。

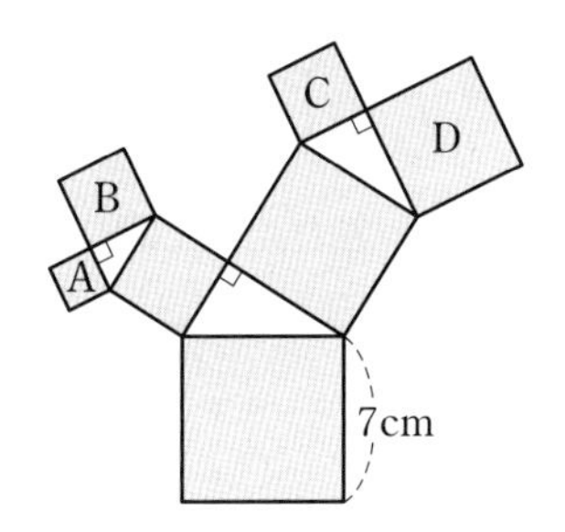


**2** 次の △ABC，四角形 DEFG の面積を求めなさい。

(1)

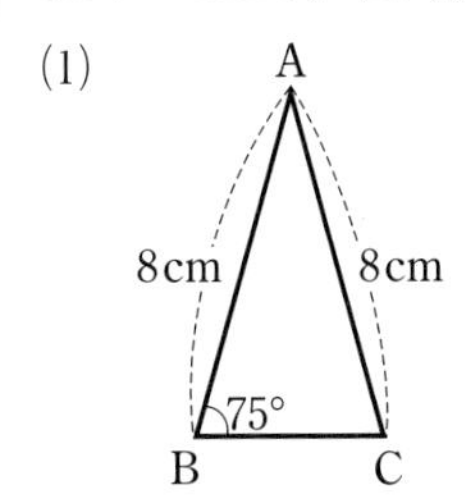


(2)

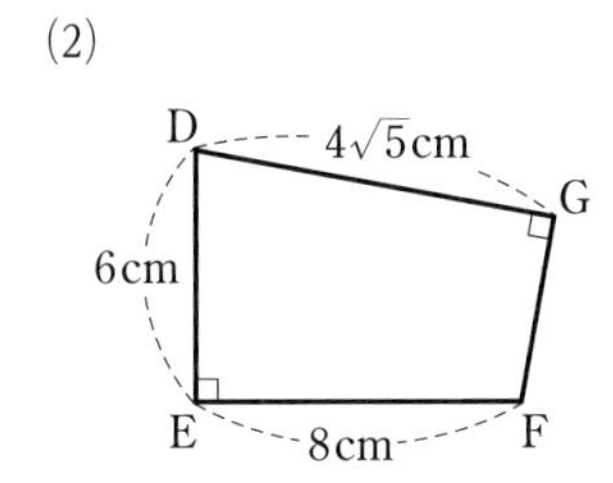


**3** 半径 1 の円が 2 つあり，一方の円の中心は他方の円の周上にあるとする。
2 つの円の交点を A，B とするとき，線分 AB の長さを求めなさい。

**4** 次のような 3 点 A，B，C を頂点とする △ABC はどのような三角形であるか答えなさい。

A(0, 2)，B(−1, −1)，C(3, 1)

**5** ある円錐の展開図は，右の図のようになる。
この円錐の体積を求めなさい。

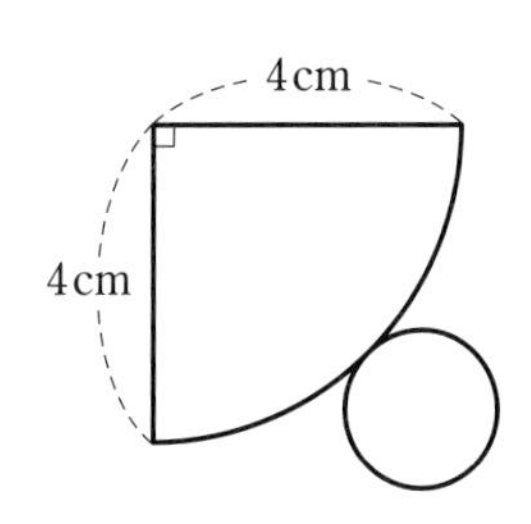


第4章

# 演習問題A

**1** $\angle C=90°$，$BC=a$，$CA=b$ の直角三角形ABCの各辺を直径とする半円が3つ組み合わされた右の図について，斜線部分の面積を $a$，$b$ を用いて表しなさい。

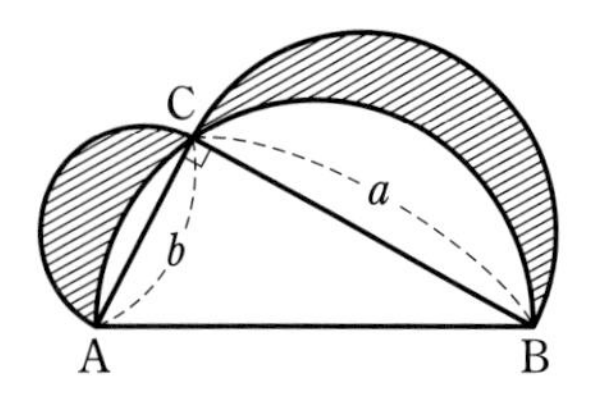


**2** 1辺の長さが2cmの正三角形ABCがある。右の図のように，辺BC上の点Pから辺AB，ACに引いた垂線の足をそれぞれX，Yとする。このとき，3つの線分AX，BP，CYの長さの和を求めなさい。

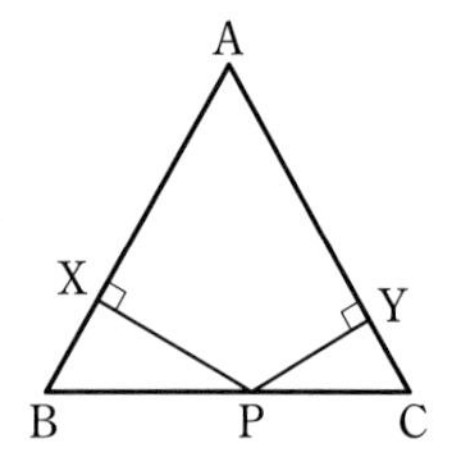


**3** 関数 $y=x^2$ のグラフ上に2点A，Bがあり，$x$ 座標はそれぞれ $-1$，2である。このとき，2点A，B間の距離を求めなさい。

**4** 右の図の三角柱ABC-DEFにおいて，$AB=7$，$BC=8$，$\angle ABC=120°$，$\angle DBF=90°$ である。この三角柱の体積を求めなさい。

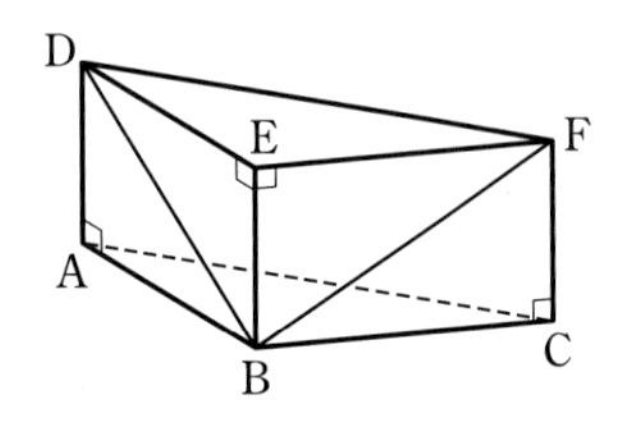

## 演習問題 B

**5** 右の図の線分 AB の長さを 1 とする。
この図を利用して，長さが $\sqrt{2}$，$\sqrt{3}$ の線分を，それぞれ作図しなさい。

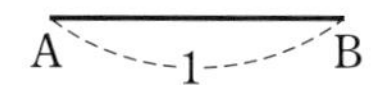


**6** 右の図において，円Aは中心が点 A(4, 0) で，原点Oを通り，円Bは円Aに接し，さらに点 C(0, 4) で $y$ 軸に接している。次の問いに答えなさい。

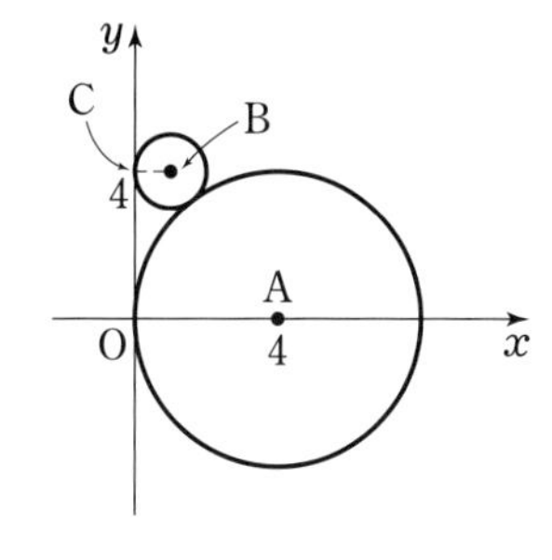

(1) 円Bの半径を求めなさい。

(2) 四角形 OABC の面積を求めなさい。



**7** 右の図のように，1 辺の長さが 4 の立方体 ABCD-EFGH がある。

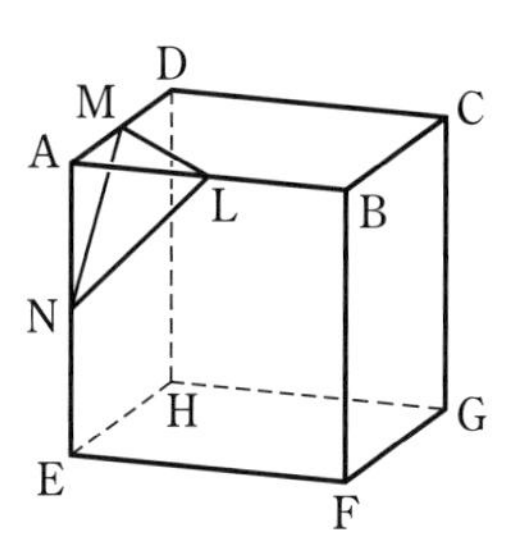


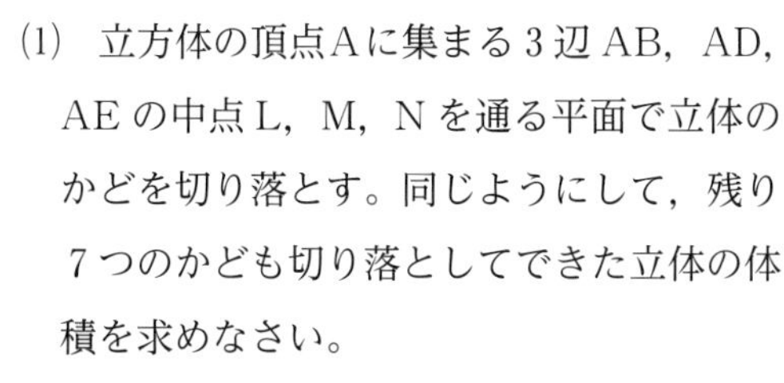

(1) 立方体の頂点Aに集まる 3 辺 AB，AD，AE の中点 L，M，N を通る平面で立体のかどを切り落とす。同じようにして，残り 7 つのかども切り落としてできた立体の体積を求めなさい。

(2) (1) でできた立体の表面積を求めなさい。

コ ラ ム

# フェルマーの最終定理と三平方の定理

17 世紀のフランスの数学者フェルマーは，古代ギリシャの数学者ディオファントスが記した「算術」という本を研究していました。フェルマーは本を読んで気がついたことを余白に書き込んでいました。書き込みのうちの 1 つが，次の定理です。

3 以上の自然数 $n$ について

$$x^n+y^n=z^n$$

を満たす自然数 $x$，$y$，$z$ は存在しない

フェルマーは同時に

「私はこの定理の驚くべき証明を見つけたが，
この余白はそれを書くには狭すぎる」

と書き残していました。

フェルマーはこの他にも数多くの書き込みを残し，それらは正しいかどうかの決着がつけられていましたが，この定理だけは，だれも証明することも正しくない例を挙げることもできませんでした。
そのため，この定理は **フェルマーの最終定理** と呼ばれるようになりました。

数多くの数学者がフェルマーの最終定理の証明に挑みましたが，350 年もの間解決されず，1994 年になり，イギリスの数学者ワイルズによって証明されました。その証明には，日本人数学者の研究成果も利用されています。

フェルマーの最終定理は 3 以上の自然数 $n$ についてでしたが，$n$ が 2 のときはどうなるのでしょうか。

フェルマーの最終定理の $n$ を 2 とすると

$$x^2+y^2=z^2$$

となり，三平方の定理（ピタゴラスの定理）の等式と同じ形になります。

三平方の定理 $a^2+b^2=c^2$ を満たす自然数の組 $(a,\ b,\ c)$ を **ピタゴラス数** といいます。
ピタゴラス数は無数に存在し，有名なものとしては，

$$(3,\ 4,\ 5),\ (5,\ 12,\ 13),\ (8,\ 15,\ 17)\ \cdots\cdots\ (*)$$

などが挙げられます。

$$(6,\ 8,\ 10),\ (10,\ 24,\ 26),\ (16,\ 30,\ 34)$$

など，ピタゴラス数の正の整数倍もピタゴラス数です。

(*) のように公約数が 1 のみであるものを，互いに素であるピタゴラス数といいます。
互いに素であるピタゴラス数 $(a,\ b,\ c)$ は，自然数 $m$，$n$ を用いて，以下の式で表されます。

自然数 $m$，$n$ が

$m>n$，　$m$ と $n$ の公約数が 1 のみ，　$m-n$ は奇数

を満たすとき

$$(a,\ b,\ c)=(m^2-n^2,\ 2mn,\ m^2+n^2)$$

または　$(2mn,\ m^2-n^2,\ m^2+n^2)$

また，互いに素であるピタゴラス数 $(a,\ b,\ c)$ について，次のような性質が成り立ちます。

① $a$，$b$ のうち少なくとも一方は 4 の倍数
② $a$，$b$ のうち少なくとも一方は 3 の倍数
③ $a$，$b$，$c$ のうち少なくとも 1 つは 5 の倍数

互いに素であるピタゴラス数を求めてみましょう。
また，それらが上の ①，②，③ の性質を満たしているか調べてみましょう。

先生

第4章

# 補足　作図

「体系数学２幾何編」で学んだことを利用する作図について考えよう。

## 内分点，外分点の作図

線分を指定された比に内分する点や，外分する点の作図について考えよう。

**例 1**　**線分 AB を 3：2 に内分する点の作図**

① Aを通り，直線 AB と異なる直線 $\ell$ を引く。

② $\ell$ 上に，AC：CD=3：2 となるような点C，D をとる。
ただし，C は線分 AD 上にとる。

③ Cを通り，BD に平行な直線を引き，線分 AB との交点をEとする。

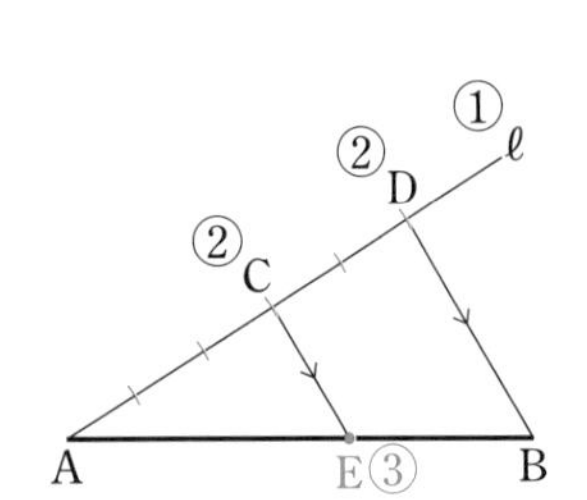


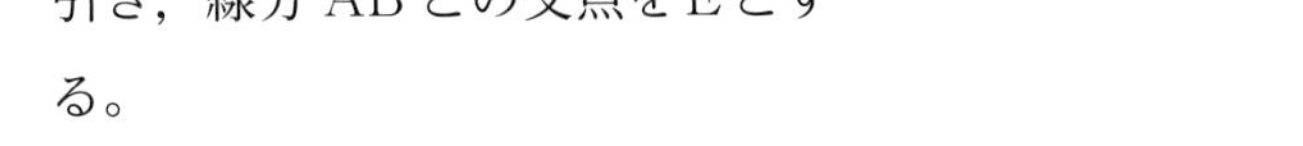

このとき，点Eは線分 AB を 3：2 に内分する点である。

例 1 において，EC∥BD であるから

$$AE：EB=AC：CD=3：2$$

である。

**練習 1**　線分 AB が与えられたとき，次の点を作図しなさい。

(1) 線分 AB を 1：4 に内分する点

(2) 線分 AB を 3：1 に外分する点

## いろいろな長さの線分の作図

指定された長さの線分について考えよう。

### 例 2　長さ $\dfrac{b}{a}$ の線分の作図

長さ 1 の線分 AB と，長さ $a$，$b$ の 2 つの線分が与えられたとき，長さ $\dfrac{b}{a}$ の線分を作図する。

① Aを通り，直線 AB と異なる直線 $\ell$ を引く。

② $\ell$ 上に，AC$=a$，CD$=b$ となるような点C，D をとる。ただし，C は線分 AD 上にとる。

③ Dを通り，BC に平行な直線を引き，直線 AB との交点をE とする。

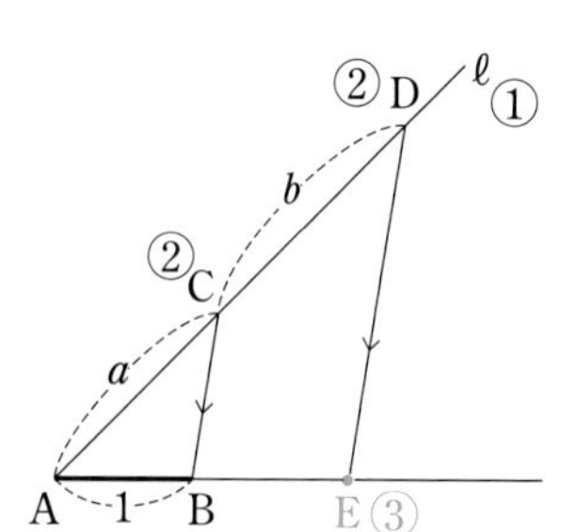


このとき，線分 BE が求める線分である。

例 2 において，BE$=x$ とすると，BC$/\!/$ED であるから

$$1:x=a:b$$

$$x=\frac{b}{a}$$

したがって，線分 BE は長さ $\dfrac{b}{a}$ の線分である。

**練習 2** 長さ 1 の線分 AB と，長さ $a$，$b$ の 2 つの線分が与えられたとき，長さ $ab$ の線分を作図しなさい。

例 2，練習 2 では，作図によって，2 つの正の数 $a$，$b$ について，商 $\dfrac{b}{a}$，積 $ab$ の計算を行っていると考えられる。

## 例題 1　長さ $\sqrt{a}$ の線分の作図

長さ 1 の線分 AB と，長さ $a$ の線分が与えられたとき，長さ $\sqrt{a}$ の線分を作図しなさい。

**解答**　① 線分 AB の B を越える延長線上に，BC$=a$ となる点 C をとる。

② 線分 AC を直径とする円 O をかく。

③ B を通り，直線 AB に垂直な直線を引き，円 O との交点を D，E とする。

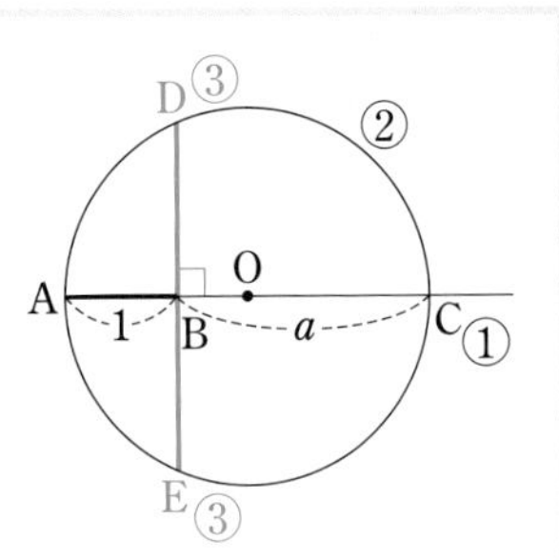


このとき，線分 BD が求める線分である。 終

**考察**　方べきの定理により

$$BA\times BC=BD\times BE$$

AB$=1$，BC$=a$，BD$=$BE であるから　　$BD^2=a$

したがって，線分 BD は長さ $\sqrt{a}$ の線分である。

**注意**　② の円 O の中心 O は，線分 AC の中点である。
よって，線分 AC の垂直二等分線と線分 AC との交点を O とし，O を中心として，半径 OA の円をかけばよい。

**練習 3**　長さ 1 の線分 AB が与えられたとき，長さ $\sqrt{3}$ の線分を作図しなさい。

**練習 4**　長さ $a$，$b$ の 2 つの線分が与えられたとき，長さ $\sqrt{ab}$ の線分を作図しなさい。

コラム

# 正五角形の作図

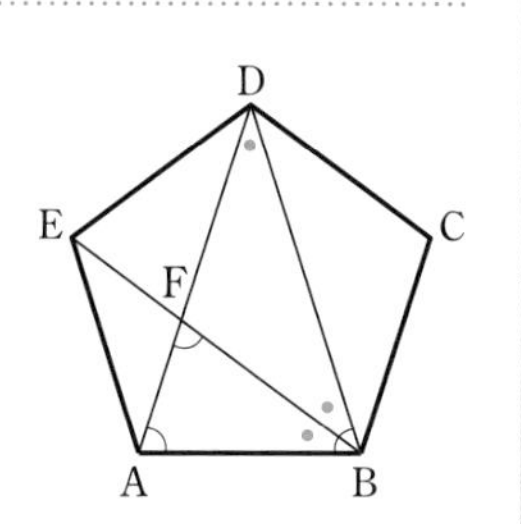


正五角形 ABCDE の対角線 AD と BE の交点を F とすると，2 組の角がそれぞれ等しいから，$\triangle DAB \backsim \triangle BFA$ が成り立ちます。
また，$\triangle DFB$，$\triangle BFA$ はともに二等辺三角形です。

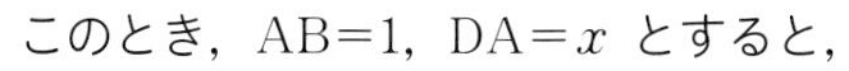

このとき，$AB=1$，$DA=x$ とすると，
$DA : BF = AB : FA$ から

$$x : 1 = 1 : (x-1)$$

整理すると　$x^2 - x - 1 = 0$

これを解くと　$x = \dfrac{1 \pm \sqrt{5}}{2}$

$x>0$ であるから　$x = \dfrac{1+\sqrt{5}}{2}$

よって　$AB : DA = 1 : \dfrac{1+\sqrt{5}}{2}$

他の辺と対角線についても，同様のことが成り立ちます。

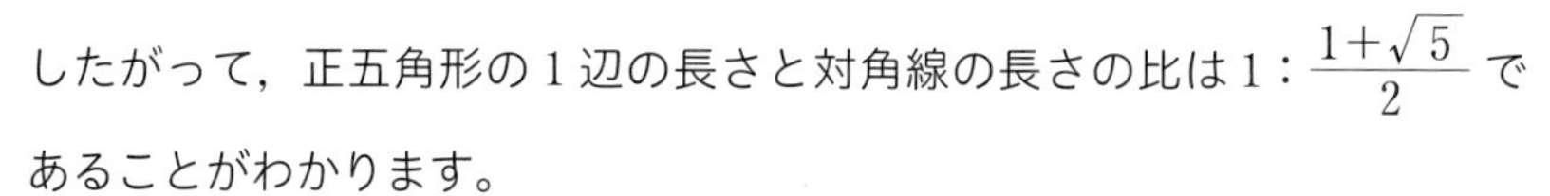

したがって，正五角形の 1 辺の長さと対角線の長さの比は $1 : \dfrac{1+\sqrt{5}}{2}$ であることがわかります。

「体系数学 1 幾何編」の 25 ページで紹介した<u>与えられた線分 AB を 1 辺とする正五角形の作図法</u>(※)は，正五角形の 1 辺の長さと対角線の長さの比が $1 : \dfrac{1+\sqrt{5}}{2}$ になることを利用した方法です。

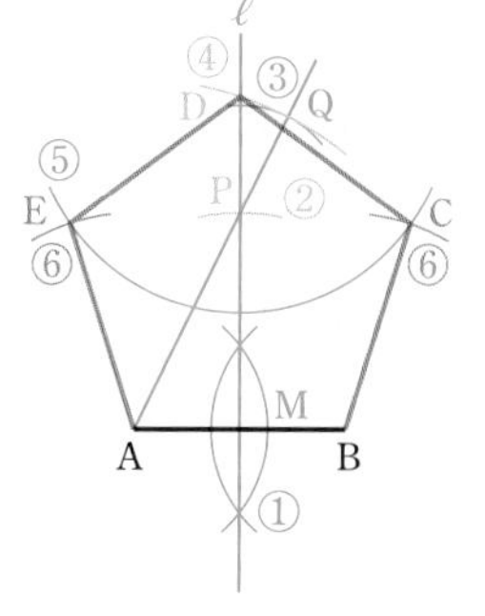

先生

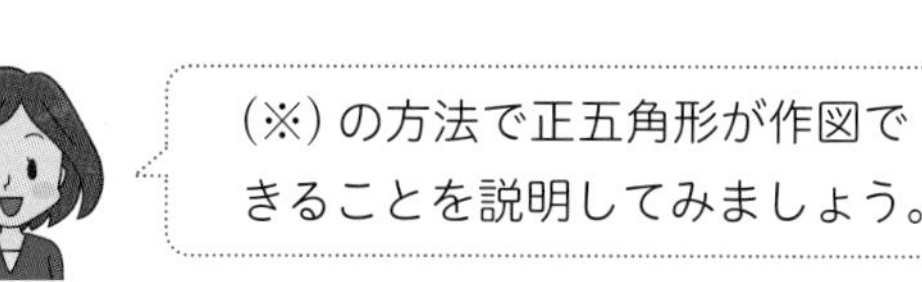


補足

# 総合問題

**1** 下の会話文を読み，加奈(かな)さんが麻衣(まい)さんに教えた方法でプリントが3等分されることを説明しなさい。

麻衣さん：長方形のプリントを，3等分に折る方法はないのかな？

加奈さん：動画共有サイトでプリントを3等分する方法を見たことがあるよ。

麻衣さん：どうやって折ればいいのか教えて。

加奈さん：いいよ。

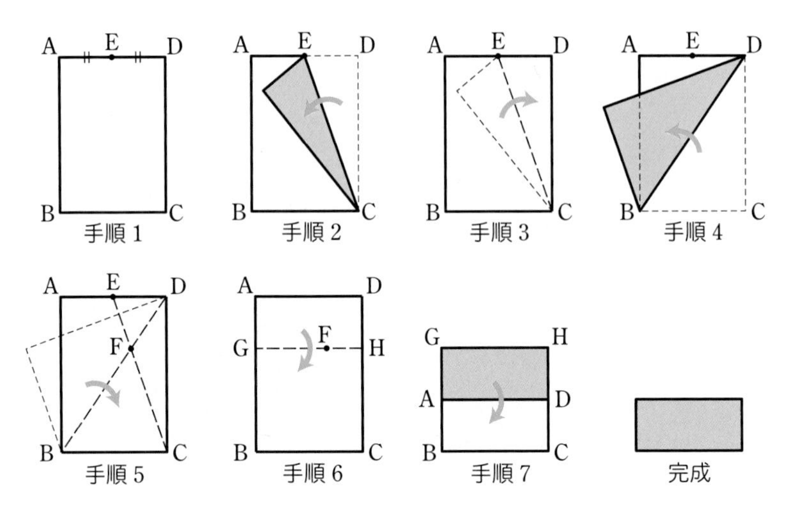


手順1　辺ADの中点に印（点E）をつける

手順2　線分CEが折り目となるように折る

手順3　もとにもどす

手順4　線分BDが折り目となるように折る

手順5　もとにもどし，線分CEと線分BDの交点に印（点F）をつける

手順6　辺ADが辺BCと平行になるように，点Fを通る線分GHで折る

手順7　点Gが点Bに重なるように折る

加奈さん：これで3等分にできたよ。

**2** ゆみさんは，お父さんと弟と3人で散歩に出かけたとき，後ろをふり返ってみると，ゆみさんの自宅のマンションが，ある建物の陰になって見えなくなることに気がついた。

このことをお父さんと弟に尋ねると，お父さんはA地点で，弟はB地点で初めて見えなくなることがわかった。

そこで，家に帰って簡単に図示したところ，下の図のようになった。

なお，距離や建物の高さは，地図などで調べてわかったものである。

また，お父さんと弟の目の高さは，それぞれ 180 cm，120 cm である。

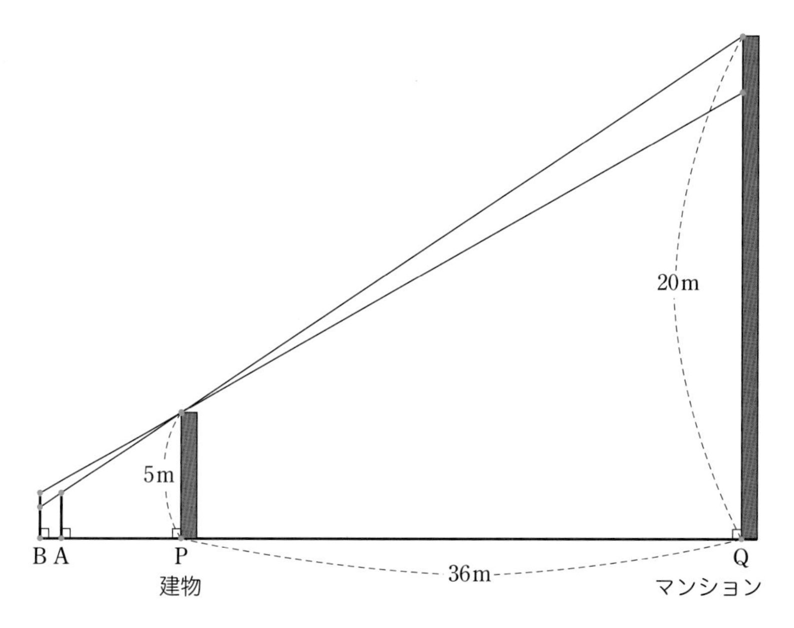


このとき，次の問いに答えなさい。ただし，答えは小数第2位を四捨五入して，小数第1位までの数で答えること。

(1) 建物の端PからA地点まで何mあるか求めなさい。

(2) お父さんがB地点に立ったとき，マンションの上端から何m下まで見えているか求めなさい。

**3** 正方形 ABCD を底面とし，側面が合同な二等辺三角形である四角錐 OABCD において，O から底面 ABCD に下ろした垂線を OH とすると，H は正方形 ABCD の対角線の交点になる。

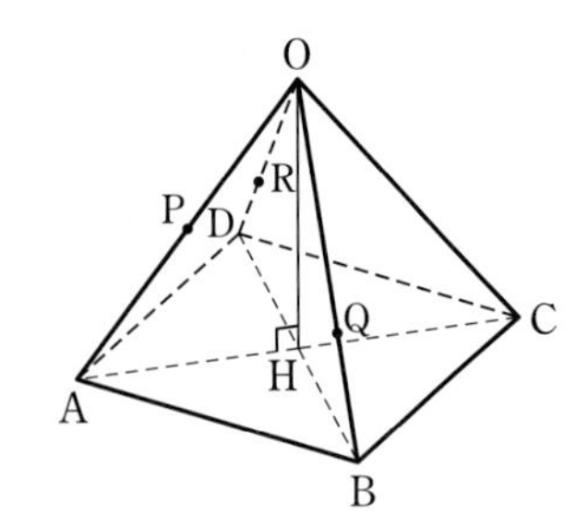


また，OA の中点をPとし，OB，OD を 2：1 に内分する点をそれぞれ Q，R とする。さらに，線分 QR と OH の交点を S，直線 PQ と直線 AB の交点をTとする。

このとき，次の問いに答えなさい。

(1) AB：BT を求めなさい。

(2) 直線 PS は点Cを通ることを証明しなさい。

(3) よしのりさんとみずきさんは，次の問題について考えている。

> (問題) 四角錐 OABCD は平面 PQR により 2 つの部分に分けられる。四角錐 OABCD の体積を $V$ とするとき，立体 OPQCR の体積を，$V$ を用いて表しなさい。

次のページのよしのりさんとみずきさんのそれぞれの考え方について，①～⑨ に当てはまる値を答えなさい。

[よしのりさんの考え方]

OP：PA＝1：1 であるから

$\triangle$OPB＝[ ① ]×$\triangle$OAB

OQ：QB＝2：1 であるから

$\triangle$OPQ＝[ ② ]×$\triangle$OPB

＝[ ② ]×[ ① ]×$\triangle$OAB

＝[ ③ ]×$\triangle$OAB

よって　(三角錐 OPQC の体積)

＝[ ③ ]×(三角錐 OABC の体積)

＝[ ④ ]$V$

したがって，立体 OPQCR の体積は[ ⑤ ]$V$ である。

[みずきさんの考え方]

三角錐 OATC に注目する。

(1)の結果から，三角錐 OBTC の体積は[ ⑥ ]$V$ である。

立体 PQABC は三角錐 PATC から三角錐 QBTC を除いた部分であるから，立体 PQABC の体積は[ ⑦ ]$V$ である。

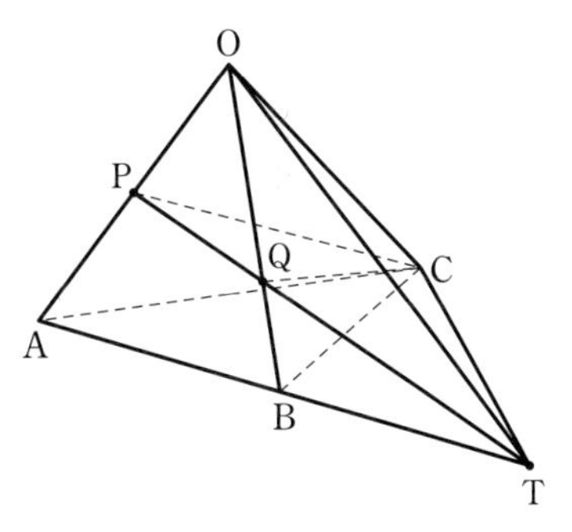


よって，三角錐 OPQC の体積は[ ⑧ ]$V$ である。

したがって，立体 OPQCR の体積は[ ⑨ ]$V$ である。

**4** 下の図のように2円O，O′ が2点で交わるように位置している。2円の外部に点Pをとり，Pを通る直線と円Oとの交点をA，B，円O′ との交点をC，Dとすると，PA=2，AB=4，∠PAC=60°，∠PCA=75° である。
また，4点A，B，C，Dを通る円O″ が存在し，円O″ において，$\overparen{AB}:\overparen{AC}=3:1$ である。

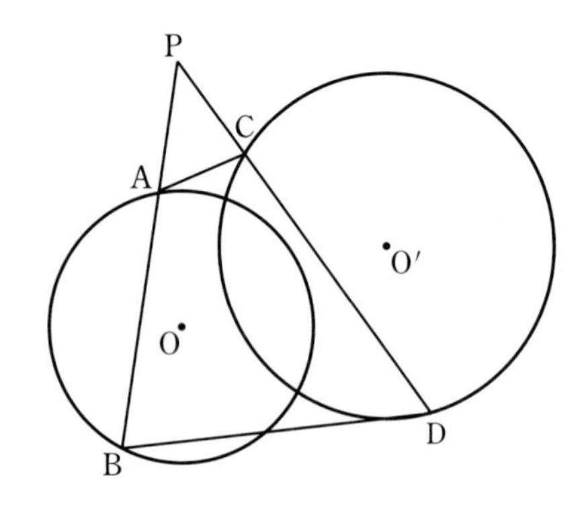


このとき，次の問いに答えなさい。
(1) △PAC∽△PDB であることを証明しなさい。
(2) 円O″ の半径を求めなさい。
(3) ACの長さを求めなさい。

**5** みかさんと悠斗(ゆうと)さんは，次の問題について話し合っている。

> (問題)　点A(0，13)を中心とする半径5の円がある。この円の周上の点Pを通る接線$\ell$が，原点を通っている。このとき，接線$\ell$の式を求めなさい。

下の会話文を読み，問いに答えなさい。

みかさん：円と関数が混ざっている。どうしたらいいのかな？

悠斗さん：まずは，接点Pの座標を$(x,\ y)$としよう。
点Aと接点Pとの距離は半径5に等しいから ① という式が成り立つね。

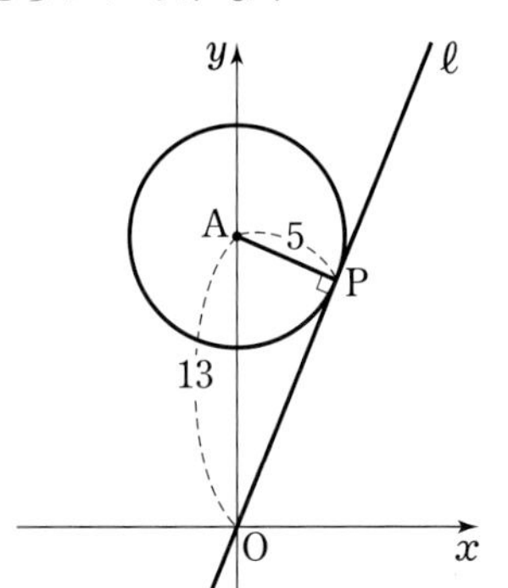


みかさん：△AOP は直角三角形だから OP＝ ② だよ。

悠斗さん：点Oと接点Pとの距離が ② だから， ③ という式も成り立つよ。

みかさん：そっか。 ① と ③ から接点Pの座標がわかるんだね。

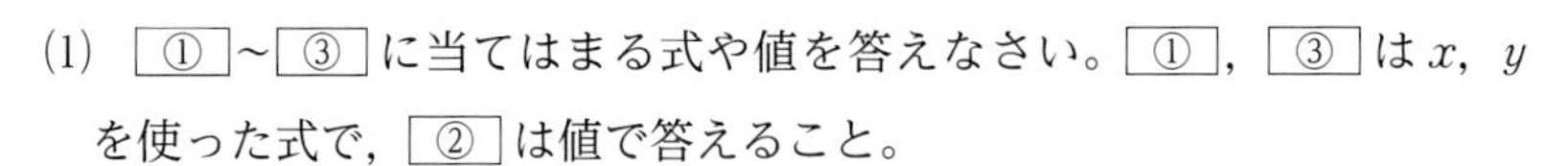

(1)　 ① ～ ③ に当てはまる式や値を答えなさい。 ① ， ③ は$x$，$y$を使った式で， ② は値で答えること。

(2)　接線$\ell$の式をすべて求めなさい。

**6** 恵(めぐみ)さんと亮(りょう)さんが，アイスクリーム店にやってきました。下の会話文を読み，問いに答えなさい。

恵さん：この店のアイスクリームは完全な球形をしているんだ。
亮さん：そうだね。それに，いろいろなサイズがあるよ。
半径を $x$ cm として，アイスクリームの体積を $y$ cm$^3$ とすると，
$y$ は $x$ の関数になっているよ。
恵さん：$y$ を $x$ の式で表すと [ ① ] だね。
亮さん：その通りだね。ところで，どのサイズを買うの？
恵さん：M サイズのものを買うよ。
亮さん：M サイズのコーンは円錐の形で，底面にあたる部分の直径は
6 cm，高さは 9 cm だよ。
恵さん：このコーンの側面積は [ ② ] cm$^2$ だね。
亮さん：M サイズのアイスクリームの直径は 8 cm だよ。これをコーンにのせたとき，全体の長さ，つまりコーンの先からアイスクリームのてっぺんまでは何 cm になるのかな？
恵さん：アイスクリームの直径は 8 cm，コーンの高さは 9 cm だから，
合わせて 17 cm じゃない？
亮さん：でも，実際の長さは 17 cm よりも [ ③ ] くなっているよ。
恵さん：そうか，これはちょっと複雑だね。図をかいて考えてみよう。

(1) [ ① ]～[ ③ ] に当てはまる式や値，語句を答えなさい。
(2) M サイズのアイスクリームの全体の長さを求めなさい。

# 答と略解

確認問題，演習問題 A，演習問題Bの答です。[　] 内に，ヒントや略解を示しました。

## 第1章

### 確認問題 (p. 39)

**1** [$\angle EAD=\angle DFB=90°$,
$\angle ADE=\angle FBD$ (同位角)]

**2** (1) $x=6$, $y=4$　(2) $x=10$
(3) $x=\frac{8}{3}$, $y=\frac{13}{2}$

**3** (1) $8:5$　(2) $13:7$
[(2) (1)から　$BD=\frac{56}{13}$ cm
$AE:ED=8:\frac{56}{13}$]

**4** $x=2$
[$EC=2x$ cm, $EG=\frac{1}{2}x$ cm]

### 演習問題A (p. 40)

**1** $\frac{20}{3}$ cm
[$\triangle ADC \backsim \triangle BEF$ を利用]

**2** (1) $2:3$　(2) $\frac{24}{5}$ cm

**3** (1) 130°
(2) $EG=GF$ の二等辺三角形
[$EG /\!/ AB$, $EG=\frac{1}{2}AB$,
$GF /\!/ DC$, $GF=\frac{1}{2}DC$]

**4** 48 $cm^2$
[$\triangle ADF \backsim \triangle ABC$,
$\triangle FEC \backsim \triangle ABC$]

### 演習問題B (p. 41)

**5** $\frac{24}{7}$ cm　[$DF:BC=AD:AB$]

**6** [$AP:PR=BP:PD$,
$PQ:AP=BP:PD$
から　$AP:PR=PQ:AP$]

**7** $24:7$
[HD, GQ, EP の延長の交点をOとすると，2つの三角錐
O-PQD と O-EGH は相似で，
体積比は　$1^3:2^3$]

# 第 2 章

## 確認問題　(*p.* 61)

**1** (1)　2：1　　(2)　2：3

[(2)　GE∥DF から

GE：DF＝AG：AD]

**2** (1)　3：7　　(2)　6：35

$\left[(2)\quad \triangle ABP=\frac{2}{5}\triangle ABD,\right.$

$\left.\triangle ABD=\frac{3}{7}\triangle ABC\right]$

**3** (1)　3：8　　(2)　10：7

$\left[\frac{BP}{PC}\times\frac{CQ}{QA}\times\frac{AR}{RB}=1\right]$

**4** (1)　2：1　　(2)　5：3

$\left[(1)\quad \frac{BF}{FC}\times\frac{CE}{EA}\times\frac{AD}{DB}=1\right.$

$\left.(2)\quad \frac{DF}{FE}\times\frac{EC}{CA}\times\frac{AB}{BD}=1\right]$

## 演習問題A　(*p.* 62)

**1** 3：1

$\left[AG=\frac{1}{2}AE,\ AF=\frac{2}{3}AE\right]$

**2** 24 倍

**3** $\left[\frac{BD}{DC}\times\frac{CE}{EA}\times\frac{AF}{FB}=1,\right.$

$\left.\frac{BP}{PC}\times\frac{CE}{EA}\times\frac{AF}{FB}=1\right]$

**4** (1)　2：5　　(2)　10：3

[(2)　△ABC：△OBC

＝AP：OP]

## 演習問題B　(*p.* 63)

**5** [(1)　中点連結定理により

DE∥AC，EF∥BA]

**6** (1)　2：1　　(2)　8 cm

**7** $\left[\frac{BF}{FC}\times\frac{CE}{EA}\times\frac{AD}{DB}=1,\right.$

AD：DB＝AE：EC]

## 第3章

**確認問題** ($p.$ 103)

**1** (1) $\angle x=32^\circ$, $\angle y=58^\circ$

(2) $\angle x=40^\circ$

**2** $30^\circ$

[四角形 ABCD は円に内接する]

**3** (1) $x=9$ (2) $x=9$, $y=6$

[(1) BQ=BP=4, CQ=CR=5

(2) 方べきの定理を利用]

**4** $71^\circ$

[点Eを通る共通接線を引いて考える]

**演習問題A** ($p.$ 104)

**1** [BとCを結ぶ。AB∥CD から

∠ABC=∠BCD]

**2** $360^\circ$

[四角形 ABCD と四角形 ADEF が，ともに円に内接することを利用する]

**3** $2r$

**4** [接線と弦のつくる角の定理により ∠BAP=∠BCA

∠AQR=∠BAP+∠APQ,

∠ARQ=∠BCA+∠CPR

から ∠AQR=∠ARQ]

**演習問題B** ($p.$ 105)

**5** $108^\circ$

$\left[\angle \mathrm{ADG}=\frac{1}{2}\times 360^\circ\times\frac{4}{10},\right.$

$\left.\angle \mathrm{BGD}=\frac{1}{2}\times 360^\circ\times\frac{2}{10}\right]$

**6** $116^\circ$

[∠AOB=64° であるから

$64^\circ+\angle x=180^\circ$]

**7** $58^\circ$

[∠ATC=$a$ とすると，△TAB において

$26^\circ+(a+90^\circ)+a=180^\circ$]

**8** [$I_1A\perp I_2I_3$ などを示す]

## 第4章

**確認問題** ($p.137$)

**1** $49\text{ cm}^2$

[まず，AとB，CとDそれぞれの面積の和を考える]

**2** (1) $16\text{ cm}^2$　(2) $44\text{ cm}^2$

[(2) △DEFと△DFGの2つの三角形に分ける]

**3** $\sqrt{3}$

[2円の中心をそれぞれO，O′とすると，△AOO′，△BOO′は1辺の長さが1の正三角形]

**4** ∠A=90°，AB=AC の直角二等辺三角形

**5** $\dfrac{\sqrt{15}}{3}\pi\text{ cm}^3$

[底面の円の半径は1 cmで，円錐の高さは $\sqrt{15}$ cm]

**演習問題A** ($p.138$)

**1** $\dfrac{ab}{2}$

$$\left[\pi\times\left(\frac{b}{2}\right)^2\times\frac{1}{2}+\pi\times\left(\frac{a}{2}\right)^2\times\frac{1}{2}+\frac{1}{2}\times a\times b-\pi\times\left(\frac{\sqrt{a^2+b^2}}{2}\right)^2\times\frac{1}{2}\right]$$

**2** 3 cm

[AX=$x$ cm とおくと

BP=$(4-2x)$ cm,

CY=$(x-1)$ cm]

**3** $3\sqrt{2}$

[A$(-1,\ 1)$，B$(2,\ 4)$]

**4** $28\sqrt{21}$

[AC=13，AD=$2\sqrt{7}$]

**演習問題B** ($p.139$)

**5** [直角をはさむ2辺の長さが1と1の直角三角形の斜辺の長さが$\sqrt{2}$，1と$\sqrt{2}$ の直角三角形の斜辺の長さが$\sqrt{3}$ になることを利用して作図する]

**6** (1) 1　(2) 10

[(1) 点Bから$x$軸に引いた垂線の足をHとし，円Bの半径を$r$とすると，直角三角形ABHにおいて　$(r+4)^2=4^2+(4-r)^2$]

**7** (1) $\dfrac{160}{3}$　(2) $48+16\sqrt{3}$

[(2) できた立体は，正方形6面と正三角形8面からなる]

## 総合問題

**1** [手順 5 の図において，ED // BC より FD：FB＝DE：BC＝1：2
FH // BC より
DH：HC＝DF：FB＝1：2
手順 7 の図において，HD＝DC]

**2** (1) 7.7 m　(2) 2.4 m

**3** (1) 1：1

(3) ① $\frac{1}{2}$　② $\frac{2}{3}$

③ $\frac{1}{3}$　④ $\frac{1}{6}$

⑤ $\frac{1}{3}$　⑥ $\frac{1}{2}$

⑦ $\frac{1}{3}$　⑧ $\frac{1}{6}$

⑨ $\frac{1}{3}$

[(1) $\frac{\mathrm{AT}}{\mathrm{TB}}\times\frac{\mathrm{BQ}}{\mathrm{QO}}\times\frac{\mathrm{OP}}{\mathrm{PA}}=1$

(2) △OBD において，
OQ：QB＝OR：RD＝2：1 より，
OS：SH＝2：1
直線 PC と OH の交点を S′ とおくと，$\frac{\mathrm{AC}}{\mathrm{CH}}\times\frac{\mathrm{S'H}}{\mathrm{OS'}}\times\frac{\mathrm{OP}}{\mathrm{PA}}=1$
より，OS′：S′H＝2：1]

**4** (2) $2\sqrt{2}$　(3) $2\sqrt{3}-2$

[(1) 四角形 ABDC は円 O″ に内接している

(3) △BCD は正三角形
点 O″ は △BCD の重心]

**5** (1) ① $x^2+(y-13)^2=25$
($\sqrt{x^2-(y-13)^2}=5$ でもよい)

② 12

③ $x^2+y^2=144$
($\sqrt{x^2+y^2}=12$ でもよい)

(2) $y=\frac{12}{5}x$，$y=-\frac{12}{5}x$

[(2) 連立方程式
$\begin{cases} x^2+(y-13)^2=25 \\ x^2+y^2=144 \end{cases}$ を解く]

**6** (1) ① $y=\frac{4}{3}\pi x^3$

② $9\sqrt{10}\pi\ \mathrm{cm}^2$

③ 短

(2) $(13+\sqrt{7})$ cm

[(1)③ アイスクリームはコーンの中に少しうずまる]

# さくいん

## あ行



## か行



## さ行



## た行



## な行

## は行



## ま行



## ら行



## 記号

■編　者
岡部 恒治　埼玉大学名誉教授　北島 茂樹　明星大学教授

■編集協力者

| | | | |
|---|---|---|---|
| 飯島 彰子 | 学習院女子中・高等科教諭 | 田中　勉 | 田中教育研究所 |
| 石椛 康朗 | 本郷中学校・高等学校教諭 | 中路 隆行 | ノートルダム清心中・高等学校教諭 |
| 宇治川 雅也 | 東京都立白鷗高等学校・附属中学校教諭 | 永島 謙一 | 恵泉女学園中学・高等学校教諭 |
| 大瀧 祐樹 | 東京都市大学付属中学校・高等学校教諭 | 中畑 弘次 | 安田女子中学高等学校教諭 |
| 川端 清継 | 立命館小学校・中学校・高等学校教諭 | 野末 訓章 | 南山高等学校・中学校男子部教諭 |
| 官野 達博 | 横浜雙葉中学校・高等学校教諭 | 畠中 俊樹 | 高槻中学校・高等学校教諭 |
| 草場 理志 | 同志社女子中学校・高等学校教諭 | 林 三奈夫 | 海星中学校・海星高等学校教諭 |
| 久保 光章 | 広島女学院中学高等学校主幹教諭 | 原澤 研二 | 立命館中学校・高等学校教諭 |
| 佐野 塁生 | 恵泉女学園中学・高等学校教諭 | 原田 泰典 | 大阪桐蔭中学校高等学校教諭 |
| 進藤 貴志 | 東京都立大泉高等学校附属中学校教諭 | 蛭沼 和行 | 恵泉女学園中学・高等学校教諭 |
| 杉山 昭博 | 清風南海中学校・高等学校教諭 | 本多 壮太郎 | 鷗友学園女子中学高等学校教諭 |
| 鈴木 祥之 | 早稲田大学系属早稲田実業学校教諭 | 松岡 将秀 | 大阪桐蔭中学校高等学校教諭 |
| 髙村　亮 | 大妻中野中学校・高等学校教諭 | 松尾 鉄也 | 立教女学院中学校・高等学校教諭 |
| 立崎 宏之 | 攻玉社中学校・高等学校教諭 | 横山 孝治 | 八雲学園中学校高等学校教諭 |
| 竪　勇也 | 高槻中学校・高等学校教諭 | 吉田 康人 | 皇學館中学校・高等学校教諭 |
| 田中 孝昌 | 皇學館中学校・高等学校教諭 | 吉村　浩 | 本郷中学校・高等学校教諭 |

■編集協力校
中部大学春日丘中学校　同志社香里中学校・高等学校
南山高等学校・中学校女子部

■表紙デザイン　有限会社アーク・ビジュアル・ワークス
■本文デザイン　齋藤 直樹／山本 泰子(Concent, Inc.)
デザイン・プラス・プロフ株式会社
■イラスト　たなかきなこ
■写真協力　amanaimages, Getty Images

初版
第1刷　2003年2月1日　発行
新課程
第1刷　2021年2月1日　発行
第2刷　2022年2月1日　発行

ISBN978-4-410-20602-3

新課程

中高一貫教育をサポートする

# 体系数学 2

## 幾何編 ［中学2，3年生用］

図形のいろいろな性質をさぐる

編　者　岡部 恒治　北島 茂樹
発行者　星野 泰也
発行所　数研出版株式会社
〒101-0052 東京都千代田区神田小川町2丁目3番地3
〔振替〕00140-4-118431
〒604-0861 京都市中京区烏丸通竹屋町上る大倉町205番地
〔電話〕代表(075)231-0161
ホームページ　https://www.chart.co.jp
印刷　寿印刷株式会社



210902

# 重心と多面体の体積

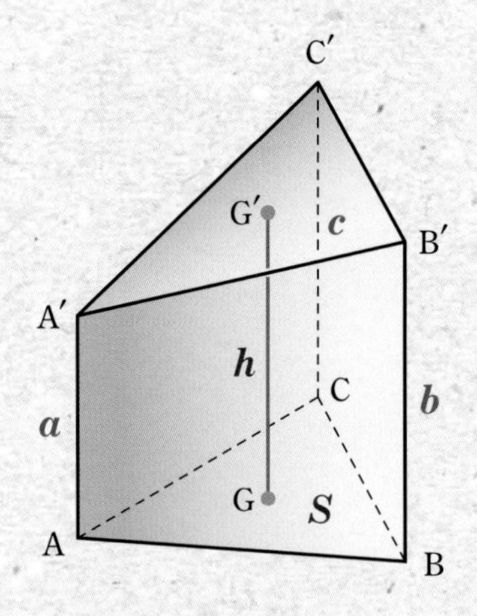


上の図の立体は，$\triangle$ABC を底面とする三角柱を，平面 A′B′C′で切断したものである。

G は $\triangle$ABC の重心

G′ は $\triangle$A′B′C′の重心

である。

$\triangle$ABC の面積を $S$

線分 GG′の長さを $h$

とすると，この立体の体積 $V$ は

$$V = Sh$$

となることが知られている。

また，3 つの線分 AA′，BB′，CC′の長さを，それぞれ $a$，$b$，$c$ とすると，次の関係式が成り立つことも知られている。

$$h = \frac{a+b+c}{3}$$

新 課 程　中高一貫教育をサポートする

# 体系数学2

## 幾 何 編 [中学 2，3 年生用]

図形のいろいろな性質をさぐる

## 解答編

数研出版

# 第1章　図形と相似

## 1　相似な図形　(本冊 $p.6$～10)

**練習1**　②は△ABCを$\frac{1}{2}$倍に縮小した図形，③は②を時計の針の回転と同じ向きに90°だけ回転移動した図形，⑥は△ABCを2倍に拡大した図形である。
よって，△ABCと相似である三角形は
**②と③と⑥**
参考　①と④も相似である。

**練習2**　(1)　**四角形ABCD∽四角形EFGH**
(2)　(ア)　辺ABと対応する辺は　**辺EF**
(イ)　∠Gと対応する角は　**∠C**

**練習3**　(1)　**四角形ABCD∽四角形ILKJ**
(2)　(ア)　辺BCと対応する辺は　**辺LK**
(イ)　辺IJと対応する辺は　**辺AD**
(ウ)　∠Cと対応する角は　**∠K**
(エ)　∠Iと対応する角は　**∠A**

**練習4**　(1)　①と③の対応する線分の長さの比は
BC：LK＝1：2
よって，①と③の相似比は　**1：2**
(2)　②と③の対応する線分の長さの比は
FG：LK＝1：1
よって，②と③の相似比は　**1：1**

**練習5**　(1)　2つの四角形の対応する線分の長さの比は，AD：EH＝3：5 であるから，相似比は
**3：5**
(2)　相似な図形では，対応する線分の長さの比は等しいから　　BC：FG＝AD：EH
BC：10＝3：5
5BC＝10×3
BC＝**6 (cm)**
(3)　　DC：HG＝AD：EH
7：HG＝3：5
3HG＝7×5
HG＝$\mathbf{\frac{35}{3}}$ **(cm)**

**練習6**　(1)

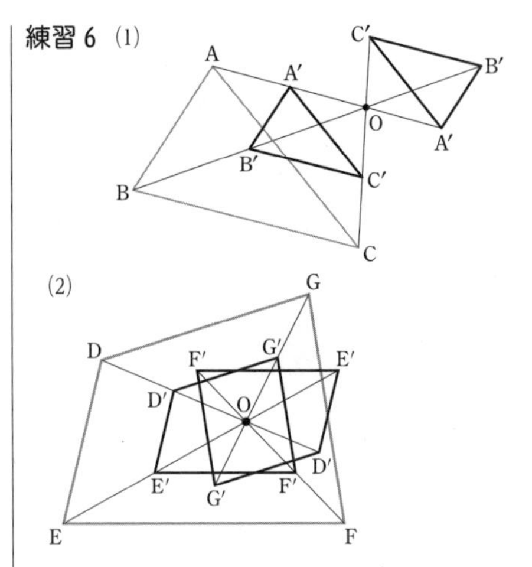


## 2　三角形の相似条件　(本冊 $p.11$～16)

**練習7**　略

**練習8**　①　△ABCと△PRQにおいて
AB：PR＝8：4＝2：1
BC：RQ＝6：3＝2：1
CA：QP＝9：4.5＝2：1
**3組の辺の比がすべて等しい** から
**△ABC∽△PRQ**
②　△DEFと△OMNにおいて
DF：ON＝6：3＝2：1
EF：MN＝4：2＝2：1
∠F＝∠N＝60°
**2組の辺の比とその間の角がそれぞれ等しい** から
**△DEF∽△OMN**
③　△GHIにおいて
∠H＝180°−(70°＋50°)＝60°
△GHIと△LKJにおいて
∠I＝∠J＝50°
∠H＝∠K＝60°
**2組の角がそれぞれ等しい** から
**△GHI∽△LKJ**

**練習 9** (1) **$\triangle$ABE∽$\triangle$DCE**

[証明] $\triangle$ABE と $\triangle$DCE において

AE：DE＝BE：CE＝3：1

対頂角は等しいから

$\angle$AEB＝$\angle$DEC

2 組の辺の比とその間の角がそれぞれ等しいから

$\triangle$ABE∽$\triangle$DCE

(2) **$\triangle$ABC∽$\triangle$ADB**

[証明] $\triangle$ABC と $\triangle$ADB において

AC＝4＋5＝9 (cm) であるから

AB：AD＝AC：AB＝3：2

共通な角であるから

$\angle$BAC＝$\angle$DAB

2 組の辺の比とその間の角がそれぞれ等しいから

$\triangle$ABC∽$\triangle$ADB

(3) **$\triangle$ABC∽$\triangle$AED**

[証明] $\triangle$ABC と $\triangle$AED において

共通な角であるから

$\angle$BAC＝$\angle$EAD

また　$\angle$ABC＝$\angle$AED＝40°

2 組の角がそれぞれ等しいから

$\triangle$ABC∽$\triangle$AED

**練習 10** $\triangle$ABC と $\triangle$DAC において

仮定から　$\angle$ABC＝$\angle$DAC

共通な角であるから　$\angle$ACB＝$\angle$DCA

2 組の角がそれぞれ等しいから

$\triangle$ABC∽$\triangle$DAC

相似な三角形では，対応する辺の長さの比は等しいから　CA：CD＝AB：DA

8：CD＝12：9

これを解くと　CD＝**6 cm**

**練習 11** $\triangle$ABC と $\triangle$DAC において

共通な角であるから

$\angle$BCA＝$\angle$ACD

仮定から

$\angle$BAC＝$\angle$ADC＝90°

2 組の角がそれぞれ等しいから

$\triangle$ABC∽$\triangle$DAC

相似な三角形では，対応する辺の長さの比は等しいから　AC：DC＝BC：AC

よって　$AC^2$＝BC×CD

**練習 12** (1) $\triangle$ABD と $\triangle$ACE において

共通な角であるから

$\angle$BAD＝$\angle$CAE

仮定から

$\angle$BDA＝$\angle$CEA＝90°

2 組の角がそれぞれ等しいから

$\triangle$ABD∽$\triangle$ACE

(2) (1) より，$\triangle$ABD∽$\triangle$ACE であり，相似な三角形では，対応する辺の長さの比は等しいから

AB：AC＝AD：AE

よって　AB：(6＋6)＝6：5

これを解くと　$AB=\frac{72}{5}$ cm

したがって　$EB=\frac{72}{5}-5=\mathbf{\frac{47}{5}}$ **(cm)**

**練習 13** (1) $\triangle$ABD と $\triangle$AEF において

正三角形の内角はすべて 60° であるから

$\angle$ABD＝$\angle$AEF＝60°　……①

また　$\angle$BAD＝$\angle$BAC－$\angle$DAC

＝60°－$\angle$DAC

$\angle$EAF＝$\angle$DAE－$\angle$DAC

＝60°－$\angle$DAC

よって　$\angle$BAD＝$\angle$EAF　……②

①，② より，2 組の角がそれぞれ等しいから

$\triangle$ABD∽$\triangle$AEF

(2) $\triangle$ABD と $\triangle$DCF において

正三角形の内角はすべて 60° であるから

$\angle$ABD＝$\angle$DCF＝60°　……③

(1) より，$\triangle$ABD∽$\triangle$AEF であり，相似な三角形では，対応する角の大きさは等しいから

$\angle$BDA＝$\angle$EFA

対頂角は等しいから　$\angle$CFD＝$\angle$EFA

よって　$\angle$BDA＝$\angle$CFD　……④

③，④ より，2 組の角がそれぞれ等しいから

$\triangle$ABD∽$\triangle$DCF

(3) (2) より，$\triangle$ABD∽$\triangle$DCF であり，相似な三角形では，対応する辺の長さの比は等しいから

AB：DC＝BD：CF

よって　9：(9－3)＝3：CF

これを解くと　CF＝2 cm

したがって　AF＝9－2＝**7 (cm)**

## 3　平行線と線分の比 （本冊 p. 17～24）

**練習14** (1)　△ADE と △DBF において

DE∥BC であり，同位角は等しいから

$\angle ADE=\angle DBF$

DF∥AC であり，同位角は等しいから

$\angle DAE=\angle BDF$

2 組の角がそれぞれ等しいから

$\triangle ADE \backsim \triangle DBF$

(2)　(1) より，△ADE∽△DBF であり，相似な三角形では，対応する辺の長さの比は等しいから

$AD:DB=AE:DF$

DE∥FC，DF∥EC より，四角形 DFCE は平行四辺形であるから

$DF=EC$

よって　$AD:DB=AE:EC$

**練習15** (1)　DE∥BC より

$AD:DB=AE:EC$

$x:2=6:3$

よって　$\boldsymbol{x=4}$

また　$AE:AC=DE:BC$

$6:(6+3)=y:9$

よって　$\boldsymbol{y=6}$

(2)　DE∥BC より

$AD:AB=DE:BC$

$9:(9+3)=6:x$

よって　$\boldsymbol{x=8}$

また　$AD:AB=AE:AC$

$9:(9+3)=8:y$

よって　$\boldsymbol{y=\frac{32}{3}}$

(3)　DE∥BC より

$AE:AC=DE:BC$

$(9-x):x=3:6$

$6(9-x)=3x$

よって　$\boldsymbol{x=6}$

**練習16**　DB＝AB−AD，EC＝AC−AE を AD：DB＝AE：EC に代入して

$AD:(AB-AD)=AE:(AC-AE)$

$AD\times(AC-AE)=(AB-AD)\times AE$

$AD\times AC-AD\times AE=AB\times AE-AD\times AE$

よって　$AD\times AC=AB\times AE$

ゆえに　$AD:AB=AE:AC$

別解　$x:y=a:b$ のとき，

$a=kx,\ b=ky\ (k\neq 0)$

と表すことができる。

このことを用いて，次のように証明できる。

［証明］　AE＝$k$AD，EC＝$k$DB（$k\neq 0$）とおく。

$AB=AD+DB,\ AC=AE+EC$

であるから

$AE:AC=AE:(AE+EC)$

$=kAD:(kAD+kDB)$

$=kAD:k(AD+DB)$

$=AD:(AD+DB)$

$=AD:AB$

**練習17**　[1]　$AF:FB=5:3$,

$AE:EC=6:3=2:1$

よって，BC と EF は平行でない。

[2]　$BD:DC=8:4=2:1$,

$BF:FA=3:5$

よって，CA と FD は平行でない。

[3]　$CE:EA=3:6=1:2$,

$CD:DB=4:8=1:2$

よって，AB と DE は平行である。

以上から，△ABC の辺に平行な線分は　**DE**

**練習18** (1)　$\ell \parallel m \parallel n$ より

$5:x=4:8$

よって　$\boldsymbol{x=10}$

(2)　$\ell \parallel m \parallel n$ より

$4:(9-4)=x:4$

よって　$\boldsymbol{x=\frac{16}{5}}$

(3)　$\ell \parallel m \parallel n$ より

$20:16=(x-20):20$

$20\times 20=16(x-20)$

よって　$\boldsymbol{x=45}$

**練習19** (1)　AE∥BF，AB∥EF であるから，四角形 ABFE は平行四辺形である。

よって　AE＝BF＝3 cm

したがって　ED＝9−3＝**6 (cm)**

(2)　▱ABFE において　EF＝AB＝6 cm

ED∥BF であるから

$EG:FG=ED:FB$

EG＝$x$ cm とおくと

$x:(6-x)=6:3$

$3x=6(6-x)$

$x=4$

よって　EG＝**4 cm**

**練習20** 辺ADの延長と線分GFの延長の交点をIとする。

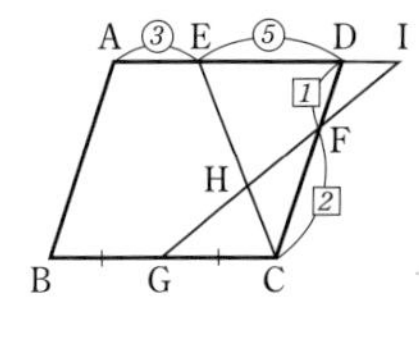


EI∥GCであるから
$EH:HC=EI:GC$
DI∥GC であるから
$$DI:GC=DF:FC=1:2$$
ここで，辺ADの長さを$a$とすると
$$ED=\frac{5}{8}a,\ GC=\frac{1}{2}a$$
よって　　$DI=\frac{1}{2}GC=\frac{1}{2}\times\frac{1}{2}a=\frac{1}{4}a$

したがって　$EI=ED+DI=\frac{5}{8}a+\frac{1}{4}a=\frac{7}{8}a$

よって　　$EH:HC=EI:GC$
$$=\frac{7}{8}a:\frac{1}{2}a$$
$$=\mathbf{7:4}$$

**練習21** △ABCにおいて，ADは∠BACの二等分線であるから
$$AB:AC=BD:DC$$
(1)　　$8:6=4:x$
よって　　$\boldsymbol{x=3}$
(2)　　$8:12=x:(8-x)$
$$8(8-x)=12x$$
よって　　$\boldsymbol{x=\frac{16}{5}}$

**練習22** (1) EC∥AD であり，同位角，錯角は等しいから　∠AEC＝∠FAD
∠ECA＝∠DAC
仮定から　∠FAD＝∠DAC
よって　　∠AEC＝∠ECA
したがって，△AECは，**AE＝AC の二等辺三角形** である。
(2) (1)より　AE＝AC　……①
EC∥AD であるから
BD：CD＝BA：EA　……②
①，②より　BD：CD＝BA：AC
よって　　$x:6=5:3$
したがって　　$\boldsymbol{x=10}$

**練習23** △ABCにおいて，ADは∠Aの外角の二等分線であるから
$$AB:AC=BD:DC$$
$$6:4=(3+x):x$$
$$6x=4(3+x)$$
よって　　$\boldsymbol{x=6}$

## 4　中点連結定理 (本冊 p.25～27)

**練習24** (1) △CBDにおいて，点E，Fは，それぞれ辺CD，CBの中点であるから，中点連結定理により
$$EF\parallel BD \quad \cdots\cdots ①$$
$$EF=\frac{1}{2}BD$$
よって　　BD＝2EF＝**16 (cm)**
(2) △AEFにおいて，①より，DG∥EF であるから
$$DG:EF=AD:AE=1:2$$
よって　　$DG=\frac{1}{2}EF=$**4 (cm)**

**練習25** △ABCと△DEFにおいて
中点連結定理により
$$ED=\frac{1}{2}AB,\ FE=\frac{1}{2}BC,\ DF=\frac{1}{2}CA$$
すなわち
$$AB=2ED,\ BC=2FE,\ CA=2DF$$
よって　AB：DE＝BC：EF＝CA：FD＝2：1
3組の辺の比がすべて等しいから
△ABC∽△DEF

**練習26** △ABCにおいて，中点連結定理により
$$MP\parallel BC,\ MP=\frac{1}{2}BC$$
△DBCにおいて，中点連結定理により
$$QN\parallel BC,\ QN=\frac{1}{2}BC$$
したがって　MP∥QN，MP＝QN
よって，1組の対辺が平行でその長さが等しいから，四角形MPNQは平行四辺形である。

**練習27** AとMを結び，その延長と辺BCの交点をEとする。

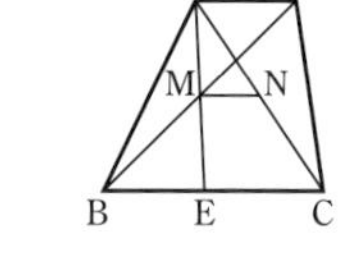


△AMDと△EMBにおいて
仮定から
DM＝BM
対頂角は等しいから
∠AMD＝∠EMB
AD∥BC であり，錯角は等しいから
∠ADM＝∠EBM
1組の辺とその両端の角がそれぞれ等しいから
△AMD≡△EMB

よって

$$AM=EM \quad \cdots\cdots ①,\ AD=EB \quad \cdots\cdots ②$$

△AEC において，① と AN=CN から，中点連結定理により　MN∥EC

点 E は辺 BC 上にあるから　MN∥BC

また，$MN=\frac{1}{2}EC$ で，② より

EC=BC−AD であるから

$$MN=\frac{1}{2}(BC-AD)$$

## 5　相似な図形の面積比，体積比　(本冊 p.28〜34)

**練習 28**　(1)　△ABC∽△ADE であり，相似比は

$$AC:AE=(3+2):3=5:3$$

したがって，△ABC と △ADE の面積比は

$$△ABC:△ADE=5^2:3^2=\mathbf{25:9}$$

(2)　△ABC∽ADE であり，相似比は

$$BC:DE=12:6=2:1$$

したがって，△ABC と △ADE の面積比は

$$△ABC:△ADE=2^2:1^2=\mathbf{4:1}$$

**練習 29**　△ABC∽△ADE であり，相似比は

$$AB:AD=(3+1):3=4:3$$

したがって，△ABC と △ADE の面積比は

$$△ABC:△ADE=4^2:3^2=16:9$$

四角形 DBCE は，△ABC から △ADE を除いたものである。

よって，△ABC と 四角形 DBCE の面積比は

△ABC：(四角形 DBCE の面積)

=16：(16−9)

=16：7

したがって

80：(四角形 DBCE の面積)=16：7

(四角形 DBCE の面積)=**35 (cm²)**

**練習 30**　$F$ と $G$ の面積比は

($F$ の面積)：($G$ の面積)$=5^2:2^2=\mathbf{25:4}$

よって　　500：($G$ の面積)=25：4

($G$ の面積)=**80 (cm²)**

**練習 31**　(1)　$a:b=1:2=\frac{1}{2}:1,$

$$b:c=4:5=1:\frac{5}{4}$$

であるから

$$a:b:c=\frac{1}{2}:1:\frac{5}{4}=\mathbf{2:4:5}$$

別解　$a:b=1:2=2:4,$

$b:c=4:5$

であるから

$$a:b:c=\mathbf{2:4:5}$$

(2)　$a:b=4:3=\frac{4}{3}:1,$

$$b:c=2:7=1:\frac{7}{2}$$

であるから

$$a:b:c=\frac{4}{3}:1:\frac{7}{2}=\mathbf{8:6:21}$$

**練習 32**　(1)　△HBA∽△HAC であり，相似比は

$$BA:AC=12:16=3:4$$

△HAC∽△ABC であり，相似比は

$$AC:BC=16:20=4:5$$

したがって，△HBA と △HAC と △ABC の相似比は　**3：4：5**

(2)　△HBA と △HAC の面積比は

$$3^2:4^2=9:16$$

△HAC と △ABC の面積比は

$$4^2:5^2=16:25$$

したがって，△HBA と △HAC と △ABC の面積比は　**9：16：25**

**練習 33**　つねに相似であるものは

**(1) の立方体，(3) の正四面体，(6) の球**

**練習 34**　$P$ の表面積を $S$，$Q$ の表面積を $S'$ とする。

$$S=2\times ma\times mb+2\times mb\times mc+2\times mc\times ma$$
$$=m^2\times(2ab+2bc+2ca)$$
$$S'=2\times na\times nb+2\times nb\times nc+2\times nc\times na$$
$$=n^2\times(2ab+2bc+2ca)$$

よって

$$S:S'$$
$$=m^2\times(2ab+2bc+2ca):n^2\times(2ab+2bc+2ca)$$
$$=\boldsymbol{m^2:n^2}$$

**練習 35**　相似比が 3：4 であるから

表面積比は　$3^2:4^2=\mathbf{9:16}$

体積比は　$3^3:4^3=\mathbf{27:64}$

**練習 36**　$Q$ の表面積を $S$，体積を $V$ とする。

$P$ と $Q$ の相似比は 5：3 であるから，表面積比は

$$5^2:3^2=25:9$$

よって　　$700:S=25:9$

$S=$**252 (cm²)**

また，$P$ と $Q$ の体積比は

$$5^3 : 3^3 = 125 : 27$$

よって　　$1000 : V = 125 : 27$

$$V = \mathbf{216}\ (\mathbf{cm^3})$$

**練習 37**　正四角錐 $P$ と $Q$ は相似であり，その相似比は $2:1$ である。

(1)　表面積比は　$2^2 : 1^2 = \mathbf{4:1}$

(2)　体積比は　$2^3 : 1^3 = \mathbf{8:1}$

(3)　(2) の結果から

$$(Q\text{ の体積}) = 56 \times \frac{1}{8} = \mathbf{7}\ (\mathbf{cm^3})$$

(4)　正四角錐 $P$ と立体 $A$ の体積比は

$$8 : (8-1) = 8 : 7$$

よって　　$(P\text{ の体積}) = 35 \times \frac{8}{7} = \mathbf{40}\ (\mathbf{cm^3})$

## 6　相似の利用　(本冊 p. 35～38)

**練習 38**　△A′B′C′ の A′B′ の長さを測ると 3.2 cm であるから，$3.2 \times 500 = 1600$ より

AB＝1600 cm　すなわち　AB＝**16 m**

**練習 39**　AB：DE＝BC：EF が成り立つから

$$1.2 : \text{DE} = 0.8 : 7.2$$
$$\text{DE} = 10.8$$

よって，電信柱の高さは　**10.8 m**

**練習 40**　2000 分の 1 の縮図をかくと，右の図のようになる。

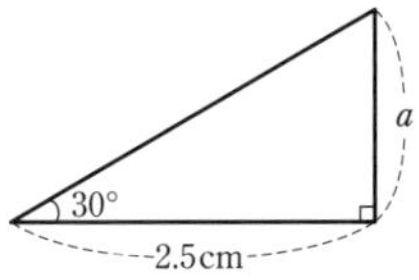

$a$ の長さを測ると 1.4 cm であるから，$1.4 \times 2000 = 2800$ より，実際の距離は

2800 cm　すなわち　28 m

よって，$28 + 1.5 = 29.5$ より，ビルの高さは

**29.5 m**

**練習 41**　SサイズとMサイズのパンケーキは相似であり，その相似比は

$$8 : 14 = 4 : 7$$

よって，面積比は　$4^2 : 7^2 = 16 : 49$

Mサイズのパンケーキの値段を $x$ 円とすると

$$16 : 49 = 400 : x$$

これを解くと　　$x = 1225$

よって，M サイズのパンケーキの値段は

**1225 円**

**練習 42**　水筒AとBの体積比は

$$3^3 : 4^3 = 27 : 64$$

水筒Bの容量を $x$ mL とすると

$$27 : 64 = 810 : x$$

これを解くと　　$x = 1920$

よって，水筒Bの容量は　**1920 mL**

**練習 43**　コップ 1 杯分の水が入った部分の円錐を $A$，容器の円錐を $B$ とする。

このとき，$A$ と $B$ は相似であり，その相似比は

$$2 : 6 = 1 : 3$$

よって，体積比は　$1^3 : 3^3 = 1 : 27$

$27 - 1 = 26$ より，容器を水でいっぱいにするには，あとコップ **26 杯分** の水を入れるとよい。

## 確認問題　(本冊 p. 39)

**問題 1**　△ADE と △FBD において

仮定から　　∠EAD＝∠DFB＝90°

DE∥BC であり，同位角は等しいから

∠ADE＝∠FBD

2 組の角がそれぞれ等しいから

△ADE∽△FBD

**問題 2**　(1)　DE∥BC より

AD：AB＝AE：AC

$$2 : (2+1) = 4 : x$$

よって　　$\boldsymbol{x = 6}$

また　　AD：AB＝DE：BC

$$2 : (2+1) = y : 6$$

よって　　$\boldsymbol{y = 4}$

(2)　$\ell \parallel m \parallel n$ より

$$x : 15 = 8 : 12$$

よって　　$\boldsymbol{x = 10}$

(3)　$\ell \parallel m$ より

$$2 : 5 = x : (x+4)$$
$$2(x+4) = 5x$$

よって　　$\boldsymbol{x = \frac{8}{3}}$

$\ell \parallel n$ より

$$2 : y = \frac{8}{3} : \left(\frac{8}{3} + 4 + 2\right)$$
$$= \frac{8}{3} : \frac{26}{3}$$
$$= 4 : 13$$

よって　　$\boldsymbol{y = \frac{13}{2}}$

**問題 3** (1) $\triangle ABC$ において, AD は $\angle BAC$ の二等分線であるから

$$BD : DC = AB : AC = \mathbf{8 : 5}$$

(2) (1)の結果から

$$BD : BC = 8 : (8+5)$$

$$BD : 7 = 8 : 13$$

よって $BD = \dfrac{56}{13}$ cm

$\triangle ABD$ において, BE は $\angle ABD$ の二等分線であるから

$$AE : ED = BA : BD$$

$$= 8 : \frac{56}{13}$$

$$= \mathbf{13 : 7}$$

**問題 4** $\triangle AEC$ において, 点 D, F は, それぞれ辺 AE, AC の中点であるから, 中点連結定理により

$$DF \parallel EC \quad \cdots\cdots ①,$$

$$DF = \frac{1}{2}EC$$

すなわち $EC = 2x$ cm $\cdots\cdots$ ②

また, $\triangle BFD$ において, ① より $EG \parallel DF$ であるから

$$EG : DF = BE : BD = 1 : 2$$

よって $EG = \dfrac{1}{2}DF = \dfrac{1}{2}x$ (cm) $\cdots\cdots$ ③

$EC - EG = 3$ (cm) であるから, この式に ②, ③ を代入して $2x - \dfrac{1}{2}x = 3$

よって $\boldsymbol{x = 2}$

## 演習問題A (本冊 *p.* 40)

**問題 1** 直線 EF と AC において, 同位角 $\angle BEF$ と $\angle BAC$ がともに 90° で等しいから

$$EF \parallel AC$$

$\triangle ADC$ と $\triangle BEF$ において

$$\angle ADC = \angle BEF = 90^\circ$$

$EF \parallel AC$ であり, 同位角は等しいから

$$\angle ACD = \angle BFE$$

2 組の角がそれぞれ等しいから

$$\triangle ADC \backsim \triangle BEF$$

相似な三角形では, 対応する辺の長さの比は等しいから $AD : BE = AC : BF$

$$5 : 3 = AC : 4$$

これを解くと $AC = \mathbf{\dfrac{20}{3}}$ **cm**

**問題 2** (1) $AB \parallel CD$ より

$$AE : ED = AB : CD$$

$$= 8 : 12$$

$$= 2 : 3$$

$AB \parallel EF$ より

$$BF : FD = AE : ED$$

よって $BF : FD = \mathbf{2 : 3}$

(2) $AB \parallel EF$ より

$$EF : AB = DF : DB$$

$$EF : 8 = 3 : (3+2)$$

よって $EF = \mathbf{\dfrac{24}{5}}$ **cm**

**問題 3** $\triangle ABD$ において, 中点連結定理により

$$EG \parallel AB \quad \cdots\cdots ①,$$

$$EG = \frac{1}{2}AB \quad \cdots\cdots ②$$

$\triangle BCD$ において, 中点連結定理により

$$GF \parallel DC \quad \cdots\cdots ③,$$

$$GF = \frac{1}{2}DC \quad \cdots\cdots ④$$

(1) ① より $\angle EGD = 30^\circ$

③ より, $\angle BGF = 80^\circ$ であるから

$$\angle FGD = 180^\circ - 80^\circ = 100^\circ$$

よって $\angle EGF = 30^\circ + 100^\circ = \mathbf{130^\circ}$

(2) ②, ④ と, 仮定の $AB = CD$ より

$$EG = GF$$

よって, $\triangle EFG$ は, **EG=GF の二等辺三角形**である。

**問題 4** $\triangle ADF \backsim \triangle ABC$ であり, 相似比は

$$AF : AC = 6 : (6+8) = 3 : 7$$

よって, $\triangle ADF$ と $\triangle ABC$ の面積比は

$$\triangle ADF : \triangle ABC = 3^2 : 7^2 = 9 : 49$$

したがって $\triangle ADF : 98 = 9 : 49$

$$\triangle ADF = 18\ (cm^2)$$

また, $\triangle FEC \backsim \triangle ABC$ であり, 相似比は

$$FC : AC = 8 : (6+8) = 4 : 7$$

よって, $\triangle FEC$ と $\triangle ABC$ の面積比は

$$\triangle FEC : \triangle ABC = 4^2 : 7^2 = 16 : 49$$

したがって $\triangle FEC : 98 = 16 : 49$

$$\triangle FEC = 32\ (cm^2)$$

よって

(四角形 BEFD の面積)$=\triangle ABC-\triangle ADF-\triangle FEC$
$=98-18-32$
$=\mathbf{48}$ (**cm²**)

## 演習問題B (本冊 *p.* 41)

**問題 5** 四角形 DBEF は正方形であるから

$DF /\!/ BC$

したがって　$DF:BC=AD:AB$

正方形 DBEF の 1 辺の長さを $x$ cm とすると

$$x:8=(6-x):6$$
$$6x=8(6-x)$$
$$x=\frac{24}{7}$$

よって，正方形 DBEF の 1 辺の長さは

$$\mathbf{\frac{24}{7}\ cm}$$

**問題 6** $AB /\!/ DR$ であるから

$AP:PR=BP:PD$

$AD /\!/ BQ$ であるから

$PQ:AP=BP:PD$

よって　$AP:PR=PQ:AP$

したがって　$AP^2=PQ\times PR$

**問題 7** HD，GQ，EP の延長の交点を O とすると，三角錐 O-PQD と三角錐 O-EGH は相似である。

$$QD=\frac{1}{2}GH$$

であるから，相似比は

$1:2$

よって，体積比は

$1^3:2^3=1:8$

したがって，三角錐 O-EGH と立体 PQD-EGH の体積比は

$8:(8-1)=8:7$

OH=12 cm であるから，立体 PQD-EGH の体積は

$$\frac{1}{3}\times\left(\frac{1}{2}\times6\times6\right)\times12\times\frac{7}{8}=63\ (\text{cm}^3)$$

立方体 ABCD-EFGH の体積は

$6\times6\times6=216\ (\text{cm}^3)$

よって，求める体積比は

$216:63=\mathbf{24:7}$

# 第2章　線分の比と計量

## 1　三角形の重心　(本冊 $p.46\sim48$)

**練習 1**　(1), (2)　線分 AB の内分点 C, D は下の図のようになる。

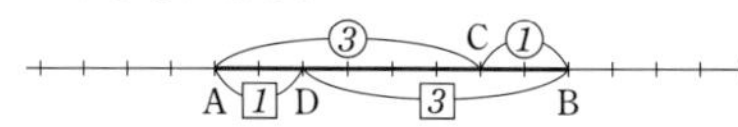


(3), (4)　線分 AB の外分点 E, F は下の図のようになる。

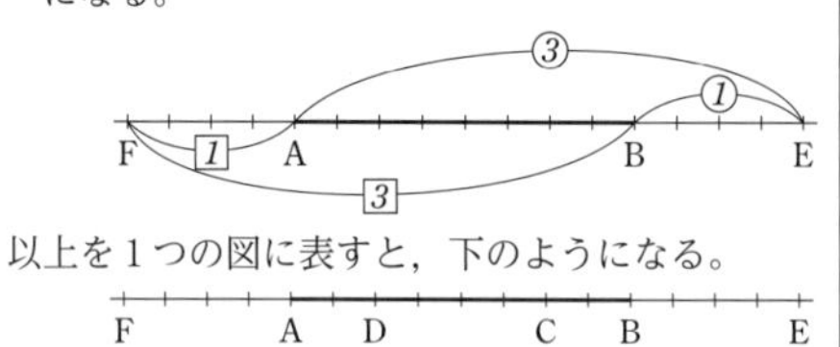


以上を 1 つの図に表すと，下のようになる。

F　A　D　C　B　E
(4)　(2)　(1)　(3)

**練習 2**　(1)　点Gは △ABC の重心であるから

$$AG : AD = 2 : (2+1)$$
$$AG : 9 = 2 : 3$$

よって　　$AG = \mathbf{6\ cm}$

(2)　$EF \parallel BC$ であるから

$$AE : AB = AG : AD = 2 : 3$$

一方　　$EF : BC = AE : AB$

よって　　$EF : BC = 2 : 3$

$$EF : 12 = 2 : 3$$

したがって　　$EF = \mathbf{8\ cm}$

## 2　線分の比と面積比　(本冊 $p.49\sim53$)

**練習 3**　(1)　$\triangle DBE : \triangle DEC = BE : EC = \mathbf{1 : 1}$

(2)　$\triangle DBE : \triangle DBC = BE : BC = \mathbf{1 : 2}$

(3)　$\triangle DBC : \triangle ADC = BD : DA = \mathbf{1 : 2}$

(4)　$\triangle ABC = S$ とすると

$$\triangle DBC = \frac{1}{3}S$$

よって　　$\triangle DBE = \frac{1}{2}\triangle DBC = \frac{1}{2} \times \frac{1}{3}S$

$$= \frac{1}{6}S$$

したがって　$\triangle DBE : \triangle ABC = \frac{1}{6}S : S$

$$= \mathbf{1 : 6}$$

**練習 4**　直線 CG と辺 AB との交点を D とする。

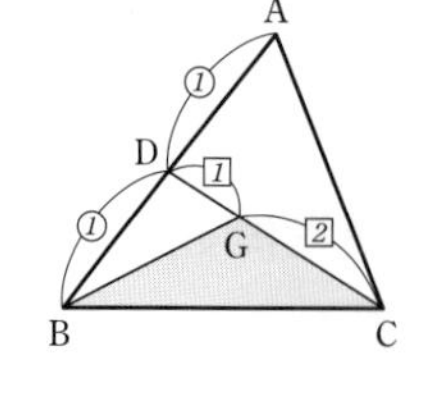


$AD : DB = 1 : 1$ であるから

$$\triangle DBC = \frac{1}{2}\triangle ABC$$

点Gは △ABC の重心であるから

$$CG : GD = 2 : 1$$

よって　　$\triangle GBC = \frac{2}{3}\triangle DBC$

$$= \frac{2}{3} \times \frac{1}{2}\triangle ABC$$

$$= \frac{1}{3}\triangle ABC$$

したがって

$$\triangle ABC : \triangle GBC = \triangle ABC : \frac{1}{3}\triangle ABC$$

$$= \mathbf{3 : 1}$$

別解　直線 AG と辺 BC との交点をEとする。
また，2点 A, G から直線 BC に，それぞれ垂線 AF, GH を引く。
点Gは △ABC の重心であるから

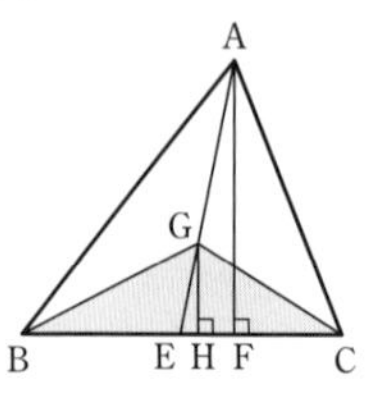


$$EA : EG = (2+1) : 1 = 3 : 1$$

$GH \parallel AF$ であるから

$$AF : GH = EA : EG = 3 : 1$$

△ABC と △GBC は底辺を共有するから

$$\triangle ABC : \triangle GBC = AF : GH$$
$$= \mathbf{3 : 1}$$

**練習 5**　(1)　$AD \parallel EF$, $AD = BC$ であるから

$$EG : GD = EF : AD$$
$$= \frac{1}{3}BC : AD$$
$$= 1 : 3$$

よって　　$EG : ED = 1 : (1+3)$

$$= \mathbf{1 : 4} \quad \cdots\cdots ①$$

(2) AD∥EC, AD=BC であるから

$$\mathrm{EH}:\mathrm{HD}=\mathrm{EC}:\mathrm{AD}$$
$$=\frac{2}{3}\mathrm{BC}:\mathrm{AD}$$
$$=2:3$$

よって $\mathrm{EH}:\mathrm{ED}=2:(2+3)$

$$=\mathbf{2:5}\quad\cdots\cdots②$$

(3) ①, ② より $\mathrm{EG}=\frac{1}{4}\mathrm{ED}$, $\mathrm{EH}=\frac{2}{5}\mathrm{ED}$

したがって

$$\mathrm{EG}:\mathrm{EH}=\frac{1}{4}\mathrm{ED}:\frac{2}{5}\mathrm{ED}=\mathbf{5:8}$$

(4) $\mathrm{EG}:\mathrm{GH}=5:(8-5)=\mathbf{5:3}$

(5) ▱ABCD の面積を $S$ とすると

$$\triangle\mathrm{AED}=\frac{1}{2}S$$

(1), (4) より

$$\mathrm{GH}=\frac{3}{5}\mathrm{EG}=\frac{3}{5}\times\frac{1}{4}\mathrm{ED}=\frac{3}{20}\mathrm{ED}$$

よって $\mathrm{GH}:\mathrm{ED}=3:20$

したがって $\triangle\mathrm{AGH}=\frac{3}{20}\triangle\mathrm{AED}$

$$=\frac{3}{20}\times\frac{1}{2}S$$
$$=\frac{3}{40}S$$

よって $\triangle\mathrm{AGH}:S$

$$=\frac{3}{40}S:S$$
$$=\mathbf{3:40}$$

## 練習 6

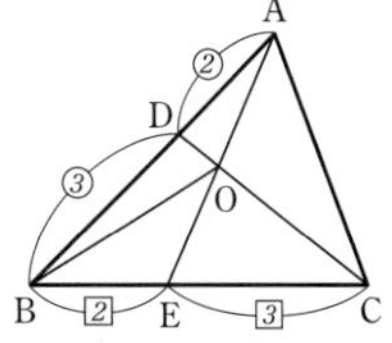


(1) △OAB と △OAC は，辺 OA を共有しているから

$$\triangle\mathrm{OAB}:\triangle\mathrm{OAC}=\mathrm{EB}:\mathrm{EC}=\mathbf{2:3}$$

(2) △OBC と △OAC は，辺 OC を共有しているから

$$\triangle\mathrm{OBC}:\triangle\mathrm{OAC}=\mathrm{DB}:\mathrm{DA}=\mathbf{3:2}$$

(3) (1), (2) の結果から

$$\triangle\mathrm{OAB}=\frac{2}{3}\triangle\mathrm{OAC},\ \triangle\mathrm{OBC}=\frac{3}{2}\triangle\mathrm{OAC}$$

このとき

$$\triangle\mathrm{ABC}=\triangle\mathrm{OAB}+\triangle\mathrm{OBC}+\triangle\mathrm{OAC}$$
$$=\frac{2}{3}\triangle\mathrm{OAC}+\frac{3}{2}\triangle\mathrm{OAC}+\triangle\mathrm{OAC}$$
$$=\frac{19}{6}\triangle\mathrm{OAC}$$

よって $\triangle\mathrm{ABC}:\triangle\mathrm{OAC}=\frac{19}{6}\triangle\mathrm{OAC}:\triangle\mathrm{OAC}$

$$=\mathbf{19:6}$$

## 練習 7

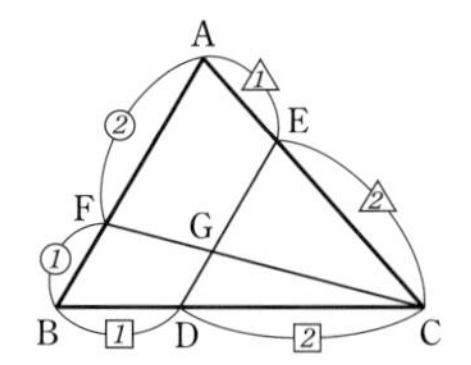


(1) △FBC と △ABC は，底辺をそれぞれ FB, AB としたときの高さが等しいから，面積比は

$$\triangle\mathrm{FBC}:\triangle\mathrm{ABC}=\mathrm{FB}:\mathrm{AB}=1:3$$

よって $\triangle\mathrm{FBC}=\frac{1}{3}\triangle\mathrm{ABC}=\frac{1}{3}\times 54$

$$=\mathbf{18\ (cm^2)}$$

(2) △EDC と △ABC において

共通な角であるから ∠DCE=∠BCA

また CE : CA=2 : 3

CD : CB=2 : 3

2 組の辺の比とその間の角がそれぞれ等しいから △EDC∽△ABC

相似比は，2 : 3 であるから

$$\triangle\mathrm{EDC}:\triangle\mathrm{ABC}=2^2:3^2=4:9$$

よって $\triangle\mathrm{EDC}=\frac{4}{9}\triangle\mathrm{ABC}=\frac{4}{9}\times 54$

$$=\mathbf{24\ (cm^2)}$$

(3) △GDC と △FBC は相似で，相似比は 2 : 3 であるから

$$\triangle\mathrm{GDC}:\triangle\mathrm{FBC}=2^2:3^2=4:9$$

よって $\triangle\mathrm{GDC}=\frac{4}{9}\triangle\mathrm{FBC}=\frac{4}{9}\times 18$

$$=8\ (\mathrm{cm}^2)$$

このとき (四角形 FBDG の面積)

$$=\triangle\mathrm{FBC}-\triangle\mathrm{GDC}$$
$$=18-8=10\ (\mathrm{cm}^2)$$
$$\triangle\mathrm{EGC}=\triangle\mathrm{EDC}-\triangle\mathrm{GDC}$$
$$=24-8=16\ (\mathrm{cm}^2)$$

したがって，四角形 FBDG と △EGC の面積比は $10:16=\mathbf{5:8}$

## 3　チェバの定理 (本冊 $p.54$, $55$)

**練習 8** (1)　仮定から　$\dfrac{BP}{PC}=\dfrac{6}{5}$, $\dfrac{CQ}{QA}=\dfrac{3}{2}$

△ABC にチェバの定理を用いると

$$\frac{6}{5}\times\frac{3}{2}\times\frac{AR}{RB}=1$$

$$\frac{AR}{RB}=\frac{5}{9}$$

よって　　AR : RB $=$ **5 : 9**

(2)　仮定から

$$\frac{BP}{PC}=\frac{1}{1},\ \frac{CQ}{QA}=\frac{1}{1+2}=\frac{1}{3}$$

△ABC にチェバの定理を用いると

$$\frac{1}{1}\times\frac{1}{3}\times\frac{AR}{RB}=1$$

$$\frac{AR}{RB}=3$$

よって　　AR : RB $=$ **3 : 1**

**練習 9**　仮定から

$$\frac{CQ}{QA}=\frac{1}{2},$$

$$\frac{AR}{RB}=\frac{3}{2}$$

△ABC にチェバの定理を用いると

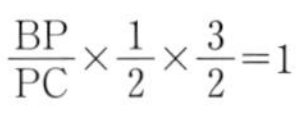

$$\frac{BP}{PC}\times\frac{1}{2}\times\frac{3}{2}=1$$

$$\frac{BP}{PC}=\frac{4}{3}$$

よって　　BP : PC $=$ **4 : 3**

## 4　メネラウスの定理 (本冊 $p.56$, $57$)

**練習10** (1)　仮定から

$$\frac{BP}{PC}=\frac{3+2}{2}=\frac{5}{2},\ \frac{AR}{RB}=\frac{2}{3}$$

△ABC と直線 PR にメネラウスの定理を用いると

$$\frac{5}{2}\times\frac{CQ}{QA}\times\frac{2}{3}=1$$

$$\frac{CQ}{QA}=\frac{3}{5}$$

よって　　CQ : QA $=$ **3 : 5**

(2)　仮定から

$$\frac{BP}{PC}=\frac{2+3}{3}=\frac{5}{3},\ \frac{AR}{RB}=\frac{1}{1+4}=\frac{1}{5}$$

△ABC と直線 PQ にメネラウスの定理を用いると

$$\frac{5}{3}\times\frac{CQ}{QA}\times\frac{1}{5}=1$$

$$\frac{CQ}{QA}=3$$

よって　　CQ : QA $=$ **3 : 1**

**練習11**　直線 BG と辺 AC との交点を M とする。

仮定から　$\dfrac{LB}{BC}=\dfrac{1}{2}$,

$\dfrac{AG}{GL}=\dfrac{2}{1}$

△ALC と直線 BG にメネラウスの定理を用いると

$$\frac{1}{2}\times\frac{CM}{MA}\times\frac{2}{1}=1$$

$$\frac{CM}{MA}=1$$

よって　　CM : MA $=1:1$

したがって，直線 BG は辺 AC の中点を通る。

## 確認問題 (本冊 $p.61$)

**問題 1** (1)　AD, BE は △ABC の中線であるから，その交点Gは △ABC の重心である。

よって　　AG : GD $=$ **2 : 1**

(2)　GE // DF であるから

GE : DF $=$ AG : AD

$=2:(2+1)$

$=$ **2 : 3**

**問題 2** (1)　△ABD : △ABC $=$ BD : BC

$=3:(3+4)$

$=$ **3 : 7**

(2)　△ABP と △ABD について

△ABP : △ABD $=$ AP : AD

$=2:(2+3)$

$=2:5$

△ABC $=S$ とすると

$$\triangle ABP=\frac{2}{5}\triangle ABD=\frac{2}{5}\times\frac{3}{7}S$$

$$=\frac{6}{35}S$$

よって　　△ABP : △ABC $=\dfrac{6}{35}S:S$

$=$ **6 : 35**

**問題 3** (1) 仮定から $\dfrac{CQ}{QA}=\dfrac{4}{3}$, $\dfrac{AR}{RB}=\dfrac{2}{1}$

△ABC にチェバの定理を用いると

$$\frac{BP}{PC}\times\frac{4}{3}\times\frac{2}{1}=1$$

$$\frac{BP}{PC}=\frac{3}{8}$$

よって　BP：PC=**3：8**

(2) 仮定から

$$\frac{CQ}{QA}=\frac{1}{1+4}=\frac{1}{5},\quad \frac{AR}{RB}=\frac{5+2}{2}=\frac{7}{2}$$

△ABC にチェバの定理を用いると

$$\frac{BP}{PC}\times\frac{1}{5}\times\frac{7}{2}=1$$

$$\frac{BP}{PC}=\frac{10}{7}$$

よって　BP：PC=**10：7**

**問題 4** (1) 仮定から $\dfrac{CE}{EA}=\dfrac{1}{4}$, $\dfrac{AD}{DB}=\dfrac{2}{1}$

△ABC と直線 DF にメネラウスの定理を用いると

$$\frac{BF}{FC}\times\frac{1}{4}\times\frac{2}{1}=1$$

$$\frac{BF}{FC}=2$$

よって　BF：FC=**2：1**

(2) 仮定から

$$\frac{EC}{CA}=\frac{1}{1+4}=\frac{1}{5},\quad \frac{AB}{BD}=\frac{2+1}{1}=\frac{3}{1}$$

△ADE と直線 BF にメネラウスの定理を用いると

$$\frac{DF}{FE}\times\frac{1}{5}\times\frac{3}{1}=1$$

$$\frac{DF}{FE}=\frac{5}{3}$$

よって　DF：FE=**5：3**

## 演習問題A　(本冊 $p.62$)

**問題 1** DG∥BE であるから

AG：GE=AD：DB
=1：1

よって

$$AG=\frac{1}{1+1}AE=\frac{1}{2}AE$$

また，AE，CD は △ABC の中線であるから，その交点F は △ABC の重心である。

よって　AF：FE=2：1

したがって　$AF=\dfrac{2}{2+1}AE=\dfrac{2}{3}AE$

よって

$$AG:GF=\frac{1}{2}AE:\left(\frac{2}{3}AE-\frac{1}{2}AE\right)=\frac{1}{2}AE:\frac{1}{6}AE$$

=**3：1**

**問題 2** △AEF の面積を $S$ とする。

AE∥BC であるから

EF：BF=AF：CF
=AE：CB
=1：3

よって　△ABF=3△AEF=3$S$
△ABC=(1+3)△ABF
=4×3$S$
=12$S$

▱ABCD の面積は

2△ABC=2×12$S$=24$S$

したがって，▱ABCD の面積は △AEF の面積の **24 倍**

**問題 3** △ABC にチェバの定理を用いると

$$\frac{BD}{DC}\times\frac{CE}{EA}\times\frac{AF}{FB}=1\quad\cdots\cdots ①$$

また，△ABC と直線 FP にメネラウスの定理を用いると

$$\frac{BP}{PC}\times\frac{CE}{EA}\times\frac{AF}{FB}=1\quad\cdots\cdots ②$$

①，② から　$\dfrac{BD}{DC}=\dfrac{BP}{PC}$

したがって　BD：DC=BP：PC

**問題 4** (1) 仮定から $\dfrac{CQ}{QA}=\dfrac{3}{2}$, $\dfrac{AR}{RB}=\dfrac{5}{3}$

△ABC にチェバの定理を用いると

$$\frac{BP}{PC}\times\frac{3}{2}\times\frac{5}{3}=1$$

$$\frac{BP}{PC}=\frac{2}{5}$$

よって　BP：PC=**2：5**

(2) (1)から　$\dfrac{BC}{CP}=\dfrac{2+5}{5}=\dfrac{7}{5}$, $\dfrac{AR}{RB}=\dfrac{5}{3}$

△ABP と直線 CR にメネラウスの定理を用いると

$$\frac{7}{5}\times\frac{PO}{OA}\times\frac{5}{3}=1$$

$$\frac{PO}{OA}=\frac{3}{7}$$

よって　　PO：OA＝3：7

したがって　△ABC：△OBC＝AP：OP

$$=(7+3):3$$

$$=\mathbf{10:3}$$

## 演習問題B　(本冊 p. 63)

**問題5** (1) △BAC において，中点連結定理により　　DE∥AC

△CAB において，中点連結定理により

EF∥BA

よって，四角形 ADEF は，2 組の対辺がそれぞれ平行であるから，平行四辺形である。

平行四辺形の対角線は，それぞれの中点で交わるから，DP＝PF である。

(2) BF と DE の交点を Q，CD と EF の交点を R とする。

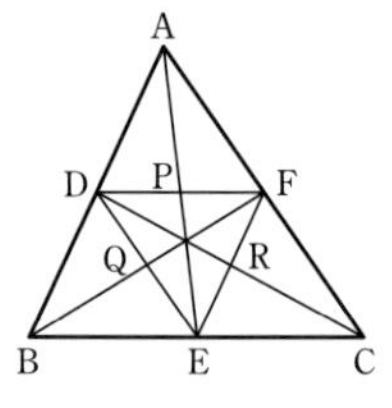


(1) より，AE は線分 DF の中点 P を通るから，線分 EP は △DEF の中線である。

同様に，線分 FQ，DR も △DEF の中線である。

よって，△ABC の重心と △DEF の重心は，ともに 3 直線 AE，BF，CD の交点であるから，2 点は一致する。

**問題6** (1) △APQ＝△PQR＝△QRS＝$T$ とすると

AQ：QS＝△ARQ：△QRS

$$=(T+T):T$$

$$=\mathbf{2:1}$$

(2) (1) と同様に考えると

AS：AB＝△ACS：△ACB＝4：5

よって，AB＝15 cm のとき

$$AS=15\times\frac{4}{5}=12\,(\text{cm})$$

(1) の結果より

$$AQ=12\times\frac{2}{2+1}=\mathbf{8\,(cm)}$$

**問題7** △ABC にチェバの定理を用いると

$$\frac{BF}{FC}\times\frac{CE}{EA}\times\frac{AD}{DB}=1 \quad \cdots\cdots ①$$

また，DE∥BC であるから

AD：DB＝AE：EC

すなわち　$\dfrac{AD}{DB}=\dfrac{AE}{EC}$

これを ① に代入すると

$$\frac{BF}{FC}\times\frac{CE}{EA}\times\frac{AE}{EC}=1$$

$$\frac{BF}{FC}=1$$

よって　　BF＝FC

したがって，F は辺 BC の中点である。

# 第3章　円

## 1　外心と垂心（本冊 $p.66\sim68$）

**練習1**　(1)　$\triangle$OAC において，OA=OC より

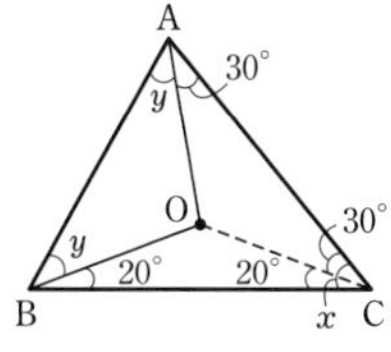


$$\angle OCA=\angle OAC$$
$$=30^\circ$$

$\triangle$OBC において，OB=OC より

$$\angle OCB=\angle OBC=20^\circ$$

よって　　$\angle \boldsymbol{x}=30^\circ+20^\circ=\mathbf{50^\circ}$

三角形の内角の和は $180^\circ$ であるから

$$2\angle y=180^\circ-(20^\circ+50^\circ+30^\circ)$$
$$=80^\circ$$

よって　　$\angle \boldsymbol{y}=\mathbf{40^\circ}$

(2)　$\triangle$OBC において，OB=OC より

$$\angle \boldsymbol{x}=180^\circ-25^\circ\times2$$
$$=\mathbf{130^\circ}$$

三角形の内角の和は $180^\circ$ であるから

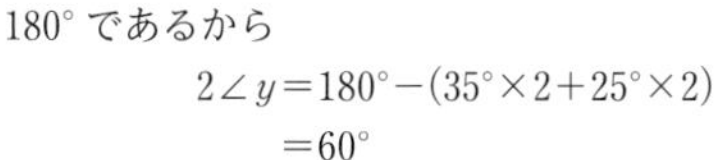

$$2\angle y=180^\circ-(35^\circ\times2+25^\circ\times2)$$
$$=60^\circ$$

よって　　$\angle \boldsymbol{y}=\mathbf{30^\circ}$

**練習2**　点Aから辺BCに垂線を引くと，垂線はACとなる。

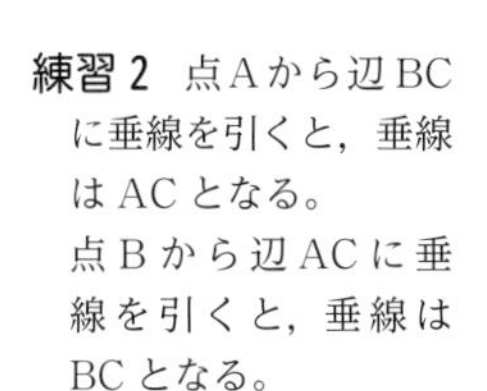

点Bから辺ACに垂線を引くと，垂線はBCとなる。

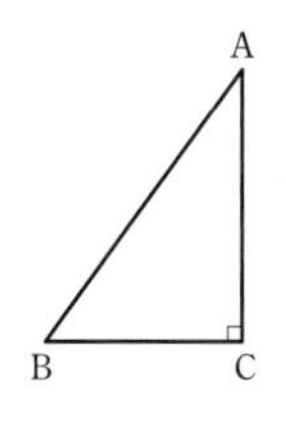


よって，垂線の交点，すなわち垂心は **点C** となる。

## 2　円周角（本冊 $p.69\sim77$）

**練習3**　$\triangle$OAB と $\triangle$OCD において

$\overset{\frown}{AB}=\overset{\frown}{CD}$ であるから，中心角について

$$\angle AOB=\angle COD$$

円の半径であるから

$$OA=OB=OC=OD$$

したがって，2組の辺とその間の角がそれぞれ等しいから

$$\triangle OAB\equiv\triangle OCD$$

よって　　　AB=CD

**練習4**　(1)　実際に分度器で測ると

$$\angle \mathbf{APB=60^\circ},\ \angle \mathbf{AP'B=60^\circ},$$
$$\angle \mathbf{AP''B=60^\circ},\ \angle \mathbf{AOB=120^\circ}$$

となる。

(2)　$\angle APB=\angle AP'B=\angle AP''B$

であるから，同じ弧に対する円周角の大きさは等しいと予想できる。

また，$\angle APB=\dfrac{1}{2}\angle AOB$ であるから，円周角の大きさは，その弧に対する中心角の大きさの半分であると予想できる。

**練習5**　(1)　$\triangle$OPA は，OA=OP の二等辺三角形であるから

$$\angle APO=\angle PAO$$

$\triangle$OPA の内角と外角の性質から

$$\angle AOB=\angle APO+\angle PAO$$
$$=2\angle APO$$

よって　　$\angle AOB=2\angle APB$

したがって　$\angle APB=\dfrac{1}{2}\angle AOB$

(2)　$\triangle$OPA は，OA=OP の二等辺三角形であるから

$$\angle APO=\angle PAO\quad\cdots\cdots①$$

$\triangle$OPA の内角と外角の性質から

$$\angle AOQ=\angle APO+\angle PAO$$

① より　　$\angle AOQ=2\angle APO\quad\cdots\cdots②$

同様に，$\triangle$OPB について

$$\angle BOQ=2\angle BPO\quad\cdots\cdots③$$

②，③ から

$$\angle AOQ-\angle BOQ=2(\angle APO-\angle BPO)$$
$$\angle AOB=2\angle APB$$

よって　　$\angle APB=\dfrac{1}{2}\angle AOB$

**練習 6** (1) 円周角の定理により

$$\angle \boldsymbol{x}=\angle \mathrm{BAC}=\mathbf{65^\circ}$$

$$\angle \boldsymbol{y}=2\angle \mathrm{BAC}=2\times 65^\circ=\mathbf{130^\circ}$$

(2) 円周角の定理により

$$\angle \boldsymbol{x}=\angle \mathrm{CBD}=\mathbf{48^\circ}$$

$$\angle \boldsymbol{y}=\angle \mathrm{ACB}=\mathbf{27^\circ}$$

(3) BC は円Oの直径であるから，円周角の定理により

$$\angle \boldsymbol{x}=\mathbf{90^\circ}$$

△ABC において

$$\angle \boldsymbol{y}=180^\circ-(40^\circ+90^\circ)=\mathbf{50^\circ}$$

**練習 7** (1) 円周角の定理により

$$\angle \mathrm{BAC}=\angle \mathrm{BDC}=40^\circ$$

△ABE において

$$\angle \boldsymbol{x}=180^\circ-(55^\circ+40^\circ)=\mathbf{85^\circ}$$

(2) △OAB は，OA=OB の二等辺三角形であるから

$$\angle \mathrm{AOB}=180^\circ-35^\circ\times 2=110^\circ$$

円周角の定理により

$$\angle \boldsymbol{x}=\frac{1}{2}\angle \mathrm{AOB}=\frac{1}{2}\times 110^\circ=\mathbf{55^\circ}$$

(3) 円周角の定理により

$$\angle \mathrm{AOB}=2\angle \mathrm{ACB}=2\times 35^\circ=70^\circ$$

△BCD において，内角と外角の性質から

$$\angle \mathrm{BDA}=35^\circ+50^\circ=85^\circ$$

また，△AOD において，内角と外角の性質から

$$\angle x+70^\circ=85^\circ$$

よって　　$\angle \boldsymbol{x}=\mathbf{15^\circ}$

**練習 8** △ABE と △DCE において

対頂角は等しいから

$$\angle \mathrm{AEB}=\angle \mathrm{DEC}$$

円周角の定理により

$$\angle \mathrm{BAE}=\angle \mathrm{CDE}$$

2 組の角がそれぞれ等しいから

$$\triangle \mathrm{ABE}\backsim\triangle \mathrm{DCE}$$

**練習 9** △ABC と △DCB において

共通な辺であるから

$\mathrm{BC}=\mathrm{CB}$　　…… ①

仮定から　$\angle \mathrm{ACB}=\angle \mathrm{DBC}$　　…… ②

円周角の定理により

$\angle \mathrm{ABD}=\angle \mathrm{ACD}$　　…… ③

②，③ から

$\angle \mathrm{ABC}=\angle \mathrm{DCB}$　　…… ④

①，②，④ より，1 組の辺とその両端の角がそれぞれ等しいから

$$\triangle \mathrm{ABC}\equiv\triangle \mathrm{DCB}$$

**練習10** 右の図において，

$$\overset{\frown}{\mathrm{AB}}=\overset{\frown}{\mathrm{CD}}$$

とする。

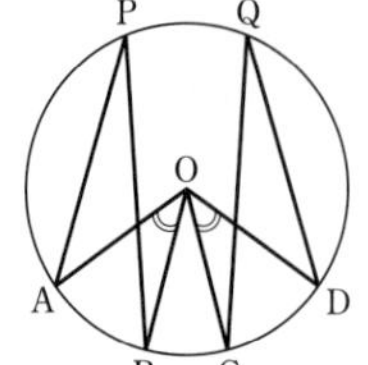


長さの等しい弧に対する中心角は等しいから

$\angle \mathrm{AOB}=\angle \mathrm{COD}$　　…… ①

円周角の定理により

$$\angle \mathrm{APB}=\frac{1}{2}\angle \mathrm{AOB},\ \ \angle \mathrm{CQD}=\frac{1}{2}\angle \mathrm{COD}$$

① から　　$\angle \mathrm{APB}=\angle \mathrm{CQD}$

よって，長さの等しい弧に対する円周角は等しい。

**練習11** 1 つの円の弧の長さは，円周角の大きさに比例するから

$$30^\circ : \angle x=2 : (2+1)$$

$$2\angle x=90^\circ$$

よって　　$\angle \boldsymbol{x}=\mathbf{45^\circ}$

**練習12** AP と円周の交点を Q とすると，円周角の定理により

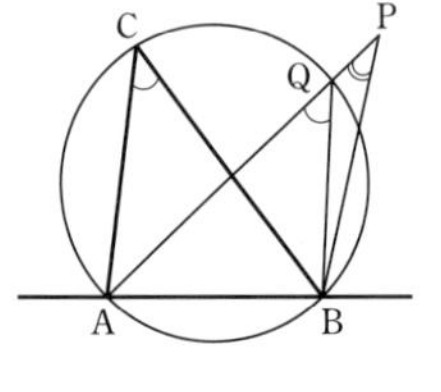


$\angle \mathrm{AQB}=\angle \mathrm{ACB}$　　…… ①

△PBQ において，内角と外角の性質から

$$\angle \mathrm{AQB}=\angle \mathrm{APB}+\angle \mathrm{PBQ}$$

よって　　$\angle \mathrm{APB}<\angle \mathrm{AQB}$

① から　　$\angle \mathrm{APB}<\angle \mathrm{ACB}$

**練習13** 2 点 A，D は直線 BC について同じ側にあり，

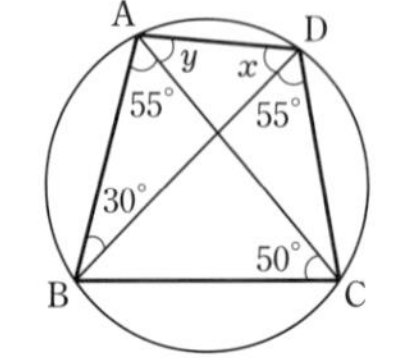


$$\angle \mathrm{BAC}=\angle \mathrm{BDC}$$

である。

よって，円周角の定理の逆により，4 点 A，B，C，D は 1 つの円周上にある。

したがって，円周角の定理により

$\angle \boldsymbol{x}=\angle \mathrm{ACB}=\mathbf{50^\circ}$

△ABD において

$\angle \boldsymbol{y}=180^\circ-(55^\circ+30^\circ+50^\circ)=\mathbf{45^\circ}$

**練習14**　△ABC は，AB=AC の二等辺三角形であるから

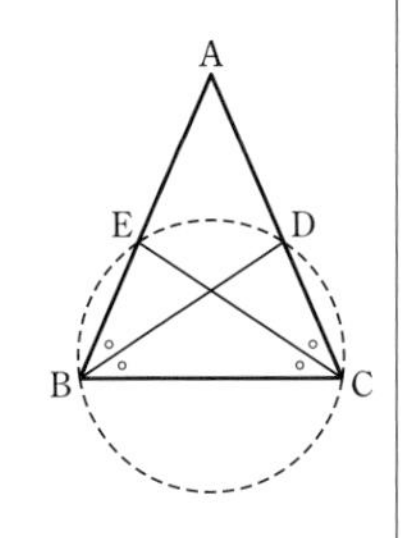


$\angle \mathrm{ABC}=\angle \mathrm{ACB}$

また，仮定より

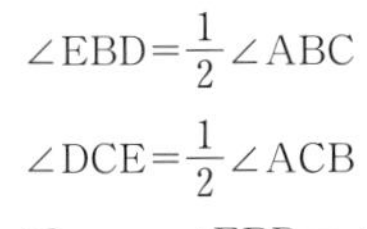

$\angle \mathrm{EBD}=\dfrac{1}{2}\angle \mathrm{ABC}$

$\angle \mathrm{DCE}=\dfrac{1}{2}\angle \mathrm{ACB}$

よって　$\angle \mathrm{EBD}=\angle \mathrm{DCE}$

2 点 B，C は直線 ED について同じ側にあり，$\angle \mathrm{EBD}=\angle \mathrm{DCE}$ である。

よって，円周角の定理の逆により，4 点 B，C，D，E は 1 つの円周上にある。

## 3　円に内接する四角形　（本冊 $p.78$～82）

**練習15**　(1)　四角形 ABCD は円に内接しているから　$\angle x+\angle \mathrm{ABC}=180^\circ$

よって　$\angle \boldsymbol{x}=180^\circ-62^\circ=\mathbf{118^\circ}$

また　$\angle \boldsymbol{y}=\angle \mathrm{DAB}=\mathbf{87^\circ}$

(2)　△ABD において

$\angle \boldsymbol{x}=180^\circ-(35^\circ+61^\circ)=\mathbf{84^\circ}$

四角形 ABCD は円に内接しているから

$\angle x+\angle y=180^\circ$

よって　$\angle \boldsymbol{y}=180^\circ-\angle x$

$=180^\circ-84^\circ$

$=\mathbf{96^\circ}$

**練習16**　(1)　△ABE において

$\angle \mathrm{BAE}=180^\circ-(65^\circ+30^\circ)=85^\circ$

四角形 ABCD は円に内接しているから

$\angle \boldsymbol{x}=\angle \mathrm{BAD}=\mathbf{85^\circ}$

(2)　△ABF において，内角と外角の性質から

$\angle \mathrm{EAD}=\angle x+56^\circ$

四角形 ABCD は円に内接しているから

$\angle \mathrm{ADE}=\angle x$

△ADE において

$32^\circ+(\angle x+56^\circ)+\angle x=180^\circ$

よって　$\angle \boldsymbol{x}=\mathbf{46^\circ}$

**練習17**　P と Q を結ぶ。

四角形 ACQP は円 O に内接しているから

$\angle \mathrm{PAC}=\angle \mathrm{PQD}$　……①

円 O′ において，円周角の定理により

$\angle \mathrm{PQD}=\angle \mathrm{PBD}$　……②

①，② から　$\angle \mathrm{PAC}=\angle \mathrm{PBD}$

したがって，錯角が等しいから　AC∥DB

**練習18**　①　$\angle \mathrm{DAB}+\angle \mathrm{BCD}=120^\circ+70^\circ=190^\circ$

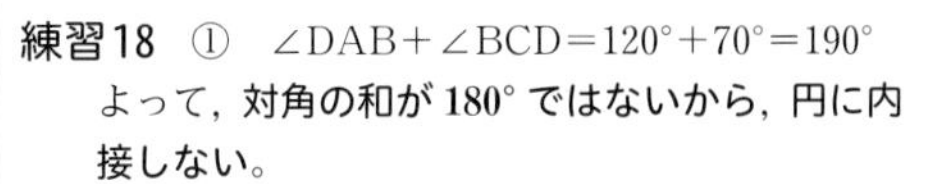

よって，**対角の和が 180° ではないから，円に内接しない。**

②　△ACD において

$\angle \mathrm{CDA}=180^\circ-(20^\circ+30^\circ)=130^\circ$

よって　$\angle \mathrm{ABC}+\angle \mathrm{CDA}=50^\circ+130^\circ=180^\circ$

したがって，**対角の和が 180° であるから，円に内接する。**

③　$\angle \mathrm{DCB}=180^\circ-115^\circ=65^\circ$

よって，**頂点 C の内角が，その対角の外角に等しいから，円に内接する。**

**練習19**　AD∥BC であるから

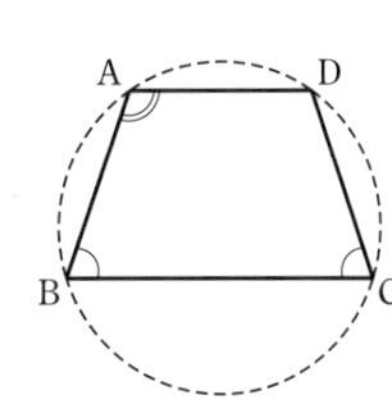


$\angle \mathrm{A}+\angle \mathrm{B}=180^\circ$

$\angle \mathrm{B}=\angle \mathrm{C}$ であるから

$\angle \mathrm{A}+\angle \mathrm{C}=180^\circ$

よって，対角の和が 180° であるから，台形 ABCD は円に内接する。

## 4　円の接線　（本冊 $p.83$～89）

**練習20**　$\angle \mathrm{PAO}=\angle \mathrm{PBO}=90^\circ$ である。

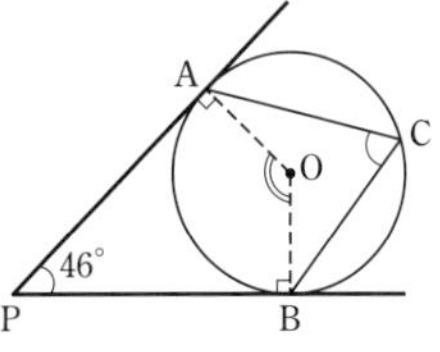


四角形 APBO において

$\angle \mathrm{AOB}=360^\circ-(46^\circ+90^\circ+90^\circ)=134^\circ$

円周角の定理により

$\angle \mathrm{ACB}=\dfrac{1}{2}\angle \mathrm{AOB}=\mathbf{67^\circ}$

**練習 21** (1)　$AR=5-x$

円の外部の 1 点から引いた 2 つの接線について，2 つの接線の長さは等しいから

$$AP=AR=5-x$$

よって　$BP=6-(5-x)=x+1$

$BQ=BP$ であるから　$BQ=\boldsymbol{x+1}$

(2)　$BQ=x+1,\ CQ=CR=x$

であるから　$(x+1)+x=7$

$$x=3$$

したがって　$CR=\mathbf{3}$

**練習 22** (1)　AI は $\angle BAC$ の二等分線であるから

$$\angle BAC=35°\times2=70°$$

CI は $\angle BCA$ の二等分線であるから

$$\angle BCA=30°\times2=60°$$

$\triangle ABC$ において

$$\angle x=180°-(70°+60°)=\mathbf{50°}$$

(2)　BI は $\angle CBA$ の二等分線であるから

$$\angle CBA=2\angle x$$

CI は $\angle BCA$ の二等分線であるから

$$\angle BCA=40°\times2=80°$$

$\triangle ABC$ において

$$2\angle x=180°-(60°+80°)=40°$$

よって　$\angle x=\mathbf{20°}$

**練習 23**　$\triangle ABC$ を，3 つの三角形

$\triangle IAB,\ \triangle IBC,\ \triangle ICA$

に分割する。

このとき

$\triangle ABC$

$=\triangle IAB+\triangle IBC+\triangle ICA$

$=\dfrac{1}{2}\times AB\times4+\dfrac{1}{2}\times BC\times4+\dfrac{1}{2}\times CA\times4$

$=\dfrac{1}{2}\times(AB+BC+CA)\times4$

$=\dfrac{1}{2}\times42\times4$

$=\mathbf{84}$

**練習 24**　角の二等分線は，角の 2 辺から等しい距離にある点の集まりである。

右の図のように，$I_1$ から直線 BC，AC，AB に垂線 $I_1D$，$I_1E$，$I_1F$ を引く。

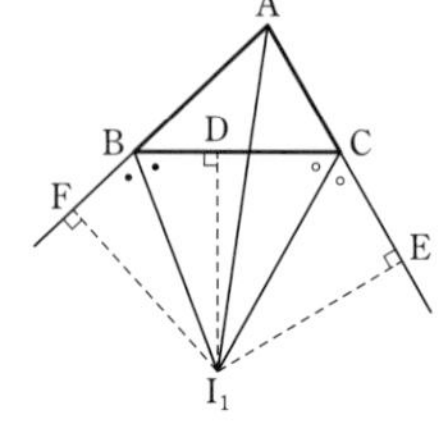

$I_1$ は $\angle B$，$\angle C$ の外角の二等分線上にあるから

$$I_1D=I_1F,\ I_1D=I_1E$$

したがって　$I_1E=I_1F$

よって，$I_1$ は $\angle A$ の二等分線上にある。

**練習 25**　$\triangle ABC$ の重心と垂心を G，A から辺 BC に引いた垂線の足を H とする。

$\triangle ABH$ と $\triangle ACH$ において

共通な辺であるから

$AH=AH$　…… ①

直線 AG と直線 AH は一致するから

$BH=CH$　…… ②

また　$\angle AHB=\angle AHC=90°$ …… ③

①，②，③ より，2 組の辺とその間の角がそれぞれ等しいから　$\triangle ABH\equiv\triangle ACH$

よって　$AB=AC$

同様にして，$BC=BA$ であることが示され，$\triangle ABC$ の 3 辺が等しいことがわかる。

したがって，重心と垂心が一致する三角形は正三角形である。

## 5　接線と弦のつくる角 (本冊 p.90～92)

**練習 26**

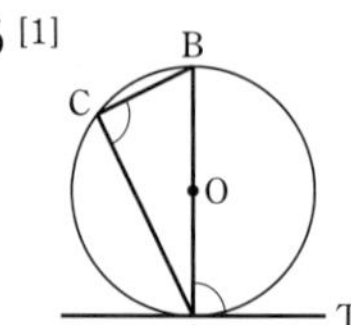


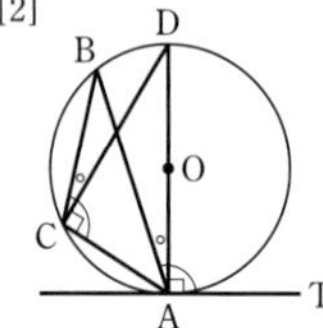


[1]　$\angle BAT$ が直角の場合

仮定から　$\angle BAT=90°$

BA は円の直径であるから，円周角の定理により　$\angle ACB=90°$

よって　$\angle BAT=\angle ACB$

[2]　$\angle BAT$ が鈍角の場合

図 [2] のように，直径 AD を引くと，

$DA\perp AT$ であるから

$\angle BAT=90°+\angle BAD$　…… ①

また，$\angle ACD=90°$ であるから

$\angle ACB=90°+\angle BCD$　…… ②

円周角の定理により

$\angle BAD = \angle BCD$ …… ③

①，②，③ から　$\angle BAT = \angle ACB$

**練習 27** (1)　$\angle \boldsymbol{x} = \angle ACB = \mathbf{74^\circ}$

$\angle \boldsymbol{y} = \angle ABC = \mathbf{56^\circ}$

(2)　$\angle \boldsymbol{x} = \mathbf{70^\circ}$

△ABC は，BA＝BC の二等辺三角形であるから　$\angle \boldsymbol{y} = 180^\circ - 70^\circ \times 2 = \mathbf{40^\circ}$

(3)　$\angle \boldsymbol{x} = \mathbf{108^\circ}$

△ABD において，内角と外角の性質から

$\angle BAD = 108^\circ - 70^\circ = 38^\circ$

よって　$\angle \boldsymbol{y} = 180^\circ - (108^\circ + 38^\circ) = \mathbf{34^\circ}$

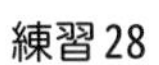

**練習 28**

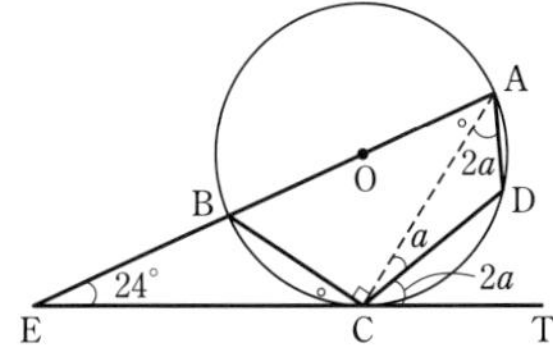


(1)　$\angle BCE = x$ とおく。

接線と弦のつくる角の定理により

$\angle EAC = \angle BCE = x$

AB は円の直径であるから，円周角の定理により　$\angle ACB = 90^\circ$

よって，△AEC において

$24^\circ + x + (90^\circ + x) = 180^\circ$

$x = 33^\circ$

したがって　$\angle BCE = \mathbf{33^\circ}$

(2)　$\angle ACT = 180^\circ - (33^\circ + 90^\circ) = 57^\circ$

$\angle ACD = a$ とおく。

弧の長さと円周角の大きさは比例するから，

$\overset{\frown}{AD} : \overset{\frown}{CD} = 1 : 2$ より

$\angle CAD = 2a$

接線と弦のつくる角の定理により

$\angle DCT = \angle CAD = 2a$

よって，∠ACT について

$a + 2a = 57^\circ$

$a = 19^\circ$

したがって　$\angle DCT = 2 \times 19^\circ = \mathbf{38^\circ}$

## 6　方べきの定理 （本冊 *p.* 93～96）

**練習 29**　△PAC と △PDB において

四角形 ABDC は円に内接しているから

$\angle ACP = \angle DBP$ …… ①

$\angle CAP = \angle BDP$ …… ②

①，② より，2 組の角がそれぞれ等しいから

$\triangle PAC \backsim \triangle PDB$

したがって　PA：PD＝PC：PB

よって　$PA \times PB = PC \times PD$

**練習 30** (1)　方べきの定理により

$PA \times PB = PC \times PD$

$5 \times 4 = 6 \times x$

よって　$\boldsymbol{x} = \mathbf{\dfrac{10}{3}}$

(2)　方べきの定理により

$PA \times PB = PC \times PD$

$(4+2) \times 4 = (x+5) \times x$

整理すると　$x^2 + 5x - 24 = 0$

$(x-3)(x+8) = 0$

$x > 0$ であるから　$\boldsymbol{x} = \mathbf{3}$

**練習 31**　方べきの定理により

$PA \times PB = PT^2$

$4 \times (4 + x) = 6^2$

$4x = 20$

よって　$\boldsymbol{x} = \mathbf{5}$

**練習 32**　直線 AB と CD の交点を P とする。

①　$PA \times PB = 4 \times 6 = 24$，

$PC \times PD = 3 \times 8 = 24$

よって　$PA \times PB = PC \times PD$

②　$PA \times PB = 4 \times 8 = 32$，

$PC \times PD = 3 \times 9 = 27$

③　$PA \times PB = 3 \times (3 + 9) = 36$，

$PC \times PD = 4 \times (4 + 5) = 36$

よって　$PA \times PB = PC \times PD$

以上から，方べきの定理の逆により，4 点 A，B，C，D が 1 つの円周上にあるものは　**① と ③**

**練習 33**　2つの円の交点を Q，R とする。

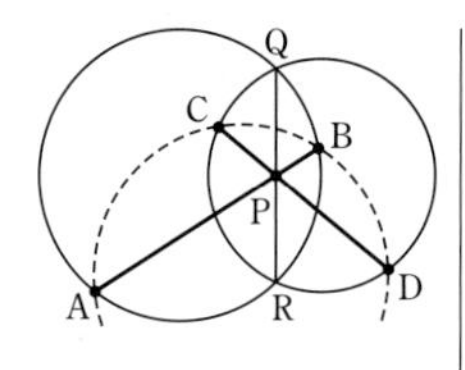


A，R，B，Q を通る円において，方べきの定理により

$$PA\times PB=PQ\times PR$$

また，C，R，D，Q を通る円において，方べきの定理により　$PC\times PD=PQ\times PR$

よって　　　$PA\times PB=PC\times PD$

したがって，方べきの定理の逆により，4点 A，B，C，D は1つの円周上にある。

## 7　2つの円 (本冊 *p.* 97～101)

**練習 34**　次の4つの場合がある。

[1]　一方が他方の外部にある

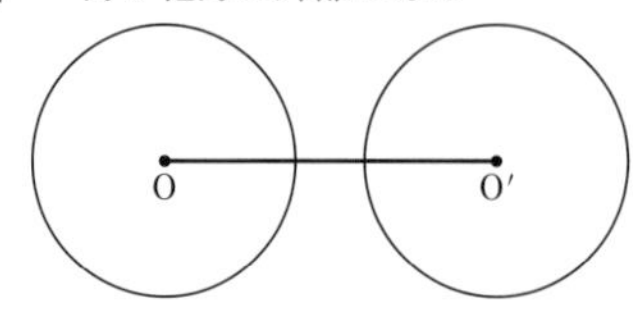


[2]　1点を共有する (外接する)

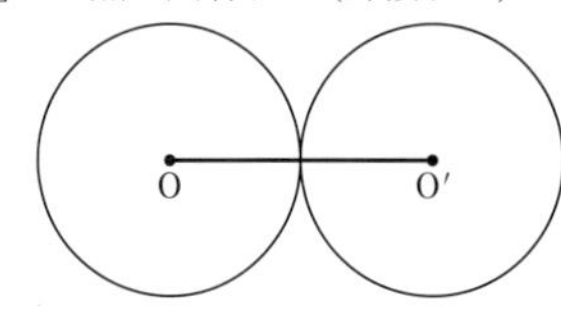


[3]　2点で交わる　　　　　[4]　重なる

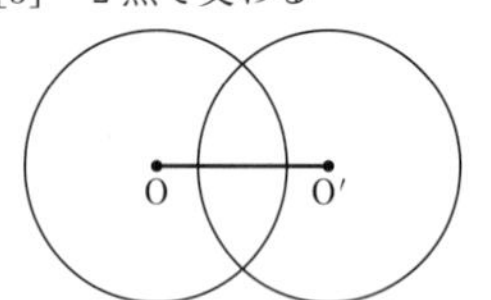




**練習 35**　[1]　一方が他方の外部にあるとき

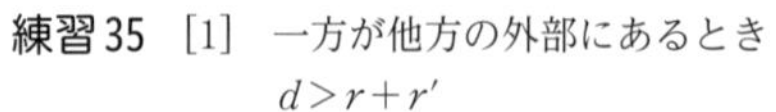

$d>r+r'$

[2]　1点を共有する (外接する) とき

$d=r+r'$

[3]　2点で交わるとき

$r-r'<d<r+r'$

[4]　1点を共有する (内接する) とき

$d=r-r'$

[5]　一方が他方の内部にあるとき

$d<r-r'$

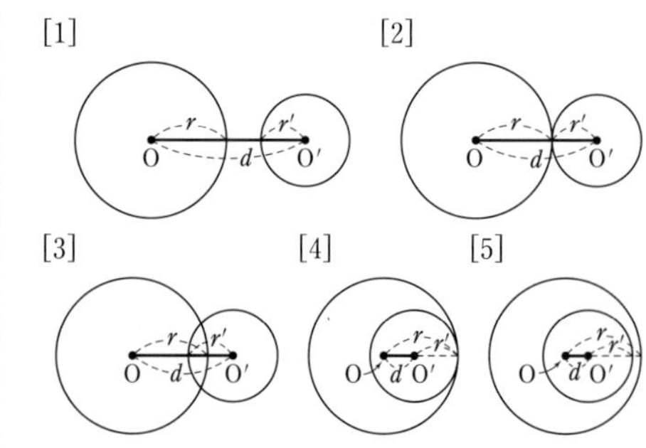


**練習 36**　2つの円の中心間の距離を $d$ とする。

(1)　　$7-3<9<7+3$

であるから，$r-r'<d<r+r'$ となっている。

よって，2つの円は**2点で交わる**。

(2)　　$9=5+4$

であるから，$d=r+r'$ となっている。

よって，2つの円は**外接する**。

(3)　　$9=11-2$

であるから，$d=r-r'$ となっている。

よって，2つの円は**内接する**。

(4)　　$9>3+2$

であるから，$d>r+r'$ となっている。

よって，2つの円のうち**一方が他方の外部にある**。

**練習 37**　円 A，B，C の半径をそれぞれ，$r$ cm，$2r$ cm，$r'$ cm とする。

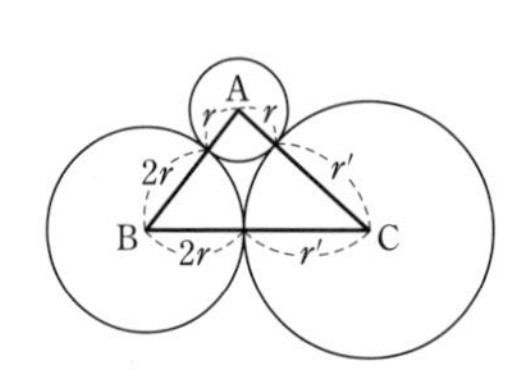


3つの円はどの2つも互いに外接するから

$$\begin{cases}2r+r'=9\\ r+r'=7\end{cases}$$

これを解くと　$r=2$，$r'=5$

このとき　　$2r=4$

よって，**円Aの半径は　2 cm**

**円Bの半径は　4 cm**

**円Cの半径は　5 cm**

**練習 38**

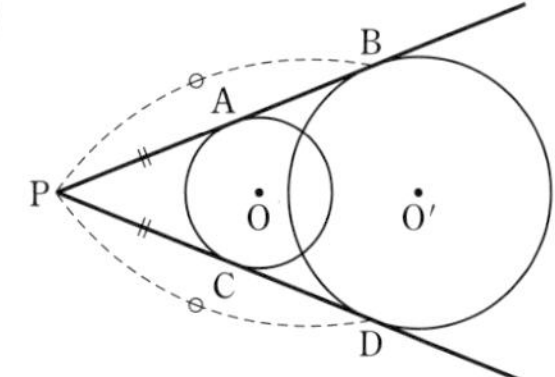


円の外部の1点からその円に引いた2つの接線について，2つの接線の長さは等しいから

円 O′ について　PB=PD　……①

円 O について　PA=PC　……②

①，② から　PB−PA=PD−PC

すなわち　　　　AB=CD

**練習 39**　点Pを通る共通接線を QR とする。

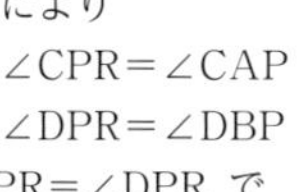

接線と弦のつくる角の定理により

$\angle CPR=\angle CAP$

$\angle DPR=\angle DBP$

$\angle CPR=\angle DPR$ であるから　$\angle CAP=\angle DBP$

よって，同位角が等しいから　AC // BD

**練習 40**　円Oにおいて，方べきの定理により

$EA\times EB=EC^2$　……①

円O′ において，方べきの定理により

$EA\times EB=ED^2$　……②

①，② から　$EC^2=ED^2$

$EC>0$，$ED>0$ であるから　EC=ED

## 確認問題 （本冊 *p*. 103）

**問題 1**　(1)　四角形 ABCD は円に内接しているから　$\angle ABC+\angle ADC=180°$

よって　$\angle ABC=180°-110°=70°$

したがって　$\angle \boldsymbol{x}=70°-38°=\mathbf{32°}$

△OBC は OB=OC の二等辺三角形であるから

$\angle BOC=180°-32°\times 2=116°$

円周角の定理により

$\angle \boldsymbol{y}=\frac{1}{2}\angle BOC=\frac{1}{2}\times 116°=\mathbf{58°}$

(2)　△CDE において，内角と外角の性質から

$\angle AEC=40°+30°=70°$

接線と弦のつくる角の定理により

$\angle BAC=\angle AEC=70°$

$\angle BCA=\angle AEC=70°$

よって，△ABC において

$\angle \boldsymbol{x}=180°-70°\times 2=\mathbf{40°}$

**問題 2**　△BCD において

$\angle BCD=180°-(30°+50°)=100°$

よって　$\angle BAD+\angle BCD=80°+100°=180°$

したがって，対角の和が 180° であるから，四角形 ABCD は円に内接する。

円周角の定理により

$\angle \boldsymbol{x}=\angle CBD=\mathbf{30°}$

**問題 3**　(1)　$BP=6-2=4$

円の外部の1点から引いた2本の接線について，2つの接線の長さは等しいから

$BQ=BP=4$

また，$AR=AP=2$ より，$CR=7-2=5$ であるから　$CQ=CR=5$

このとき　$\boldsymbol{x}=BQ+CQ=4+5=\mathbf{9}$

(2)　方べきの定理により

$PA\times PB=PC\times PD$

$4\times(4+5)=3\times(3+x)$

よって　$\boldsymbol{x}=\mathbf{9}$

さらに，方べきの定理により

$PA\times PB=PE^2$

$4\times(4+5)=y^2$

$y>0$ であるから　$\boldsymbol{y}=\mathbf{6}$

**問題 4**　点Eを通る共通接線FGを引く。
接線と弦のつくる角の定理により

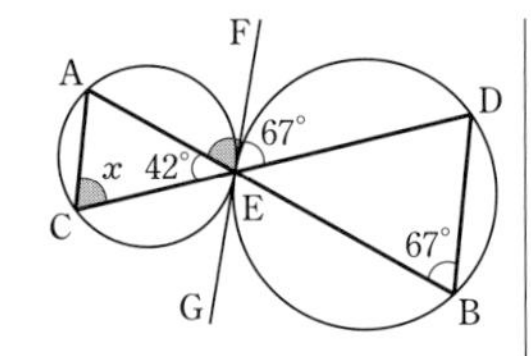


$$\angle \mathrm{DEF} = \angle \mathrm{DBE} = 67^\circ$$

よって　$\angle \mathrm{AEF} = 180^\circ - (42^\circ + 67^\circ) = 71^\circ$

さらに，接線と弦のつくる角の定理により

$$\angle \boldsymbol{x} = \angle \mathrm{AEF} = \mathbf{71^\circ}$$

**問題 4**　接線と弦のつくる角の定理により

$\angle \mathrm{BAP} = \angle \mathrm{BCA}$

仮定から

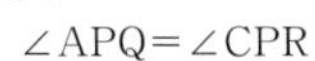

$\angle \mathrm{APQ} = \angle \mathrm{CPR}$

△APQ において，内角と外角の性質から

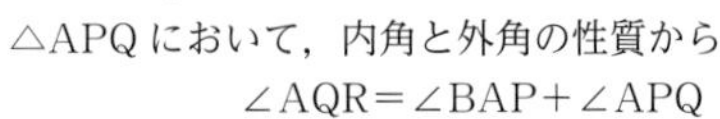

$$\angle \mathrm{AQR} = \angle \mathrm{BAP} + \angle \mathrm{APQ}$$

△CPR において，内角と外角の性質から

$$\angle \mathrm{ARQ} = \angle \mathrm{BCA} + \angle \mathrm{CPR}$$

よって　$\angle \mathrm{AQR} = \angle \mathrm{ARQ}$

したがって，△AQR は $\angle \mathrm{AQR} = \angle \mathrm{ARQ}$ の二等辺三角形で，$\mathrm{AQ} = \mathrm{AR}$ である。

## 演習問題A　（本冊 *p*. 104）

**問題 1**　BとCを結ぶ。
AB∥CD であるから

$\angle \mathrm{ABC} = \angle \mathrm{BCD}$

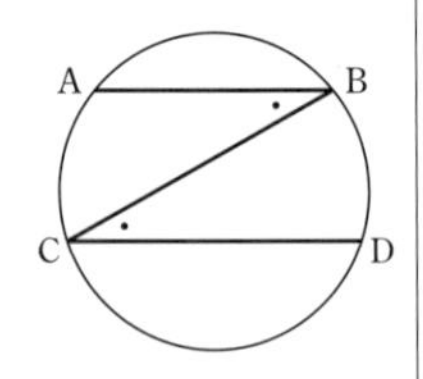


よって，$\overset{\frown}{\mathrm{AC}}$ に対する円周角と $\overset{\frown}{\mathrm{BD}}$ に対する円周角は等しい。
等しい円周角に対する弧の長さは等しいから

$$\overset{\frown}{\mathrm{AC}} = \overset{\frown}{\mathrm{BD}}$$

**問題 2**　AとDを結ぶ。
四角形ABCDは円に内接しているから

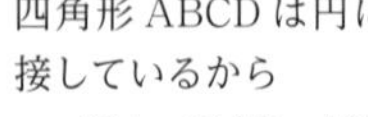

$\angle \mathrm{C} + \angle \mathrm{BAD} = 180^\circ$

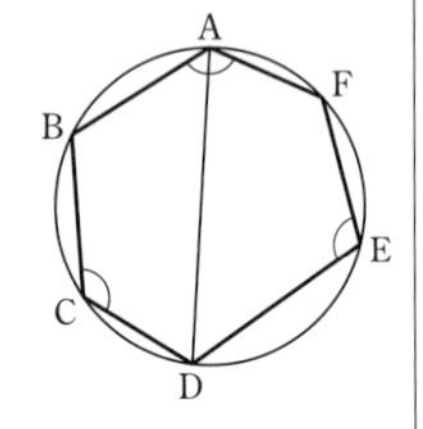


四角形ADEFも円に内接しているから

$\angle \mathrm{E} + \angle \mathrm{FAD} = 180^\circ$

このとき

$$\begin{aligned}
&\angle \mathrm{A} + \angle \mathrm{C} + \angle \mathrm{E} \\
&= (\angle \mathrm{BAD} + \angle \mathrm{FAD}) + \angle \mathrm{C} + \angle \mathrm{E} \\
&= (\angle \mathrm{C} + \angle \mathrm{BAD}) + (\angle \mathrm{E} + \angle \mathrm{FAD}) \\
&= 180^\circ + 180^\circ \\
&= \mathbf{360^\circ}
\end{aligned}$$

**問題 3**　△ABC の内接円と辺BC，CA，ABとの接点をそれぞれD，E，Fとする。

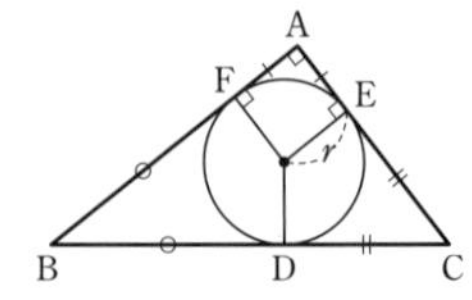


$\mathrm{AE} = \mathrm{AF} = r$，$\mathrm{BD} = \mathrm{BF}$，$\mathrm{CD} = \mathrm{CE}$ であるから

$$\begin{aligned}
&\mathrm{AB} + \mathrm{AC} - \mathrm{BC} \\
&= (r + \mathrm{BF}) + (r + \mathrm{CE}) - (\mathrm{BD} + \mathrm{CD}) \\
&= 2r + (\mathrm{BF} - \mathrm{BD}) + (\mathrm{CE} - \mathrm{CD}) \\
&= \boldsymbol{2r}
\end{aligned}$$

## 演習問題B　（本冊 *p*. 105）

**問題 5**　円の中心をOとする。
円周角の定理により

$$\begin{aligned}
&\angle \mathrm{ADG} \\
&= \frac{1}{2}\angle \mathrm{AOG} \\
&= \frac{1}{2} \times 360^\circ \times \frac{4}{10} \\
&= 72^\circ
\end{aligned}$$

$$\angle \mathrm{BGD} = \frac{1}{2}\angle \mathrm{BOD} = \frac{1}{2} \times 360^\circ \times \frac{2}{10} = 36^\circ$$

△DGK において，内角と外角の性質から

$$\angle \mathrm{AKG} = 72^\circ + 36^\circ = \mathbf{108^\circ}$$

**問題 6**　円Oの半径OBを引く。
∠AOB は，円Oの $\overset{\frown}{\mathrm{AB}}$ に対する中心角であるから，円周角の定理により

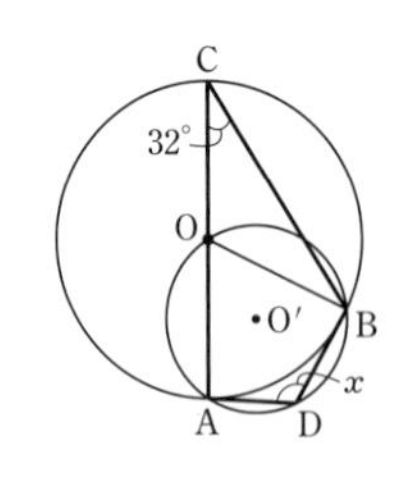


$$\begin{aligned}
\angle \mathrm{AOB} &= 2\angle \mathrm{ACB} \\
&= 2 \times 32^\circ = 64^\circ
\end{aligned}$$

$\angle x$ の頂点をDとすると，四角形OADBは円O′に内接しているから

$$\angle \mathrm{AOB} + \angle \mathrm{ADB} = 180^\circ$$

$$64^\circ + \angle x = 180^\circ$$

よって　$\angle \boldsymbol{x} = \mathbf{116^\circ}$

**問題 7**　BとTを結び，$\angle \mathrm{ATC}=a$ とする。

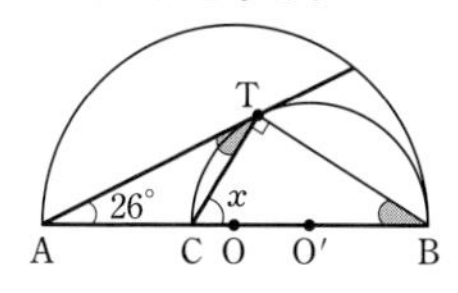


接線と弦のつくる角の定理により

$\angle \mathrm{TBC}=a$

円O′において，CBは直径であるから，円周角の定理により　$\angle \mathrm{CTB}=90^\circ$

したがって，△TABにおいて

$$26^\circ+(a+90^\circ)+a=180^\circ$$

$$a=32^\circ$$

△TACにおいて，内角と外角の性質から

$$\angle \boldsymbol{x}=26^\circ+32^\circ=\mathbf{58^\circ}$$

**問題 8**　半直線 $\mathrm{AI_1}$ は，△ABC の ∠A の二等分線であり，半直線 $\mathrm{AI_2}$ は，△ABC の ∠A の外角の二等分線である。

内角と外角の和は 180° であるから

$$\angle \mathrm{I_1AC}+\angle \mathrm{I_2AC}=\frac{1}{2}\times 180^\circ=90^\circ \quad \cdots\cdots ①$$

同様に　$\angle \mathrm{I_1AB}+\angle \mathrm{I_3AB}=90^\circ$ もわかる。

よって，3点 $\mathrm{I_2}$，A，$\mathrm{I_3}$ は一直線上にある。

ゆえに，① より　　$\mathrm{I_1A}\perp\mathrm{I_2I_3}$　……②

同様に　　$\mathrm{I_2B}\perp\mathrm{I_3I_1}$　……③

$\mathrm{I_3C}\perp\mathrm{I_1I_2}$　……④

したがって，②，③，④ より，I は $\triangle \mathrm{I_1I_2I_3}$ の垂心である。

# 第4章　三平方の定理

## 1　三平方の定理 (本冊 $p.110$～$116$)

**練習 1** 方眼の1目盛りを1 cm と考えると

$$S=4\times4=16\ (\text{cm}^2)$$
$$T=3\times3=9\ (\text{cm}^2)$$
$$U=7\times7-4\times\left(\frac{1}{2}\times3\times4\right)=25\ (\text{cm}^2)$$

よって，$S+T=U$ が成り立っている。

**練習 2** $\angle\text{BAE}+\angle\text{ABE}=90^\circ$ であるから

$$\angle\text{ABC}=\angle\text{BCD}=\angle\text{CDA}=\angle\text{DAB}=90^\circ$$

よって，四角形 ABCD は，1辺の長さが $c$ の正方形である。

また，正方形 EFGH の1辺の長さは $a-b$ である。

(正方形 ABCD の面積)
　=(4つの直角三角形の面積)
　　+(正方形 EFGH の面積)

であるから　$c^2=4\times\dfrac{1}{2}ab+(a-b)^2$

$$c^2=2ab+a^2-2ab+b^2$$

よって　$c^2=a^2+b^2$

したがって　$a^2+b^2=c^2$

**練習 3** 三平方の定理を用いる。

(1)　$4^2+3^2=x^2$

$x^2=25$

$x>0$ であるから　$\boldsymbol{x=5}$

(2)　$5^2+x^2=7^2$

$x^2=24$

$x>0$ であるから　$\boldsymbol{x=2\sqrt{6}}$

(3)　$(\sqrt{10})^2+x^2=5^2$

$x^2=15$

$x>0$ であるから　$\boldsymbol{x=\sqrt{15}}$

(4)　$5^2+12^2=x^2$

$x^2=169$

$x>0$ であるから　$\boldsymbol{x=13}$

(5)　$2^2+x^2=(2\sqrt{7})^2$

$x^2=24$

$x>0$ であるから　$\boldsymbol{x=2\sqrt{6}}$

(6)　$x^2+24^2=25^2$

$x^2=49$

$x>0$ であるから　$\boldsymbol{x=7}$

参考　$x^2$ の値を求める計算は，次のように考えることができる。

$$x^2+24^2=25^2$$
$$x^2=25^2-24^2$$
$$=(25+24)\times(25-24)$$
$$=49\times1=49$$

**練習 4** (1)　$\text{AC}=a$ cm とおく。

直角三角形 ABC において，三平方の定理により　$(4\sqrt{2})^2+3^2=a^2$

$a^2=41$

$a>0$ であるから　$a=\sqrt{41}$

直角三角形 ACD において，三平方の定理により　$4^2+x^2=(\sqrt{41})^2$

$x^2=25$

$x>0$ であるから　$\boldsymbol{x=5}$

(2)　$\text{CD}=a$ cm とおく。

直角三角形 ADC において，三平方の定理により　$(2\sqrt{2})^2+a^2=(2\sqrt{6})^2$

$a^2=16$

$a>0$ であるから　$a=4$

直角三角形 DBC において，三平方の定理により　$2^2+4^2=x^2$

$x^2=20$

$x>0$ であるから　$\boldsymbol{x=2\sqrt{5}}$

(3)　$\text{BC}=a$ cm とおく。

直角三角形 ABC において，三平方の定理により　$6^2+7^2=a^2$

$a^2=85$

$a>0$ であるから　$a=\sqrt{85}$

直角三角形 DBC において，三平方の定理により　$(\sqrt{85})^2+6^2=x^2$

$x^2=121$

$x>0$ であるから　$\boldsymbol{x=11}$

(4)　直角三角形 OAB において，三平方の定理により　$\text{OB}^2=1^2+1^2=2$

直角三角形 OBC において，三平方の定理により　$\text{OC}^2=\text{OB}^2+1^2=2+1$

$=3$

直角三角形 OCD において，三平方の定理により　$\text{OD}^2=\text{OC}^2+1^2=3+1$

$=4$

直角三角形ODEにおいて，三平方の定理により　$x^2=\mathrm{OD}^2+1^2=4+1$

$=5$

$x>0$ であるから　$\boldsymbol{x=\sqrt{5}}$

**練習 5**

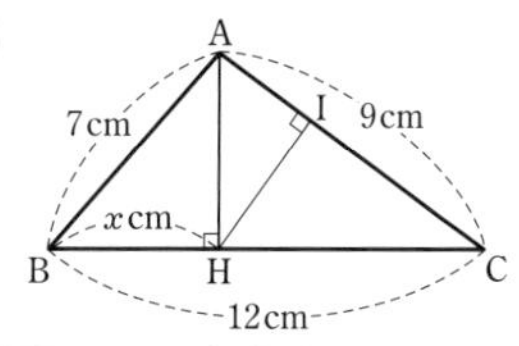


(1)　BH$=x$ cm とする。

直角三角形ABHにおいて，三平方の定理により　$x^2+\mathrm{AH}^2=7^2$

$\mathrm{AH}^2=7^2-x^2$　…… ①

直角三角形ACHにおいて，三平方の定理により　$(12-x)^2+\mathrm{AH}^2=9^2$

$\mathrm{AH}^2=9^2-(12-x)^2$　…… ②

①，② から　$7^2-x^2=9^2-(12-x)^2$

$24x=112$

$x=\dfrac{14}{3}$

よって，① から　$\mathrm{AH}^2=7^2-\left(\dfrac{14}{3}\right)^2=\dfrac{245}{9}$

AH$>0$ であるから　$\mathrm{AH}=\boldsymbol{\dfrac{7\sqrt{5}}{3}}$ **cm**

(2)　△AHCの底辺をHCとみると

$$\triangle\mathrm{AHC}=\frac{1}{2}\times\mathrm{HC}\times\mathrm{AH}$$
$$=\frac{1}{2}\times\left(12-\frac{14}{3}\right)\times\frac{7\sqrt{5}}{3}$$
$$=\frac{77\sqrt{5}}{9}\ (\mathrm{cm}^2)$$

△AHCの底辺をACとみると

$$\triangle\mathrm{AHC}=\frac{1}{2}\times\mathrm{AC}\times\mathrm{HI}$$
$$=\frac{1}{2}\times9\times\mathrm{HI}$$
$$=\frac{9}{2}\mathrm{HI}$$

よって　$\dfrac{77\sqrt{5}}{9}=\dfrac{9}{2}\mathrm{HI}$

$\mathrm{HI}=\boldsymbol{\dfrac{154\sqrt{5}}{81}}$ **(cm)**

**練習 6**　①　$5^2+7^2=74$，$9^2=81$

$5^2+7^2$ と $9^2$ が等しくないから，直角三角形ではない。

②　$21^2+20^2=841$，$29^2=841$

$21^2+20^2=29^2$ であるから，29 cm の辺を斜辺とする直角三角形である。

③　$3^2+(3\sqrt{3})^2=36$，$6^2=36$

$3^2+(3\sqrt{3})^2=6^2$ であるから，6 cm の辺を斜辺とする直角三角形である。

④　$(\sqrt{11})^2+(\sqrt{10})^2=21$，$(2\sqrt{5})^2=20$

$(\sqrt{11})^2+(\sqrt{10})^2$ と $(2\sqrt{5})^2$ が等しくないから，直角三角形ではない。

以上から，直角三角形であるのは　**② と ③**

## 2　三平方の定理と平面図形　(本冊 p.117～127)

**練習 7**　点Aから辺BCに引いた垂線の足をHとすると，Hは辺BCの中点で　BH$=4$ cm

直角三角形ABHにおいて，三平方の定理により

$4^2+\mathrm{AH}^2=5^2$

$\mathrm{AH}^2=9$

AH$>0$ であるから　AH$=3$ cm

よって，△ABCの面積は　$\dfrac{1}{2}\times8\times3=\boldsymbol{12}$ **(cm²)**

**練習 8**　1辺の長さが $a$ cm である正三角形ABCにおいて，点Aから辺BCに引いた垂線の足をHとすると

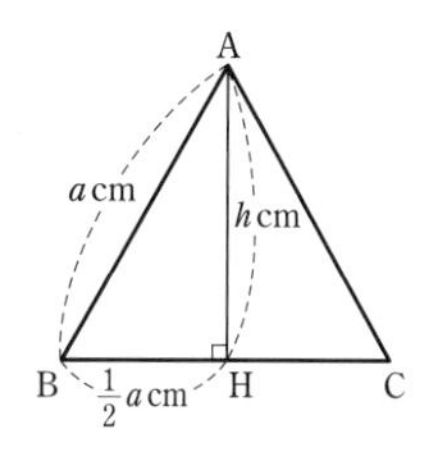


$\mathrm{BH}=\dfrac{1}{2}a$ cm

AH$=h$ cm とすると，

直角三角形ABHにおいて，三平方の定理により

$$\left(\frac{1}{2}a\right)^2+h^2=a^2$$

$$h^2=\frac{3}{4}a^2$$

$h>0$，$a>0$ であるから　$h=\dfrac{\sqrt{3}}{2}a$

よって，正三角形の高さは　$\boldsymbol{\dfrac{\sqrt{3}}{2}a}$ **cm**

また，正三角形の面積は

$$\frac{1}{2}\times a\times\frac{\sqrt{3}}{2}a=\boldsymbol{\frac{\sqrt{3}}{4}a^2}\ (\mathbf{cm^2})$$

**練習 9** 対角線の長さを $x$ cm とすると，三平方の定理により　$4^2+5^2=x^2$

$$x^2=41$$

$x>0$ であるから　$x=\sqrt{41}$

よって，対角線の長さは　$\boldsymbol{\sqrt{41}}$ **cm**

**練習 10** 対角線の長さを $x$ cm とすると，三平方の定理により　$a^2+b^2=x^2$

$$x^2=a^2+b^2$$

$x>0$，$a>0$，$b>0$ であるから

$$x=\sqrt{a^2+b^2}$$

よって，対角線の長さは　$\boldsymbol{\sqrt{a^2+b^2}}$ **cm**

**練習 11** (1)　$5:x:y=1:2:\sqrt{3}$

が成り立っている。

$5:x=1:2$　から　$\boldsymbol{x=10}$

$5:y=1:\sqrt{3}$　から　$\boldsymbol{y=5\sqrt{3}}$

(2)　$4:x:y=1:1:\sqrt{2}$

が成り立っている。

$4:x=1:1$　から　$\boldsymbol{x=4}$

$4:y=1:\sqrt{2}$　から　$\boldsymbol{y=4\sqrt{2}}$

(3)　$x:y:9=1:2:\sqrt{3}$

が成り立っている。

$x:9=1:\sqrt{3}$　から　$\boldsymbol{x=3\sqrt{3}}$

$x:y=1:2$　から　$\boldsymbol{y=6\sqrt{3}}$

**練習 12** (1) 点 A から辺 BC に引いた垂線の足を H とする。

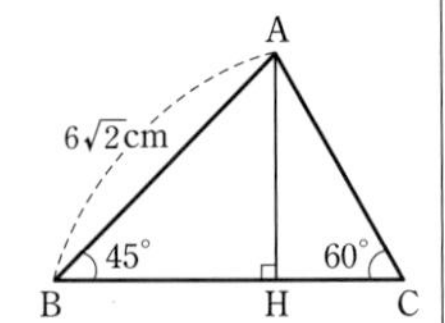


直角三角形 ABH において，

AH：BH：AB

$=1:1:\sqrt{2}$ であるから

$$\mathrm{AH}=\mathrm{AB}\times\frac{1}{\sqrt{2}}=6\sqrt{2}\times\frac{1}{\sqrt{2}}=6\ (\mathrm{cm})$$

$$\mathrm{BH}=\mathrm{AH}=6\ \mathrm{cm}$$

直角三角形 AHC において，

HC：AH$=1:\sqrt{3}$ であるから

$$\mathrm{HC}=\mathrm{AH}\times\frac{1}{\sqrt{3}}=6\times\frac{1}{\sqrt{3}}=2\sqrt{3}\ (\mathrm{cm})$$

よって　$\mathrm{BC}=(6+2\sqrt{3})$ cm

したがって，△ABC の面積は

$$\frac{1}{2}\times\mathrm{BC}\times\mathrm{AH}=\frac{1}{2}\times(6+2\sqrt{3})\times6$$

$$=\boldsymbol{18+6\sqrt{3}}\ (\mathbf{cm^2})$$

(2) 点 A から辺 BC の延長に引いた垂線の足を H とする。

∠ACH

$=180°-120°=60°$

直角三角形 ACH において，

CH：AC：AH$=1:2:\sqrt{3}$ であるから

$$\mathrm{CH}=\mathrm{AC}\times\frac{1}{2}=4\times\frac{1}{2}=2\ (\mathrm{cm})$$

$$\mathrm{AH}=\mathrm{CH}\times\sqrt{3}=2\sqrt{3}\ (\mathrm{cm})$$

直角三角形 ABH において，AH：BH$=1:1$ であるから

$$\mathrm{BH}=\mathrm{AH}=2\sqrt{3}\ \mathrm{cm}$$

よって　$\mathrm{BC}=(2\sqrt{3}-2)$ cm

したがって，△ABC の面積は

$$\frac{1}{2}\times\mathrm{BC}\times\mathrm{AH}=\frac{1}{2}\times(2\sqrt{3}-2)\times2\sqrt{3}$$

$$=\boldsymbol{6-2\sqrt{3}}\ (\mathbf{cm^2})$$

**練習 13** (1) 右の図のように，直角三角形 ABC をつくると

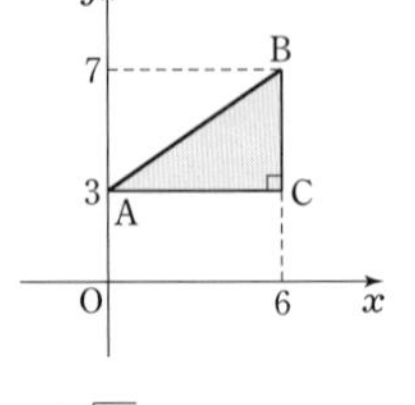


$\mathrm{AC}=6-0=6$

$\mathrm{BC}=7-3=4$

三平方の定理により

$\mathrm{AB}^2=6^2+4^2=52$

$\mathrm{AB}>0$ であるから　$\mathrm{AB}=2\sqrt{13}$

よって，2 点 A，B 間の距離は　$\boldsymbol{2\sqrt{13}}$

(2) 右の図のように，直角三角形 ABC をつくると

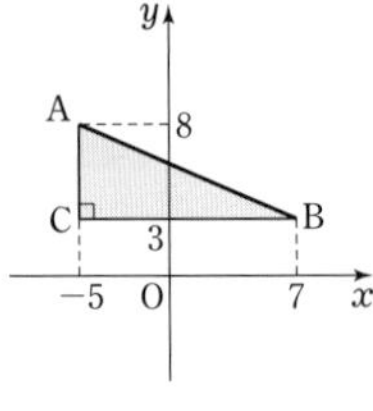


$\mathrm{BC}=7-(-5)=12$

$\mathrm{AC}=8-3=5$

三平方の定理により

$\mathrm{AB}^2=12^2+5^2=169$

$\mathrm{AB}>0$ であるから　$\mathrm{AB}=13$

よって，2 点 A，B 間の距離は　**13**

(3) 右の図のように，直角三角形 OAB をつくると

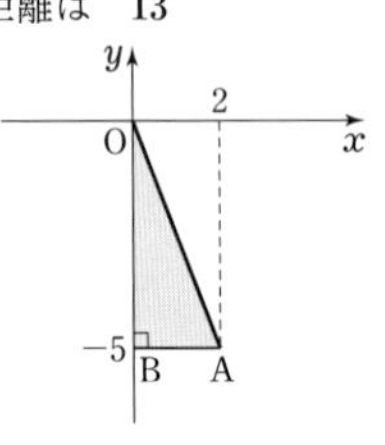


$\mathrm{AB}=2-0=2$

$\mathrm{OB}=0-(-5)=5$

三平方の定理により

$\mathrm{OA}^2=2^2+5^2=29$

$OA>0$ であるから　$OA=\sqrt{29}$

よって，2 点 O，A 間の距離は　$\boldsymbol{\sqrt{29}}$

(4)　右の図のように，直角三角形 ABC をつくると

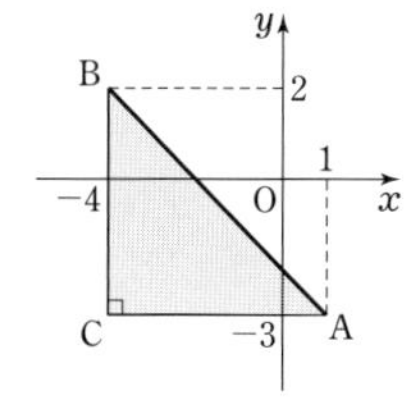


$AC=1-(-4)=5$

$BC=2-(-3)=5$

三平方の定理により

$AB^2=5^2+5^2=50$

$AB>0$ であるから　$AB=5\sqrt{2}$

よって，2 点 A，B 間の距離は　$\boldsymbol{5\sqrt{2}}$

**練習14**　各線分を斜辺とする直角三角形をつくって考える。

(1)　線分 AB について

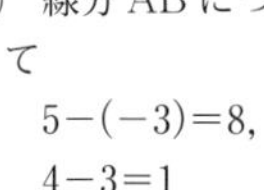

$5-(-3)=8$,

$4-3=1$

三平方の定理により

$AB^2=8^2+1^2=65$

$AB>0$ であるから　$\boldsymbol{AB=\sqrt{65}}$

線分 BC について

$5-(-1)=6$，$4-0=4$

三平方の定理により

$BC^2=6^2+4^2=52$

$BC>0$ であるから　$\boldsymbol{BC=2\sqrt{13}}$

線分 CA について

$-1-(-3)=2$，$3-0=3$

三平方の定理により

$CA^2=2^2+3^2=13$

$CA>0$ であるから　$\boldsymbol{CA=\sqrt{13}}$

(2)　$52+13=65$ すなわち $BC^2+CA^2=AB^2$ であるから，△ABC は，**辺 AB を斜辺とする直角三角形** である。

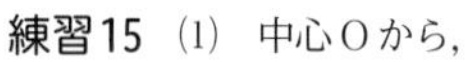

**練習15**　(1)　中心 O から，弦 AB に引いた垂線の足を H とする。

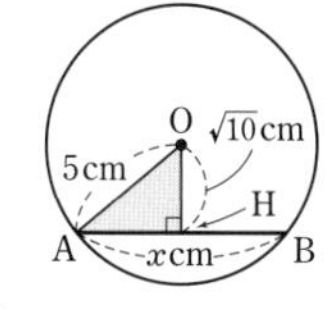


直角三角形 OAH において，三平方の定理により　$AH^2+(\sqrt{10})^2=5^2$

$AH^2=15$

$AH>0$ であるから　$AH=\sqrt{15}$ cm

よって　$\boldsymbol{x}=2\times\sqrt{15}=\boldsymbol{2\sqrt{15}}$

(2)　中心 O から，弦 AB に引いた垂線の足を H とすると

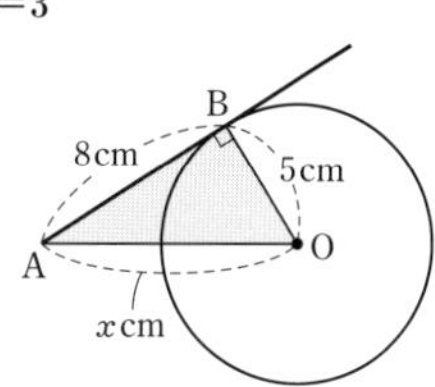


$AH=8\times\dfrac{1}{2}$

$=4$ (cm)

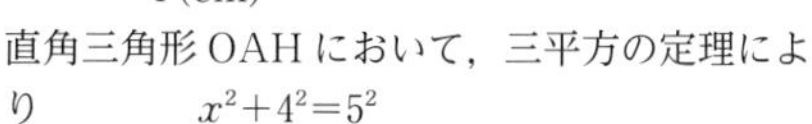

直角三角形 OAH において，三平方の定理により　$x^2+4^2=5^2$

$x^2=9$

$x>0$ であるから　$\boldsymbol{x=3}$

(3)　円の接線は，接点を通る半径に垂直であるから，△OAB は ∠B=90° の直角三角形である。

よって，三平方の定理により

$8^2+5^2=x^2$

$x^2=89$

$x>0$ であるから　$\boldsymbol{x=\sqrt{89}}$

**練習16**　O から，線分 O′B に垂線 OH を引くと

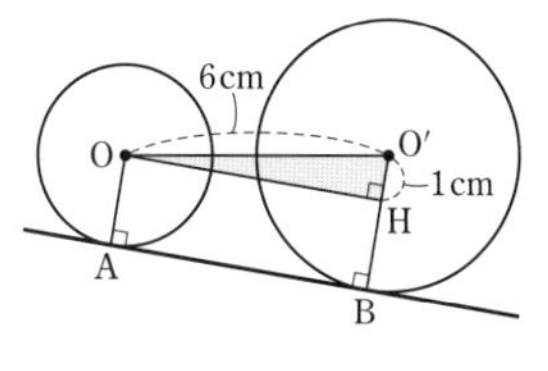


$O'H=3-2$

$=1$ (cm)

直角三角形 OO′H において，三平方の定理により

$OH^2+1^2=6^2$

$OH^2=35$

$OH>0$ であるから　$OH=\sqrt{35}$ cm

$AB=OH$ であるから　$\boldsymbol{AB=\sqrt{35}}$ **cm**

O から，直線 O′C に垂線 OH′ を引くと

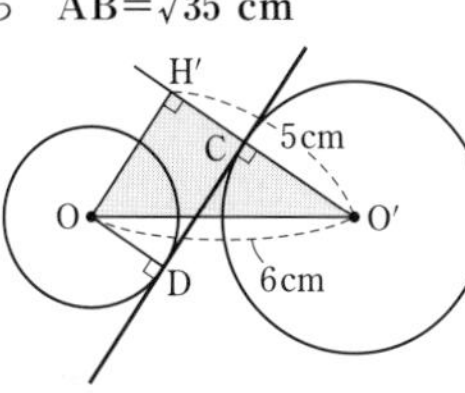


$O'H'=3+2$

$=5$ (cm)

直角三角形 OO′H′ において，三平方の定理により

$OH'^2+5^2=6^2$

$OH'^2=11$

$OH'>0$ であるから　$OH'=\sqrt{11}$ cm

$CD=OH'$ であるから　$\boldsymbol{CD=\sqrt{11}}$ **cm**

**練習17** (1) BH$=x$ cm とする。

直角三角形 ABH において，三平方の定理により　　$x^2+\mathrm{AH}^2=10^2$

$\mathrm{AH}^2=10^2-x^2$　　…… ①

直角三角形 ACH において，三平方の定理により　　$(12-x)^2+\mathrm{AH}^2=14^2$

$\mathrm{AH}^2=14^2-(12-x)^2$　　…… ②

①，② から　$10^2-x^2=14^2-(12-x)^2$

これを解くと　　$x=2$

よって，① から

$\mathrm{AH}^2=10^2-2^2=96$

AH$>0$ であるから　**AH$=4\sqrt{6}$ cm**

(2)

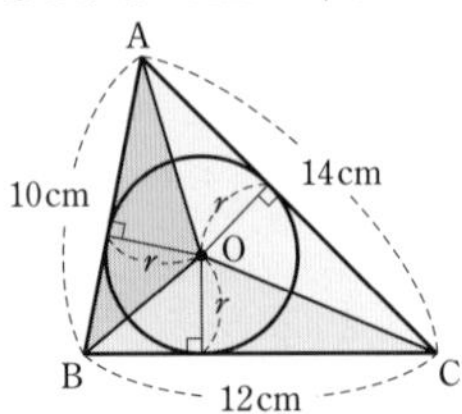


円 O の半径を $r$ cm とすると，△ABC の面積について

$$\frac{1}{2}\times10\times r+\frac{1}{2}\times12\times r+\frac{1}{2}\times14\times r=\frac{1}{2}\times12\times4\sqrt{6}$$

$$18r=24\sqrt{6}$$

よって　　$r=\dfrac{4\sqrt{6}}{3}$

したがって，円 O の半径は　$\boldsymbol{\dfrac{4\sqrt{6}}{3}}$ **cm**

**練習18** (1) 円の外部の 1 点からその円に引いた 2 本の接線について，2 つの接線の長さは等しいから

AR$=$AP$=3$ cm，BQ$=$BP$=10$ cm

四角形 OQCR は 1 辺 $x$ cm の正方形であるから　　CQ$=$CR$=x$ cm

よって　　**BC$=(x+10)$ cm**

**CA$=(x+3)$ cm**

(2) AB$=3+10=13$ (cm)

直角三角形 ABC において，三平方の定理により　　$(x+10)^2+(x+3)^2=13^2$

整理して　　$x^2+13x-30=0$

$(x-2)(x+15)=0$

$x>0$ であるから　　$x=2$

よって，円Oの半径は　**2 cm**

**練習19** (1) BS$=$SQ

$=x$ cm

であるから

**PS**

$=10-x-2$

$\boldsymbol{=8-x}$ **(cm)**

(2) PQ$=$AB$=6$ cm

であるから，直角三角形 PSQ において，三平方の定理により

$x^2+6^2=(8-x)^2$

よって　　$x=\dfrac{7}{4}$

したがって，△PSQ の面積は

$$\frac{1}{2}\times\mathrm{SQ}\times\mathrm{PQ}=\frac{1}{2}\times\frac{7}{4}\times6$$

$$=\boldsymbol{\frac{21}{4}}\ (\mathbf{cm^2})$$

**練習20** 右の図のように点を定める。

△ABC は直角二等辺三角形であるから

BC$=$AB$\times\dfrac{1}{\sqrt{2}}$

$=12\times\dfrac{1}{\sqrt{2}}$

$=6\sqrt{2}$ (cm)

△DBC は 30°，60°，90° の角をもつ直角三角形であるから

CD$=$BC$\times\dfrac{1}{\sqrt{3}}=6\sqrt{2}\times\dfrac{1}{\sqrt{3}}=2\sqrt{6}$ (cm)

よって，重なっている部分，すなわち直角三角形 DBC の面積は　$\dfrac{1}{2}\times6\sqrt{2}\times2\sqrt{6}=\boldsymbol{12\sqrt{3}}$ **(cm²)**

**練習21** (1) △ABC は，30°，60°，90° の角をもつ直角三角形であるから

BC$=$AC$\times\sqrt{3}=2\times\sqrt{3}=2\sqrt{3}$ (cm)

AB$=$AC$\times2=2\times2=4$ (cm)

点 B の軌跡は，下の図のようになる。

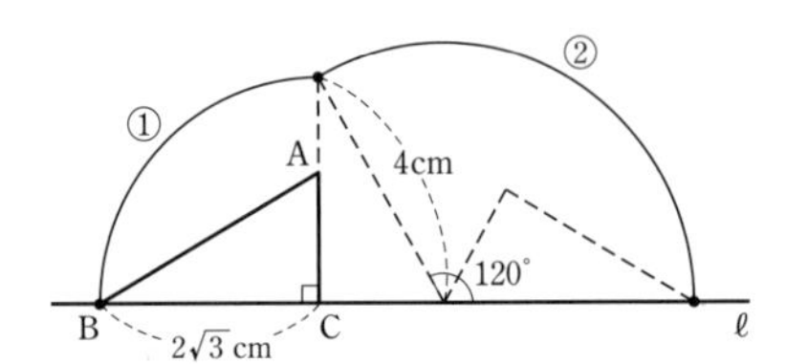

①は，半径 $2\sqrt{3}$ cm，中心角 90° の扇形の弧である。
また，②は，半径 4 cm，中心角 120° の扇形の弧である。
よって，点 B の軌跡の長さは

$$2\pi\times2\sqrt{3}\times\frac{90}{360}+2\pi\times4\times\frac{120}{360}$$
$$=\left(\frac{8}{3}+\sqrt{3}\right)\pi\ \textbf{(cm)}$$

(2) △ACH は 30°，60°，90° の角をもつ直角三角形であるから

$$\mathrm{CH}=\mathrm{AC}\times\frac{\sqrt{3}}{2}=2\times\frac{\sqrt{3}}{2}=\sqrt{3}\ (\mathrm{cm})$$
$$\mathrm{AH}=\mathrm{AC}\times\frac{1}{2}=2\times\frac{1}{2}=1\ (\mathrm{cm})$$

点Hの軌跡は，下の図のようになる。

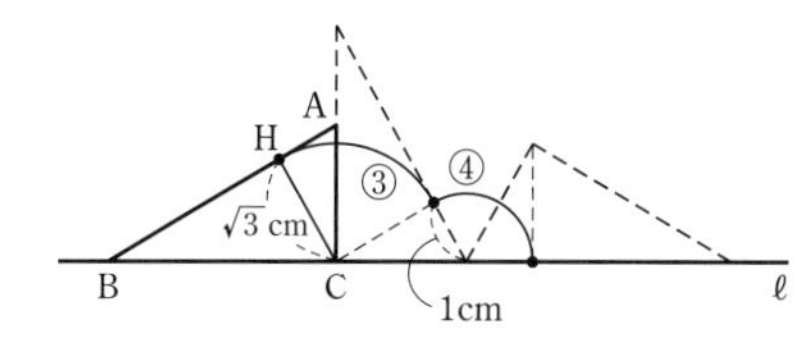


③は，半径 $\sqrt{3}$ cm，中心角 90° の扇形の弧である。
また，④は，半径 1 cm，中心角 120° の扇形の弧である。
よって，点Hの軌跡の長さは

$$2\pi\times\sqrt{3}\times\frac{90}{360}+2\pi\times1\times\frac{120}{360}$$
$$=\left(\frac{2}{3}+\frac{\sqrt{3}}{2}\right)\pi\ \textbf{(cm)}$$

## 3　三平方の定理と空間図形 （本冊 *p.* 128～135）

**練習22** 直方体を ABCD-EFGH として，縦を GF，横を EF，高さを AE とする。

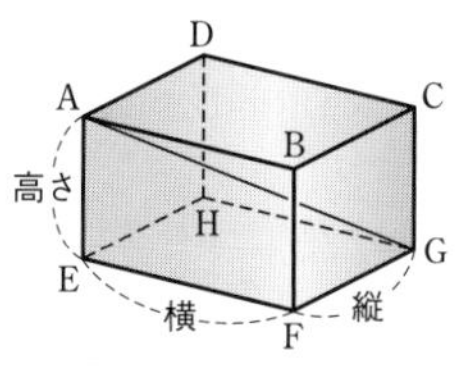


(1) △EFG は直角三角形であるから，三平方の定理により　$\mathrm{EG}^2=\mathrm{EF}^2+\mathrm{FG}^2$　……①
△AEG も直角三角形であるから，三平方の定理により　$\mathrm{AG}^2=\mathrm{AE}^2+\mathrm{EG}^2$　……②

①，②から

$$\begin{aligned}\mathrm{AG}^2&=\mathrm{AE}^2+\mathrm{EF}^2+\mathrm{FG}^2\\&=6^2+5^2+2^2\\&=65\end{aligned}$$

AG>0 であるから　AG$=\sqrt{65}$ cm
よって，対角線の長さは　**$\sqrt{65}$ cm**

(2) (1)と同様にして

$$\begin{aligned}\mathrm{AG}^2&=\mathrm{AE}^2+\mathrm{EF}^2+\mathrm{FG}^2\\&=8^2+8^2+4^2\\&=144\end{aligned}$$

AG>0 であるから　AG=12 cm
よって，対角線の長さは　**12 cm**

(3) (1)と同様にして

$$\begin{aligned}\mathrm{AG}^2&=\mathrm{AE}^2+\mathrm{EF}^2+\mathrm{FG}^2\\&=c^2+b^2+a^2\end{aligned}$$

AG>0 であるから

$$\mathrm{AG}=\sqrt{a^2+b^2+c^2}\ \mathrm{cm}$$

よって，対角線の長さは　**$\sqrt{a^2+b^2+c^2}$ cm**

(4) (1)と同様にして

$$\begin{aligned}\mathrm{AG}^2&=\mathrm{AE}^2+\mathrm{EF}^2+\mathrm{FG}^2\\&=a^2+a^2+a^2\\&=3a^2\end{aligned}$$

AG>0，$a>0$ であるから　AG$=\sqrt{3}\,a$ cm
よって，対角線の長さは　**$\sqrt{3}\,a$ cm**

**練習23** 側面は 4 つの合同な二等辺三角形からつくられている。
まず，側面の 1 つ △OAB の面積を求める。
頂点Oから辺 AB に引いた垂線の足を G とする。

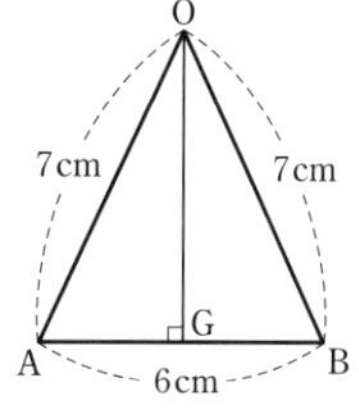


△OAB は二等辺三角形であるから，点 G は辺 AB の中点で　AG=3 cm
直角三角形 OAG において，三平方の定理により

$$3^2+\mathrm{OG}^2=7^2$$
$$\mathrm{OG}^2=40$$

OG>0 であるから　OG$=2\sqrt{10}$ cm
よって　$\triangle\mathrm{OAB}=\frac{1}{2}\times6\times2\sqrt{10}=6\sqrt{10}\ (\mathrm{cm}^2)$
したがって，求める正四角錐の側面積は

$$6\sqrt{10}\times4=\mathbf{24\sqrt{10}\ (cm^2)}$$

**練習24** それぞれ，図のように点を定める。

(1) 底面の対角線の交点をHとすると，OHと面ABCDは垂直になるから，線分OHの長さは，正四角錐の高さである。

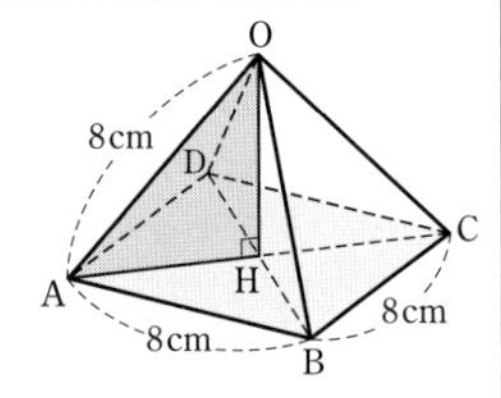


底面ABCDは正方形であるから

$$AC=AB\times\sqrt{2}=8\sqrt{2}\ (\mathrm{cm})$$

よって　$AH=\frac{1}{2}AC=4\sqrt{2}\ (\mathrm{cm})$

△OAHは直角三角形であるから，三平方の定理により　$(4\sqrt{2})^2+OH^2=8^2$

$$OH^2=32$$

$OH>0$ であるから　$OH=4\sqrt{2}$ cm

よって，求める体積は

$$\frac{1}{3}\times8^2\times4\sqrt{2}=\boldsymbol{\frac{256\sqrt{2}}{3}\ (\mathrm{cm}^3)}$$

(2) 右の図において，△OABは正三角形である。
底面の円の中心をHとすると，OHと底面は垂直になるから，線分OHの長さは，円錐の高さである。

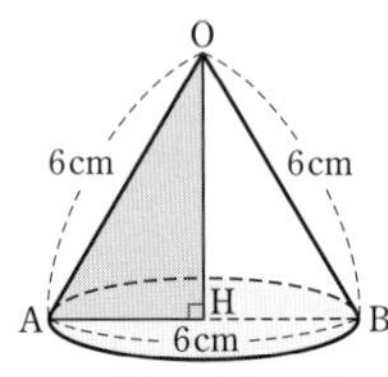


△OAHは30°，60°，90°の角をもつ直角三角形であるから

$$OH=AH\times\sqrt{3}=3\sqrt{3}\ (\mathrm{cm})$$

よって，求める体積は

$$\frac{1}{3}\times\pi\times3^2\times3\sqrt{3}=\boldsymbol{9\sqrt{3}\pi\ (\mathrm{cm}^3)}$$

**練習25** (1) △ABCはAB=ACの二等辺三角形で，Mは辺BCの中点であるから

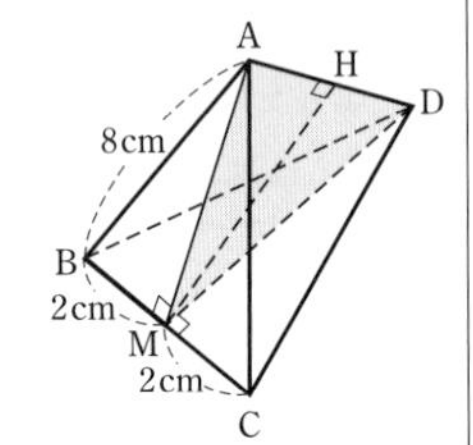


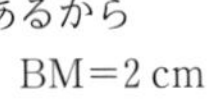

$BM=2$ cm

$AM\perp BC$

よって，△ABMは直角三角形であるから，三平方の定理により

$$2^2+AM^2=8^2$$
$$AM^2=60$$

$AM>0$ であるから　$AM=2\sqrt{15}$ cm

△DBCにおいて，同様に　$DM=2\sqrt{15}$ cm

△MADは AM=DM の二等辺三角形であるから，点Mから辺ADに垂線MHを引くと，Hは辺ADの中点で　$AH=2$ cm

直角三角形AMHにおいて，三平方の定理により　$2^2+MH^2=(2\sqrt{15})^2$

$$MH^2=56$$

$MH>0$ であるから　$MH=2\sqrt{14}$ cm

よって　$\triangle AMD=\frac{1}{2}\times4\times2\sqrt{14}=\boldsymbol{4\sqrt{14}\ (\mathrm{cm}^2)}$

(2) (1)より　$AM\perp BC$

△DBCにおいても同様に，$DM\perp BC$ であるから，辺BCと△AMDは垂直である。

四面体BAMDの体積は

$$\frac{1}{3}\times\triangle AMD\times BM=\frac{1}{3}\times4\sqrt{14}\times2$$
$$=\frac{8\sqrt{14}}{3}\ (\mathrm{cm}^3)$$

よって，四面体ABCDの体積は

$$\frac{8\sqrt{14}}{3}\times2=\boldsymbol{\frac{16\sqrt{14}}{3}\ (\mathrm{cm}^3)}$$

**練習26** 直角三角形AIDにおいて，三平方の定理により

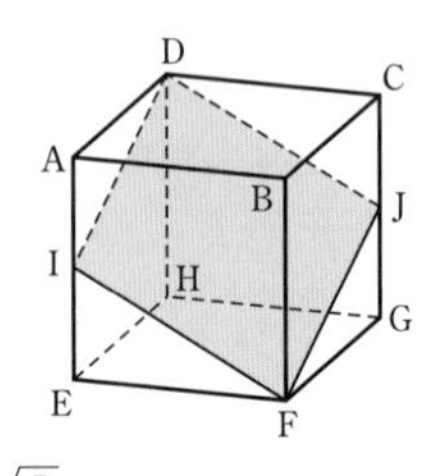


$$4^2+8^2=DI^2$$
$$DI^2=80$$

$DI>0$ であるから

$DI=4\sqrt{5}$ cm

同様に　$IF=FJ=JD=4\sqrt{5}$ cm

よって，四角形DIFJの4つの辺はすべて等しく，ひし形である。

△EHF，△DHFは直角三角形であるから，三平方の定理により

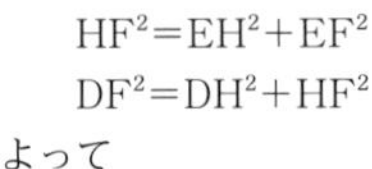

$$HF^2=EH^2+EF^2$$
$$DF^2=DH^2+HF^2$$

よって

$$DF^2=DH^2+EH^2+EF^2$$
$$=8^2+8^2+8^2=192$$

$DF>0$ であるから　$DF=8\sqrt{3}$ cm

また　$IJ=AC=AB\times\sqrt{2}=8\sqrt{2}\ (\mathrm{cm})$

したがって，求める面積は

$$\frac{1}{2}\times8\sqrt{3}\times8\sqrt{2}=\boldsymbol{32\sqrt{6}\ (\mathrm{cm}^2)}$$

**練習 27** 右の図のような展開図の一部において，MP と PC の長さの和が最小になるのは，3 点 M，P，C が一直線上にあるとき，すなわち線分 MC と AB の交点の位置に点 P があるときである。

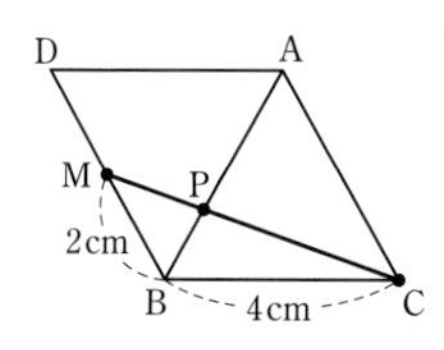


点 M から直線 BC に垂線 MH を引く。

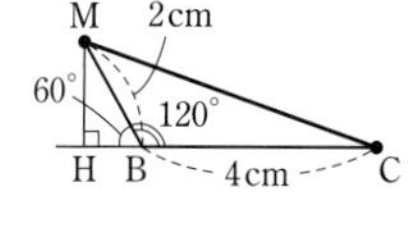


△MHB は，30°，60°，90° の角をもつ直角三角形で，BM=2 cm であるから

$$BH=BM\times\frac{1}{2}=1\ (cm)$$

$$MH=BM\times\frac{\sqrt{3}}{2}=\sqrt{3}\ (cm)$$

直角三角形 MHC において，三平方の定理により

$$MC^2=(1+4)^2+(\sqrt{3})^2=28$$

MC>0 であるから　$MC=2\sqrt{7}$ cm

よって，求める長さは　$\mathbf{2\sqrt{7}}$ **cm**

**練習 28** 円錐の底面と球 P との接点を H とし，円錐の母線 AC と球 O，P との接点を，それぞれ Q，R とする。

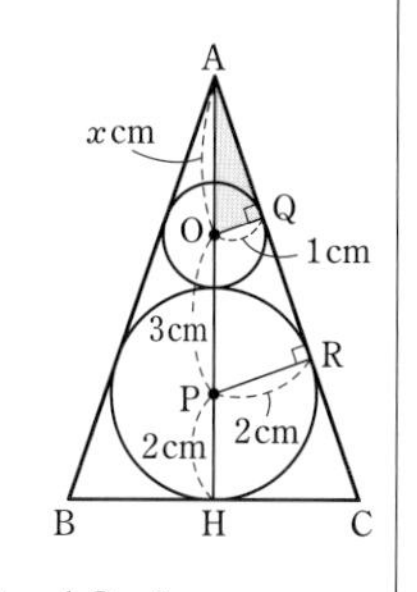


(1)　OQ∥PR であるから

　AO : AP=OQ : PR

AO=$x$ cm とすると

　$x:(x+3)=1:2$

よって，$x=3$ であるから　AO=3 cm

このとき，円錐の高さ AH は

$$AH=AP+PH=(3+3)+2=\mathbf{8\ (cm)}$$

(2)　直角三角形 AOQ において，三平方の定理により

$$1^2+AQ^2=3^2$$

$$AQ^2=8$$

AQ>0 であるから　$AQ=2\sqrt{2}$ cm

△ACH∽△AOQ であるから

$$CH:OQ=AH:AQ$$

$$CH:1=8:2\sqrt{2}$$

よって　　$CH=2\sqrt{2}$ cm

したがって，円錐の体積は

$$\frac{1}{3}\times\pi\times(2\sqrt{2})^2\times8=\mathbf{\frac{64}{3}\pi\ (cm^3)}$$

**練習 29** 点 A から辺 BC に引いた垂線の足を H とし，BH=$x$ cm とおく。

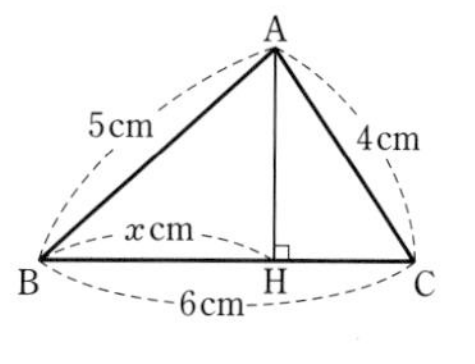


直角三角形 ABH において，三平方の定理により　$x^2+AH^2=5^2$

$$AH^2=5^2-x^2 \quad \cdots\cdots ①$$

直角三角形 ACH において，三平方の定理により

$$(6-x)^2+AH^2=4^2$$

$$AH^2=4^2-(6-x)^2 \quad \cdots\cdots ②$$

①，② から　$5^2-x^2=4^2-(6-x)^2$

$$x=\frac{15}{4}$$

よって，① から　$AH^2=5^2-\left(\frac{15}{4}\right)^2=\frac{175}{16}$

AH>0 であるから　$AH=\frac{5\sqrt{7}}{4}$ cm

できる立体は，底面の半径 $\frac{5\sqrt{7}}{4}$ cm，高さ BH の円錐と，底面の半径 $\frac{5\sqrt{7}}{4}$ cm，高さ CH の円錐を合わせたものになる。

よって，求める体積は

$$\frac{1}{3}\times\pi\times\left(\frac{5\sqrt{7}}{4}\right)^2\times BH$$

$$+\frac{1}{3}\times\pi\times\left(\frac{5\sqrt{7}}{4}\right)^2\times CH$$

$$=\frac{1}{3}\times\pi\times\left(\frac{5\sqrt{7}}{4}\right)^2\times(BH+CH)$$

$$=\frac{1}{3}\times\pi\times\left(\frac{5\sqrt{7}}{4}\right)^2\times6$$

$$=\mathbf{\frac{175}{8}\pi\ (cm^3)}$$

**(発展の練習)**

AB=4，BC=6，CA=8 の △ABC において，辺 BC，CA，AB の中点を，それぞれ D，E，F とすると，中線定理により

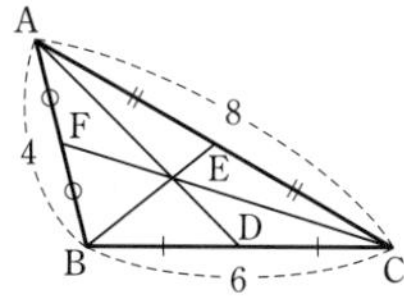


$$4^2+8^2=2(AD^2+3^2)$$

$$AD^2=31$$

AD>0 であるから　$AD=\mathbf{\sqrt{31}}$

同様に　$4^2+6^2=2(BE^2+4^2)$ から　$BE=\mathbf{\sqrt{10}}$

　　　$6^2+8^2=2(CF^2+2^2)$ から　$CF=\mathbf{\sqrt{46}}$

## 確認問題 (本冊 $p.137$)

**問題 1** 右の図のように正方形，直角三角形に名前をつける。

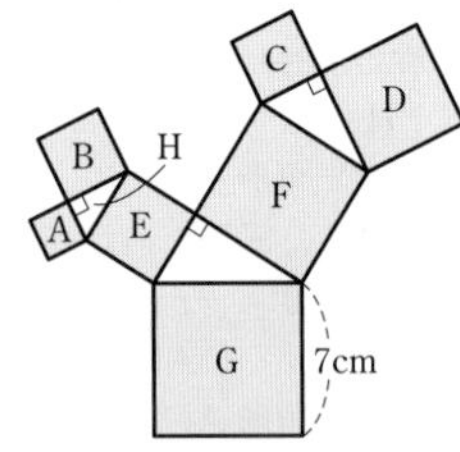


正方形 A，B，E の1辺の長さを，それぞれ $a$ cm，$b$ cm，$e$ cm とすると，

正方形 A の面積は　$a^2$ cm$^2$

正方形 B の面積は　$b^2$ cm$^2$

正方形 E の面積は　$e^2$ cm$^2$

また，直角三角形 H において，三平方の定理により　$a^2+b^2=e^2$

よって，正方形AとBの面積の和は，

正方形Eの面積に等しい。

同様に，正方形CとDの面積の和は，

正方形Fの面積に等しい。

さらに，正方形EとFの面積の和は，

正方形Gの面積に等しい。

したがって，求める面積の和は，正方形Gの面積に等しく　$7\times7=$**49 (cm$^2$)**

**問題 2** (1)　△ABC は AB＝AC の二等辺三角形であるから

$\angle\text{BAC}=180^\circ-75^\circ\times2$

$=30^\circ$

点 B から辺 AC に引いた垂線の足をHとすると，△ABH は 30°，60°，90° の角をもつ直角三角形であるから

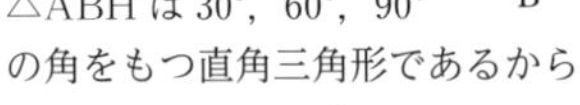

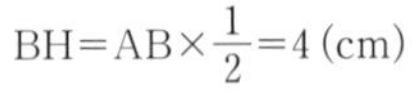

$\text{BH}=\text{AB}\times\dfrac{1}{2}=4$ (cm)

よって，求める面積は　$\dfrac{1}{2}\times8\times4=$**16 (cm$^2$)**

(2)　2つの三角形に分けて考える。

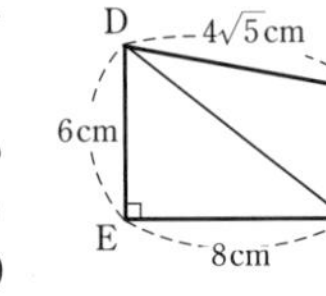


直角三角形 DEF において，三平方の定理により

$\text{DF}^2=8^2+6^2=100$

DF＞0 であるから　DF＝10 cm

直角三角形 DFG において，三平方の定理により

$\text{GF}^2+(4\sqrt{5})^2=10^2$

$\text{GF}^2=20$

GF＞0 であるから　$\text{GF}=2\sqrt{5}$ cm

よって，四角形 DEFG の面積は

△DEF＋△DFG

$=\dfrac{1}{2}\times8\times6+\dfrac{1}{2}\times2\sqrt{5}\times4\sqrt{5}=$**44 (cm$^2$)**

**問題 3**　2つの円の中心をそれぞれ O，O′ とすると　OO′⊥AB

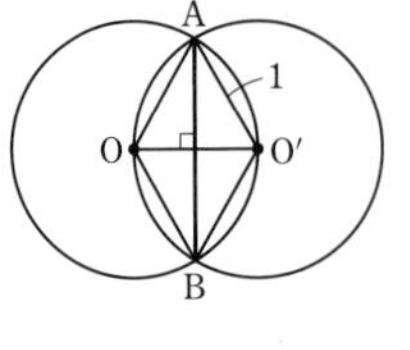


△AOO′，△BOO′ は1辺の長さが1の正三角形であるから，その高さは　$1\times\dfrac{\sqrt{3}}{2}=\dfrac{\sqrt{3}}{2}$

よって　$\text{AB}=\dfrac{\sqrt{3}}{2}\times2=$**$\sqrt{3}$**

**問題 4**　三平方の定理により

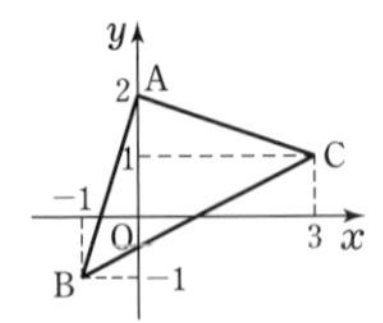


$\text{AB}^2=\{(-1)-0\}^2+\{(-1)-2\}^2$

$=10$

AB＞0 であるから

$\text{AB}=\sqrt{10}$

$\text{BC}^2=\{3-(-1)\}^2+\{1-(-1)\}^2=20$

BC＞0 であるから　$\text{BC}=2\sqrt{5}$

$\text{AC}^2=(3-0)^2+(1-2)^2=10$

AC＞0 であるから　$\text{AC}=\sqrt{10}$

よって，AB＝AC，$\text{BC}^2=\text{AB}^2+\text{AC}^2$ である。

したがって，△ABC は **∠A＝90°，AB＝AC の直角二等辺三角形** である。

**問題 5**　円錐の母線の長さは 4 cm である。

また，右の図のように点を定める。

展開図における扇形の弧の長さは

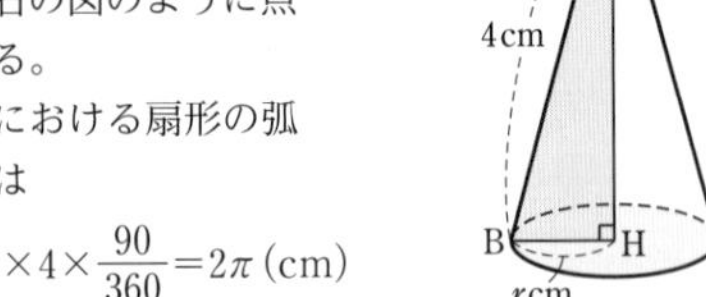


$2\pi\times4\times\dfrac{90}{360}=2\pi$ (cm)

この円錐の底面の円の半径を $r$ cm とすると，底面の周の長さについて　$2\pi r=2\pi$

$r=1$

直角三角形 ABH において，三平方の定理により

$1^2+\text{AH}^2=4^2$

$\text{AH}^2=15$

AH＞0 であるから　$\text{AH}=\sqrt{15}$ cm

よって，求める体積は

$$\frac{1}{3}\times\pi\times1^2\times\sqrt{15}=\boldsymbol{\frac{\sqrt{15}}{3}\pi}\ (\mathbf{cm}^3)$$

## 演習問題A （本冊 *p.*138）

**問題 1** △ABC において，三平方の定理により

$$AB^2=a^2+b^2$$

AB>0 であるから　$AB=\sqrt{a^2+b^2}$

よって，斜線部分の面積は

$$\pi\times\left(\frac{b}{2}\right)^2\times\frac{1}{2}+\pi\times\left(\frac{a}{2}\right)^2\times\frac{1}{2}+\frac{1}{2}\times a\times b$$
$$-\pi\times\left(\frac{\sqrt{a^2+b^2}}{2}\right)^2\times\frac{1}{2}$$
$$=\frac{\pi}{8}b^2+\frac{\pi}{8}a^2+\frac{ab}{2}-\frac{\pi}{8}(a^2+b^2)=\boldsymbol{\frac{ab}{2}}$$

**問題 2** AX$=x$ cm とおくと，

BX$=(2-x)$ cm

である。

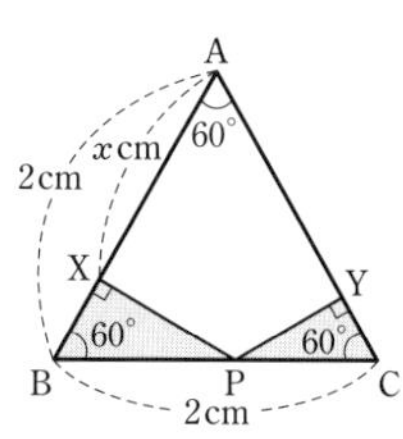


△BPX は 30°，60°，90° の角をもつ直角三角形であるから

$$BP=BX\times2=4-2x\ (cm)$$

よって　　CP$=2-(4-2x)=2x-2$ (cm)

△PCY も 30°，60°，90° の角をもつ直角三角形であるから　　$CY=CP\times\frac{1}{2}=x-1$ (cm)

したがって，求める長さは

$$x+(4-2x)+(x-1)=\mathbf{3\ (cm)}$$

別解　△BPX，△PCY はいずれも 30°，60°，90° の角をもつ直角三角形であるから

$$BP=2BX,\ CY=\frac{1}{2}CP$$

よって　　AX+BP+CY

$$=AX+2BX+\frac{1}{2}CP$$
$$=AX+BX+BX+\frac{1}{2}CP$$
$$=AX+BX+\frac{1}{2}BP+\frac{1}{2}CP$$
$$=(AX+BX)+\frac{1}{2}(BP+CP)$$
$$=AB+\frac{1}{2}BC$$
$$=2+\frac{1}{2}\times2=\mathbf{3\ (cm)}$$

**問題 3** 点 A，B は，$y=x^2$ のグラフ上にあるから，$x=-1$，$x=2$ を $y=x^2$ にそれぞれ代入して

$$y=(-1)^2=1,\ y=2^2=4$$

よって　　A$(-1,\ 1)$，B$(2,\ 4)$

右の図のように，直角三角形 ABC をつくると

AC$=2-(-1)=3$

BC$=4-1=3$

三平方の定理により

$AB^2=3^2+3^2=18$

AB>0 であるから　$AB=3\sqrt{2}$

よって，2 点 A，B 間の距離は　$\boldsymbol{3\sqrt{2}}$

**問題 4** △ABC において，点C から直線 AB に引いた垂線の足をHとする。

△CBH は 30°，60°，90° の角をもつ直角三角形であるから

$$BH=BC\times\frac{1}{2}=4$$
$$CH=BC\times\frac{\sqrt{3}}{2}=4\sqrt{3}$$

直角三角形 CAH において，三平方の定理により

$$AC^2=(7+4)^2+(4\sqrt{3})^2=169$$

AC>0 であるから　AC=13

AD$=x$ とおく。

直角三角形 ABD において，三平方の定理により

$$BD^2=x^2+7^2$$

直角三角形 BCF において，三平方の定理により

$$BF^2=x^2+8^2$$

ここで，DF=AC=13 であるから，直角三角形 DBF において，三平方の定理により

$$(x^2+7^2)+(x^2+8^2)=13^2$$
$$x^2=28$$

$x>0$ であるから　$x=2\sqrt{7}$

$\triangle ABC=\frac{1}{2}\times7\times4\sqrt{3}=14\sqrt{3}$ であるから，求める体積は　$14\sqrt{3}\times2\sqrt{7}=\boldsymbol{28\sqrt{21}}$

## 演習問題B （本冊 $p.139$）

**問題 5** ［長さが $\sqrt{2}$ の線分の作図］

① 点Bを中心とする円をかき，直線 AB との交点をそれぞれ P，Q とする。

② 2点 P，Q をそれぞれ中心として，等しい半径の円をかく。その交点の1つをRとし，直線 BR を引く。

③ 直線 BR 上に，$CB=1$ となるように点Cをとる。

このとき，AC が長さ $\sqrt{2}$ の線分となる。

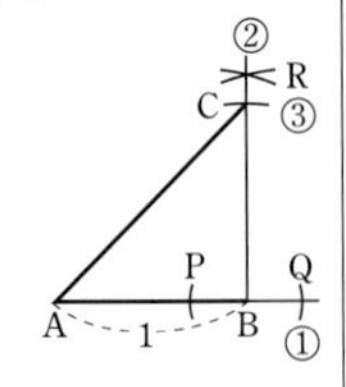


［考察］ $CB\perp AB$ であるから，△CAB は $\angle B=90°$ の直角三角形となる。

三平方の定理により

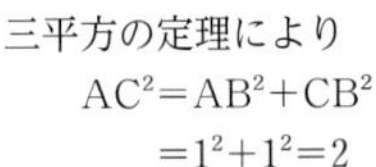

$$AC^2=AB^2+CB^2$$
$$=1^2+1^2=2$$

$AC>0$ であるから　$AC=\sqrt{2}$

［長さが $\sqrt{3}$ の線分の作図］

① 点Aを中心として，半径 AC の円と直線 AB との交点をDとする。

② 点Dを通り，直線 AB に垂直な直線上に，$ED=1$ となるように点Eをとる。

このとき，AE が長さ $\sqrt{3}$ の線分となる。

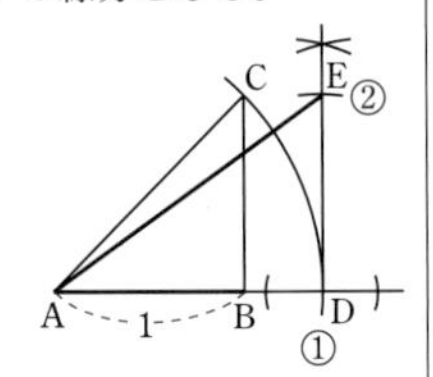


［考察］ 直角三角形 EAD において

$$AE^2=AD^2+ED^2$$
$$=(\sqrt{2})^2+1^2$$
$$=3$$

$AE>0$ であるから

$$AE=\sqrt{3}$$

**問題 6** (1) 円Bの半径を $r$ とする。

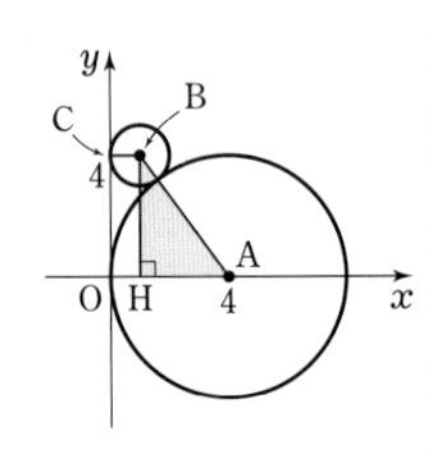


点Bから $x$ 軸に引いた垂線の足をHとすると，四角形 OHBC は長方形である。

よって　　$BH=4$，

　　　　　$HA=4-r$

また　　　$AB=r+4$

したがって，直角三角形 ABH において，三平方の定理により

$$AB^2=BH^2+HA^2$$
$$(r+4)^2=4^2+(4-r)^2$$
$$16r=16$$
$$r=1$$

よって，円Bの半径は　**1**

(2) 四角形 OABC は台形で，

$$CB=1,\ OA=4,\ OC=4$$

であるから，求める面積は

$$\frac{1}{2}\times(CB+OA)\times OC=\frac{1}{2}\times(1+4)\times 4$$
$$=\mathbf{10}$$

**問題 7** できた立体は，下の図のようになる。

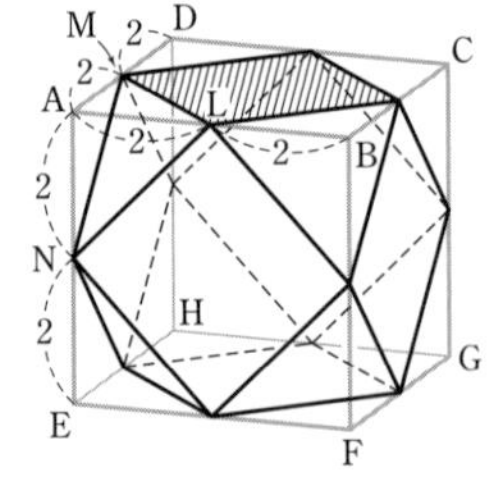


(1) 求める立体の体積は

（立方体 ABCD-EFGH の体積）

$-$（三角錐 N-AML の体積）$\times 8$

$$=4^3-\left\{\frac{1}{3}\times\left(\frac{1}{2}\times 2^2\right)\times 2\right\}\times 8$$
$$=64-\frac{32}{3}=\mathbf{\frac{160}{3}}$$

(2) できた立体は，図の斜線部分のような正方形の面が6面と，△MNL と合同な正三角形の面が8面からなる。

$MN=AM\times\sqrt{2}=2\sqrt{2}$ より，正三角形 MNL の1辺の長さは $2\sqrt{2}$ であるから，その高さは

$$\frac{\sqrt{3}}{2}\times 2\sqrt{2}=\sqrt{6}$$

よって，求める表面積は

$$4^2\times\frac{1}{2}\times 6+\frac{1}{2}\times 2\sqrt{2}\times\sqrt{6}\times 8=\mathbf{48+16\sqrt{3}}$$

## ■ 補足 ■ (本冊 $p.142\sim145$)

**練習 1** (1) ① Aを通り，直線ABと異なる直線$\ell$を引く。

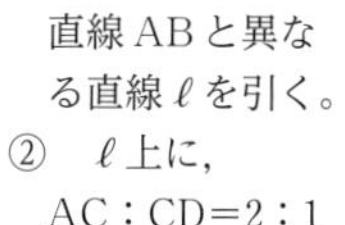

② $\ell$上に，AC：CD＝1：4 となるような点C，Dをとる。
ただし，Cは線分AD上にとる。

③ Cを通り，BDに平行な直線を引き，線分ABとの交点をEとする。

このとき，点Eは線分ABを1：4に内分する点である。

［考察］ EC∥BD であるから

AE：EB＝AC：CD＝1：4

(2) ① Aを通り，直線ABと異なる直線$\ell$を引く。

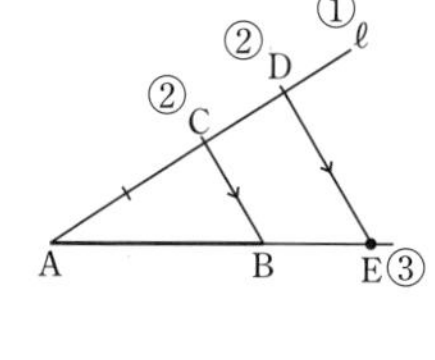

② $\ell$上に，AC：CD＝2：1 となるような点C，Dをとる。
ただし，Cは線分AD上にとる。

③ Dを通り，BCに平行な直線を引き，直線ABとの交点をEとする。

このとき，点Eは線分ABを3：1に外分する点である。

［考察］ BC∥ED であるから

AE：EB＝AD：DC＝3：1

**練習 2** ① Aを通り，直線ABと異なる直線$\ell$を引く。

② 線分ABのBを越える延長線上に，BC＝$a$ となるような点Cをとり，$\ell$上に，AD＝$b$ となるような点Dをとる。

③ Cを通り，BDに平行な直線を引き，$\ell$との交点をEとする。

このとき，線分DEが求める線分である。

［考察］ DE＝$x$ とすると，BD∥CE であるから

$1:a=b:x$

$x=ab$

別解 ②において，BC＝$b$，AD＝$a$ としてもよい。

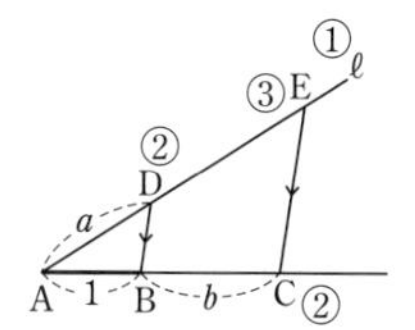

**練習 3** ① 線分ABのBを越える延長線上に，BC＝3 となる点Cをとる。

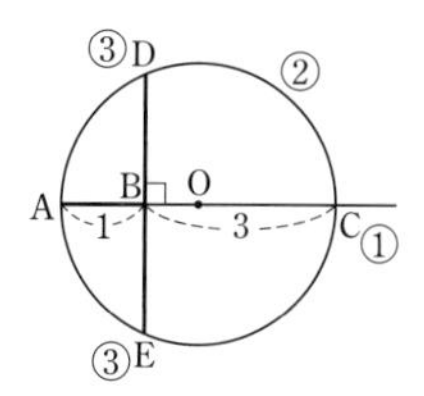

② 線分ACを直径とする円Oをかく。

③ Bを通り，直線ABに垂直な直線を引き，円Oとの交点をD，Eとする。

このとき，線分BDが求める線分である。

［考察］ 方べきの定理により

BA×BC＝BD×BE

AB＝1，BC＝3，BD＝BE であるから

$BD^2=3$

したがって，線分BDは長さ$\sqrt{3}$の線分である。

**練習 4** ① 長さ$a$の線分をABとし，線分ABのBを越える延長線上に，BC＝$b$ となる点Cをとる。

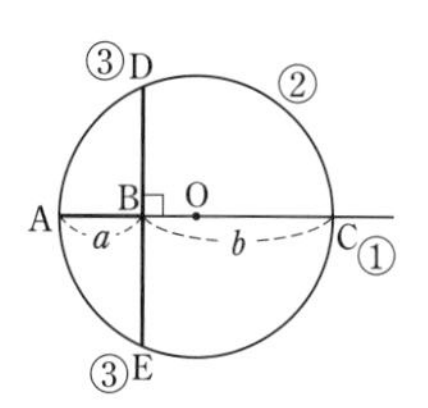

② 線分ACを直径とする円Oをかく。

③ Bを通り，直線ABに垂直な直線を引き，円Oとの交点をD，Eとする。

このとき，線分BDが求める線分である。

［考察］ 方べきの定理により

BA×BC＝BD×BE

AB＝$a$，BC＝$b$，BD＝BE であるから

$BD^2=ab$

したがって，線分BDは長さ$\sqrt{ab}$の線分である。

# 総合問題

**問題 1**　手順 5 の図において，
$ED /\!/ BC$ より
$FD : FB = DE : BC = 1 : 2$
$FH /\!/ BC$ より
$DH : HC = DF : FB = 1 : 2$
手順 7 の図において，
$HD = DC$ である。
よって，加奈さんが麻衣さんに教えた方法で，長方形のプリントを 3 等分することができる。

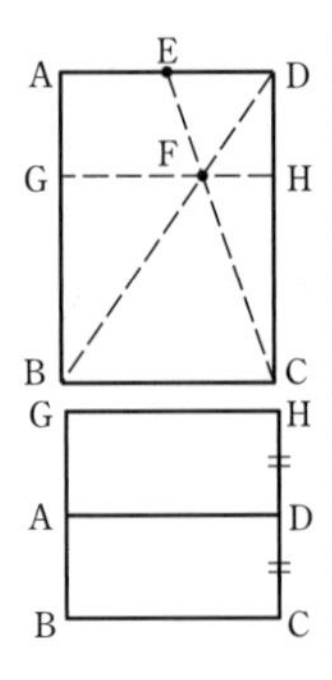


**問題 2**　(1)

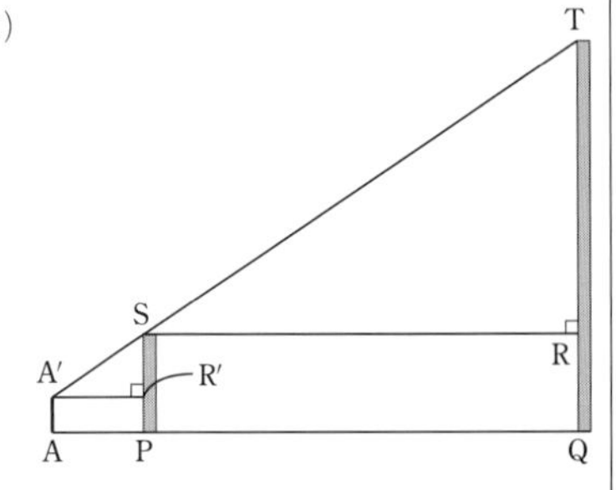


建物の上端を S，マンションの上端を T，A 地点にお父さんが立ったときの視点の位置を A′ とおくと，A′，S，T は同じ直線上にある。
また，S を通り PQ に平行な直線と TQ との交点を R，A′ を通り PQ に平行な直線と SP との交点を R′ とおく。
△STR と △A′SR′ において
$TQ /\!/ SP$ より，同位角は等しいから

$$\angle STR = \angle A'SR'$$
$$\angle TRS = \angle SR'A' = 90^\circ$$

2 組の角がそれぞれ等しいから

$$\triangle STR \backsim \triangle A'SR'$$

ここで，$SR = 36$ m，$TR = 20 - 5 = 15$ (m)，
$SR' = 5 - 1.8 = 3.2$ (m)，$A'R' = AP$ であるから，
$SR : A'R' = TR : SR'$ より

$$36 : AP = 15 : 3.2$$
$$AP = 7.68 \text{ (m)}$$

したがって，建物の端 P から A 地点まで
**7.7 m**

(2)

B 地点に弟が立ったときの視点の位置を B′，お父さんが立ったときの視点の位置を A″ とおくと，B′，S，T は同じ直線上にあり，直線 A″S と TQ の交点 U が，お父さんが見えるマンションの下端である。
B′ を通り PQ に平行な直線と SP との交点を R″ とおく。
(1) と同様に考えると

$$\triangle STR \backsim \triangle B'SR''$$

$SR'' = 5 - 1.2 = 3.8$ (m)，$B'R'' = A''R'$ であるから，
$SR : B'R'' = TR : SR''$ より

$$36 : A''R' = 15 : 3.8$$
$$A''R' = 9.12 \text{ (m)}$$

また，$\triangle SUR \backsim \triangle A''SR'$ より，
$UR : SR' = SR : A''R'$ であるから

$$UR : 3.2 = 36 : 9.12$$
$$UR = 12.63\cdots\cdots \text{ (m)}$$

よって　　$TU = 15 - 12.63 = 2.37$ (m)
したがって，マンションの上端から **2.4 m** 下まで見えている。

**問題 3**　(1)

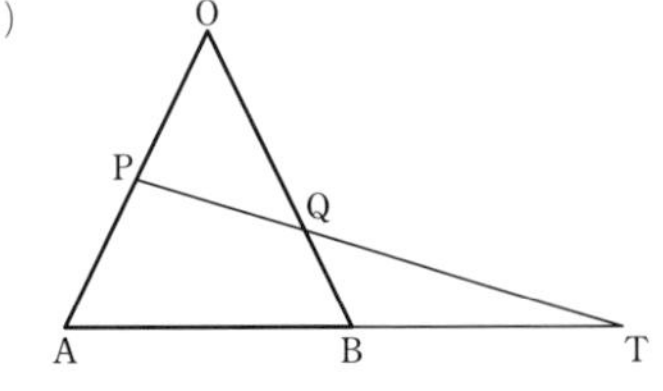

△OAB と直線 PT に，メネラウスの定理を用いると　$\dfrac{\mathrm{AT}}{\mathrm{TB}}\times\dfrac{1}{2}\times\dfrac{1}{1}=1$

$$\dfrac{\mathrm{AT}}{\mathrm{TB}}=2$$

よって　AT：TB＝2：1

したがって　AB：BT＝**1：1**

(2)

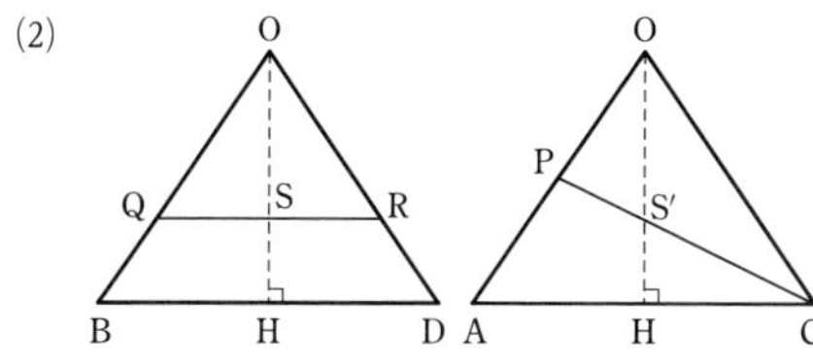


△OBD において，OQ：QB＝OR：RD＝2：1 より，QR∥BD であるから　OS：SH＝2：1

直線 PC と OH の交点を S′ とおく。

△OAH と直線 PC に，メネラウスの定理を用いると　$\dfrac{2}{1}\times\dfrac{\mathrm{S'H}}{\mathrm{OS'}}\times\dfrac{1}{1}=1$

$$\dfrac{\mathrm{S'H}}{\mathrm{OS'}}=\dfrac{1}{2}$$

よって　OS′：S′H＝2：1

OS：SH＝OS′：S′H が成り立つから，S と S′ は一致する。

したがって，3 点 P，S(S′)，C は一直線上にあるから，直線 PS は点Cを通る。

(3)　[よしのりさんの考え方]

OP：PA＝1：1 であるから

$$\triangle\mathrm{OPB}\overset{①}{=}\mathbf{\dfrac{1}{2}}\times\triangle\mathrm{OAB}$$

OQ：QB＝2：1 であるから

$$\triangle\mathrm{OPQ}\overset{②}{=}\mathbf{\dfrac{2}{3}}\times\triangle\mathrm{OPB}$$

$$=\dfrac{2}{3}\times\dfrac{1}{2}\times\triangle\mathrm{OAB}$$

$$\overset{③}{=}\mathbf{\dfrac{1}{3}}\times\triangle\mathrm{OAB}$$

よって　(三角錐 OPQC の体積)

$$=\dfrac{1}{3}\times(\text{三角錐 OABC の体積})$$

$$=\dfrac{1}{3}\times\dfrac{1}{2}V\overset{④}{=}\mathbf{\dfrac{1}{6}}V$$

したがって，立体 OPQCR の体積は

$$2\times(\text{三角錐 OPQC の体積})=2\times\dfrac{1}{6}V\overset{⑤}{=}\mathbf{\dfrac{1}{3}}V$$

[みずきさんの考え方]

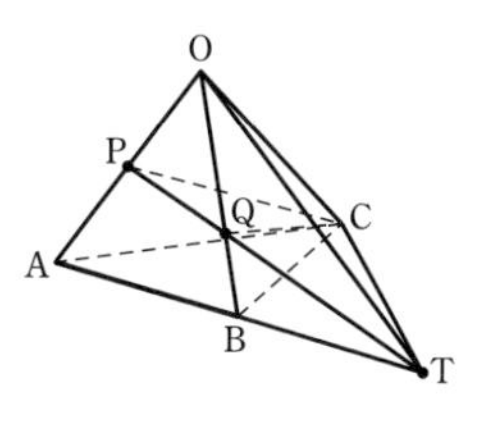


三角錐 OATC に注目する。

(1) より　AB＝BT であるから，

△ABC の面積と △TBC の面積は等しい。

よって，三角錐 OBTC の体積は$\overset{⑥}{}\mathbf{\dfrac{1}{2}}V$ である。

また，三角錐 OATC の体積は　$\dfrac{1}{2}V\times2=V$　である。

三角錐 PATC の高さは三角錐 OATC の高さの $\dfrac{1}{2}$ 倍であるから，三角錐 PATC の体積は

$$\dfrac{1}{2}\times(\text{三角錐 OATC の体積})=\dfrac{1}{2}V$$

同様に，三角錐 QBTC の高さは三角錐 OBTC の高さの $\dfrac{1}{3}$ 倍であるから，三角錐 QBTC の体積は

$$\dfrac{1}{3}\times(\text{三角錐 OBTC の体積})=\dfrac{1}{3}\times\dfrac{1}{2}V=\dfrac{1}{6}V$$

よって，立体 PQABC の体積は

(三角錐 PATC の体積)−(三角錐 QBTC の体積)

$$=\dfrac{1}{2}V-\dfrac{1}{6}V\overset{⑦}{=}\mathbf{\dfrac{1}{3}}V$$

ゆえに，三角錐 OPQC の体積は

$$\dfrac{1}{2}V-\dfrac{1}{3}V\overset{⑧}{=}\mathbf{\dfrac{1}{6}}V$$

したがって，立体 OPQCR の体積は

$$2\times(\text{三角錐 OPQC の体積})=2\times\dfrac{1}{6}V\overset{⑨}{=}\mathbf{\dfrac{1}{3}}V$$

**問題 4**　(1)　△PAC と △PDB において

四角形 ABDC は円 O″ に内接しているから

∠PAC＝∠PDB

＝60°　……①

共通な角であるから

∠APC＝∠DPB

……②

①，② より，2 組の角がそれぞれ等しいから

△PAC∽△PDB

(2) $\overset{\frown}{AB}:\overset{\frown}{AC}=3:1$ であるから

$\angle ADB=60°\times\frac{3}{4}$

$=45°$

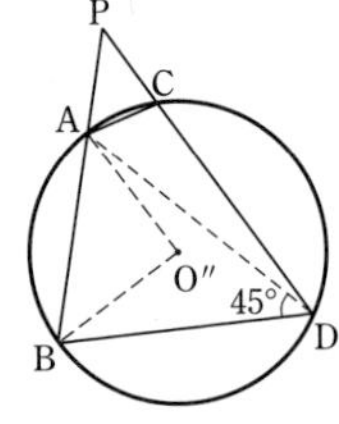


円周角の定理により

$\angle AO''B=2\times45°$

$=90°$

また，$O''A=O''B$ であるから，$\triangle O''AB$ は直角二等辺三角形である。

よって，円 O″ の半径は

$$O''A=AB\times\frac{1}{\sqrt{2}}=\mathbf{2\sqrt{2}}$$

(3) 四角形 ABDC は円 O″ に内接しているから

$\angle PCA=\angle ABD$

$=75°$

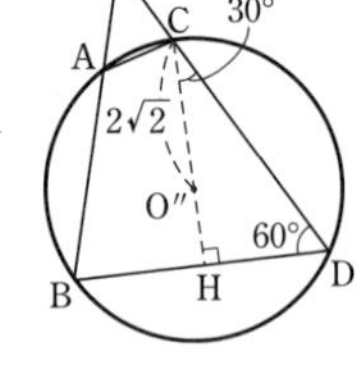


また，

$\angle ADC=60°-45°$

$=15°$

であるから，円周角の定理により　$\angle ABC=15°$

よって　　　$\angle CBD=75°-15°=60°$

したがって，$\triangle BCD$ は正三角形である。

点 O″ は $\triangle BCD$ の外心であるから，点 O″ は $\triangle BCD$ の重心になる。

点Cから辺 BD に引いた垂線の足をHとすると

$$CH=\frac{3}{2}CO''=\frac{3}{2}\times2\sqrt{2}=3\sqrt{2}$$

$\triangle CDH$ は，30°，60°，90° の角をもつ直角三角形であるから

$$CD=CH\times\frac{2}{\sqrt{3}}=3\sqrt{2}\times\frac{2}{\sqrt{3}}=2\sqrt{6}$$

(1) より，$\triangle PAC\backsim\triangle PDB$ であるから

$PA:PD=PC:PB$

$2:(PC+2\sqrt{6})=PC:(2+4)$

これを解くと　$PC=-\sqrt{6}\pm3\sqrt{2}$

$PC>0$ であるから　$PC=-\sqrt{6}+3\sqrt{2}$

また　　　$PA:PD=AC:DB$

$2:\{(-\sqrt{6}+3\sqrt{2})+2\sqrt{6}\}=AC:2\sqrt{6}$

したがって　　$AC=\mathbf{2\sqrt{3}-2}$

**問題 5** (1) ① 2 点 (0, 13)，$(x,\ y)$ の距離を考えると　$(x-0)^2+(y-13)^2=5^2$

すなわち　$\boldsymbol{x^2+(y-13)^2=25}$

$(\sqrt{x^2+(y-13)^2}=5$ でもよい)

② $\triangle AOP$ において，三平方の定理により

$OP^2+5^2=13^2$

$OP^2=144$

$OP>0$ であるから　$OP=\mathbf{12}$

③ 2 点 (0, 0)，$(x,\ y)$ の距離を考えると

$x^2+y^2=12^2$

すなわち　$\boldsymbol{x^2+y^2=144}$

$(\sqrt{x^2+y^2}=12$ でもよい)

(2) 連立方程式 $\begin{cases}x^2+(y-13)^2=25 & \cdots\cdots ①\\ x^2+y^2=144 & \cdots\cdots ③\end{cases}$

を解く。

① から　　$x^2+y^2-26y=-144$

これに ③ を代入すると

$144-26y=-144$

$y=\frac{144}{13}$

$y=\frac{144}{13}$ を ③ に代入すると

$$x^2+\left(\frac{144}{13}\right)^2=144$$

$$x^2=\frac{3600}{169}$$

よって　　　　$x=\pm\frac{60}{13}$

原点と $\left(\frac{60}{13},\ \frac{144}{13}\right)$ を通る直線の式は，

$\frac{144}{13}\div\frac{60}{13}=\frac{12}{5}$ より　$y=\frac{12}{5}x$

原点と $\left(-\frac{60}{13},\ \frac{144}{13}\right)$ を通る直線の式は，

$\frac{144}{13}\div\left(-\frac{60}{13}\right)=-\frac{12}{5}$ より　$y=-\frac{12}{5}x$

したがって，接線 $\ell$ の式は

$$\boldsymbol{y=\frac{12}{5}x,\ y=-\frac{12}{5}x}$$

[考察] 問題の条件を満たす接線は，右の図のように 2 本ある。この 2 本の接線は，$y$ 軸に関して対称な直線である。

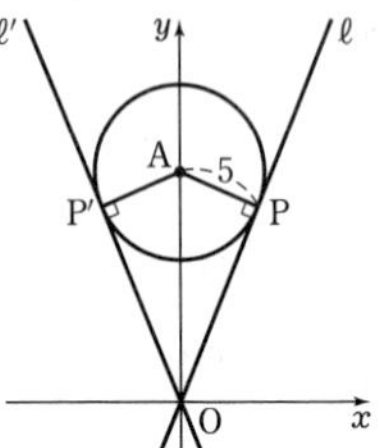

**問題 6** (1) ① $\boldsymbol{y=\frac{4}{3}\pi x^3}$

② 円錐の母線の長さを $a$ cm とすると，三平方の定理により

$$a^2=3^2+9^2=90$$

$a>0$ であるから　$a=3\sqrt{10}$

側面の扇形の弧の長さは，底面の円周の長さに等しく

$$2\pi\times3=6\pi\ (\text{cm})$$

よって，求める側面積は

$$\frac{1}{2}\times6\pi\times3\sqrt{10}=\boldsymbol{9\sqrt{10}\pi\ (\text{cm}^2)}$$

③ アイスクリームはコーンの中に少しうずまるから，実際の長さは 17 cm よりも**短く**なっている。

(2) 右の図のような断面を考えると

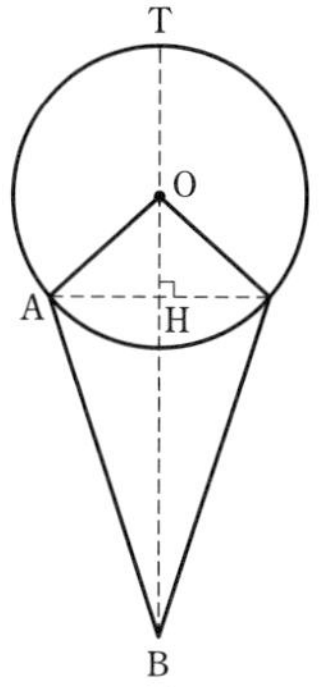

$$\text{OA}=4\ \text{cm}$$
$$\text{AH}=3\ \text{cm}$$

△OAH に，三平方の定理を用いると

$$3^2+\text{OH}^2=4^2$$
$$\text{OH}^2=7$$

OH>0 であるから

$$\text{OH}=\sqrt{7}\ \text{cm}$$

TO=4 cm，HB=9 cm であるから，M サイズの全体の長さは

$$4+\sqrt{7}+9=\boldsymbol{13+\sqrt{7}\ (\text{cm})}$$

以下は，前見返しに掲載されている問題の答です。

# 1 幾何編の復習問題

**問題 1** (1) 弧の長さ　$6\pi$ cm　面積　$15\pi$ cm$^2$

(2) $64\pi$ cm$^2$　　(3) 36 cm$^3$

**問題 2** (1) 45°　　(2) 70°

**問題 3** △BOE と △DOF において

平方四辺形の対角線は，それぞれの中点で交わるから

BO=DO　……①

対頂角は等しいから

∠BOE=∠DOF　……②

平行線の錯角は等しいから

∠EBO=∠FDO　……③

①，②，③ より，1 組の辺とその両端の角がそれぞれ等しいから

△BOE≡△DOF

ISBN978-4-410-20602-3

新課程

体系数学 2　幾何(上)　解答編

20602A

数研出版

https://www.chart.co.jp

20602 A　210902